ZHINENG YEYA QIDONG YUANJIAN
JI KONGZHI XITONG

智能液压气动元件及控制系统

黄志坚　编著

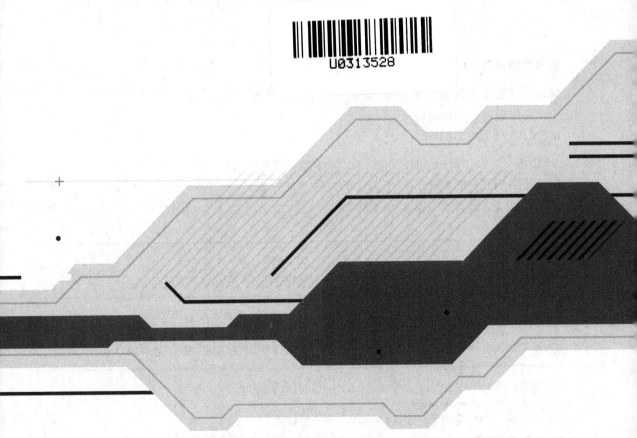

化学工业出版社
·北京·

智能液压气动元件是在原有元件的基础上，将传感器、检测与控制电路、保护电路及故障自诊断电路集成为一体并具有功率输出的器件。智能传感器与智能仪表应用于液压与气动系统，能够使系统测控精度、信息处理与通信能力、抗干扰能力以及稳定性与可靠性有很大提高。

　　本书结合实例系统地介绍了液压与气动智能元件及集成应用技术，较为全面地汇集并梳理了国内专家学者近年在本技术领域探索、实践与创新的理论成果。全书共分 4 章，分别是智能液压元件及集成应用、智能传感器及其在液压系统中的应用、智能仪表及其在液压系统中的应用、智能气动元件及集成应用。

　　本书的读者是液压与气动、电控设备及智能控制系统设计、开发、制造、使用、维修人员；本书亦可供相关专业的人员阅读。

图书在版编目（CIP）数据

　　智能液压气动元件及控制系统/黄志坚编著 . —北京：
化学工业出版社，2018.1
　　ISBN 978-7-122-31015-6

　　Ⅰ.①智…　Ⅱ.①黄…　Ⅲ.①液压元件-自动控制系统
②气动元件-自动控制系统　Ⅳ.①TH137.5 ②TH138.5

　　中国版本图书馆 CIP 数据核字（2017）第 281790 号

责任编辑：张兴辉　　　　　　　　　　文字编辑：陈　喆
责任校对：王素芹　　　　　　　　　　装帧设计：王晓宇

出版发行：化学工业出版社（北京市东城区青年湖南街 13 号　邮政编码 100011）
印　　装：北京虎彩文化传播有限公司
787mm×1092mm　1/16　印张 16¼　字数 405 千字　　2018 年 2 月北京第 1 版第 1 次印刷

购书咨询：010-64518888　　　　　　　售后服务：010-64518899
网　　址：http://www.cip.com.cn
凡购买本书，如有缺损质量问题，本社销售中心负责调换。

定　　价：89.00 元
版权所有　违者必究

智能液压气动元件是在原有元件的基础上，将传感器、检测与控制电路、保护电路及故障自诊断电路集成为一体并具有功率输出的器件。这样它可替代人工的干预来完成元件的性能调节、控制与故障处理功能。其涉及的参数包括压力、流量、电压、电流、温度、位置等，甚至包括瞬态性能的监督与保护。智能传感器与智能仪表应用于液压与气动系统，使系统测控精度、信息处理与通信能力、抗干扰能力以及稳定性与可靠性有很大提高。这是液压与气动技术智能化的又一重要途径。

当前人类的技术发展已经进入了智能化的阶段，形成了工业向智能化发展的工业革命。德国正在推行以实现智能制造为目标的工业 4.0 战略规划。"中国制造 2025"核心是应用互联网＋智能装备，将无处不在的传感器、嵌入式终端系统、智能控制系统、通信设施通过互联网形成一个智能网络。液压与气动元件智能化是大势所趋，恰逢其时。

采用智能元件效益是显著的：可获得更多更好更符合工况的功能，有利于提高控制精度、提高效率和节约能源；调试手段与方式更灵活；提高了安全可靠性，降低了额外故障产生的成本；易于实现远程诊断与维护，使用维修更方便。

智能液压与气动元件是流体传动与控制学科的发展前沿，涉及多学科，是一典型的交叉学科，掌握其技术原理与方法，对大多数从业人员来说，是一不小的挑战。

本书结合实例系统地介绍了液压与气动智能元件及集成应用技术，较为全面地汇集并梳理了国内专家学者近年在本技术领域探索、实践与创新的理论成果。本书的内容主要包括智能液压与气动元件结构与原理、技术特点、相关学科、设计开发与调整试验方法等。所选实例涉及国民经济与国防工业多个应用液压与气动技术的工业门类，既具有典型性也较为详尽具体，对读者有参考价值。全书共分4章，分别是智能液压元件及集成应用、智能传感器及其在液压系统中的应用、智能仪表及其在液压系统中的应用、智能气动元件及集成应用。

本书的读者是液压与气动、电控设备及智能控制系统设计、开发、制造、使用、维修人员；本书亦可供相关专业的人员阅读。

编著者

目录

CONTENTS

第2章 智能传感器及其在液压系统中的应用 109

第3章 智能仪表及其在液压系统中的应用 145

01

第1章
智能液压元件及集成应用

1.1 智能液压元件概述

液压技术是传动与控制不可或缺的技术，重要性日益受到重视。在大功率、体积限制严、特殊场合或电难以获得的领域（如风能、海洋能、太阳能、工程机械、海洋装备、航空航天、机器人等）无可替代。

1.1.1 液压技术的发展

液压技术的发展与人类社会工业的发展是一脉相承的。

表 1-1 为工业革命与液压行业的关系，可以看到：

① 液压技术的发展阶段完全与历次工业革命阶段同步，几乎一致。这也证明行业的发展离不开整个工业的发展趋势。

② "液压 2.0"是油液压时代，就技术而言已经成熟。

③ "液压 3.0"是液压与信息自动化相联系产品与技术手段发展的时代，就是液电一体化的时代。这一时代的典型产品就是比例阀、电子泵、电液泵、数字阀、数字缸等。

④ "液压 4.0"的时代正在来到。对于液压行业而言，"液压 4.0"包括三大部分：液压智能生产，液压智能工厂，液压智能元件，以及液压智能服务。

表 1-1 工业革命与液压行业的关系

工业时代	年代	核心创新技术	工业生产效果	液压时代	年代	核心创新技术	行业效果
工业 1.0 机械化	18 世纪末	蒸汽机	机械化	液压 1.0 低压水液压	1795 年	水压机及其低压元件	液压应用主机
工业 2.0 电气自动化	20 世纪初	电力	电气化形成的自动化	液压 2.0 油液压	20 世纪初	油介质元件	现代液压元件
工业 3.0 信息自动化	20 世纪 70 年代	电子与 IT	机电一体化与信息化形成的自动化	液压 3.0 机电一体化	20 世纪 70 年代后	电液一体化控制比例元件与数字元件	电液比例控制元件高速开关等数字元件
工业 4.0 智能自动化	2011 年	物联网（信息物理系统）	由移动物联网、云计算与大数据形成的智能化生产与工厂	液压 4.0 网控液压＋高压水液压	2000 年	总线控制元件系统 高压水压元件	智能液气件生产 智能液压件工厂 智能液气元件

1.1.2 智能液压元件的特点

智能液压元件一般需要具备三种基本功能：

① 液压元件主体功能；

② 液压元件性能的控制功能；

③ 对液压元件性能服务的总线及其通信功能。

实际上它是在原有液压元件的基础上，将传感器、检测与控制电路、保护电路及故障自诊断电路集成为一体并具有功率输出的器件。从结构上看，智能液压元件具有体积小、重量轻、性能好、抗干扰能力强、使用寿命长等显著优点。在智能电控模块上，往往采用微电子技术和先进的制造工艺,将它们尽可能采用嵌入式组装成一体,再与液压主体元件连接。

智能液压元件技术是成熟的,工程实施是可以进行的,但是作为元件增加的功能无疑会对现有液压行业提出极大的挑战。这个挑战来自技术、人员素质、上下游关系与经营理念等,因此必须不断通过创新解决面临的液压技术智能化新的问题。

(1) 智能液压元件的主体

作为智能液压元件与液压传统无智能元件主体,在原理上可以完全相同,在结构上也可以基本相同。所不同的是作为智能液压元件往往要将微处理器嵌入在元件中,因此结构需要有所适应而变化。同时,现在也在发展更适合发挥液压元件智能作用的新结构,元件的功能与外形甚至都会有所改变。

智能液压元件必须是机电一体化为基体的元件,智能液压元件一定具有电动或电子器件在内,与此同时还必须具备嵌入式微处理器在内的电控板或电控器件,以及在元件主体内部的传感器。实际上,一个元件也就是一个完整的具有闭环自主调整分散控制的控制系统。

以 Danfoss 的 PVG 比例多路阀为例,这是一款 20 世纪开发在市场有一定占有率的比较有代表性的智能液压元件,如图 1-1 所示。

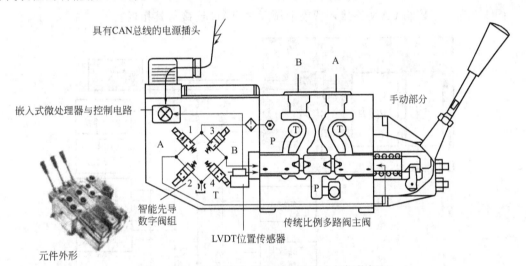

图 1-1　Danfoss PVG 智能元件的组成与智能阀组

(2) 智能液压元件的控制功能与特点

在一般液压比例元件的基础上,带有电控驱动放大器配套,归属于电液控制元件。这种元件的比例控制驱动放大器是外置的。这就是液压 3.0 时代的产品。

将控制驱动放大器与一个带有嵌入式微处理器的控制板组合并嵌入液压主元件体内形成一个整体,这样这个元件就具有分散控制的智能性。从而带来下列好处:减少外接线,无需维护,降低安装与维护成本,简化施工设计,免除电磁兼容问题,可以故障自诊断自监测,可以进行控制性能参数的选择与调整,能源可管理,仅在需要时提供能源,可以快速插接并通过软件轻易地获得有关信号值,可以通过软件轻易地设置元件或系统参数等等。这样一来,智能元件就将传统的集中控制的方式,转变成为分散式控制系统。不仅实现了智能控制功能,系统设置也是柔性的,通信连接采用标准的广泛应用的 CAN

总线协议，外接线减到最少，系统是可编程的可故障诊断的。这种演变从20世纪的80年代就开始了，现在已经在液压元件上采用了较长时间，结构、外形、质量、性能等各方面都比较成熟。

智能液压元件在控制与调节功能上与传统的液电一体化产品相比，有相同地方，如流量调节、斜坡发生调节、速度控制、闭环速度控制、闭环位置控制与死区调节等等，但性能参数会有提高，这包括控制精度的提高、CAN总线的采用、故障监控与报警电路等。例如PVG阀的比例控制的滞环可以降低到0.2%（一般可能3%～5%）。在故障监控上，具有输入信号监控、传感器监控、闭环监控、内部时钟方面。

(3) 对液压元件性能服务的总线及其通信功能

智能性液压元件的分散控制的智能性表现在它不仅可以有驱动电流以及电信号的输入，也可以有信息输出。由于元件部分增加了需要的传感器，因此液压元件具有自检测与自控制、自保护及故障自诊断功能，并具有功率输出的器件。这样它可替代人工的手动干预来完成元件的性能调节、控制与故障处理功能。其中可能包括压力、流量、电压、电流、温度、位置等性能参数的监控，甚至包括瞬态性能的监督与保护，从而提高系统的稳定性与可靠性。这里一些传感器是根据液压元件的特点与特性开发出来的，体积小、适合液压元件应用，诸如溅射薄膜压力传感器就是其中的一种。

图1-2为汽车控制CAN连接，智能液压元件CAN连接与其相近。

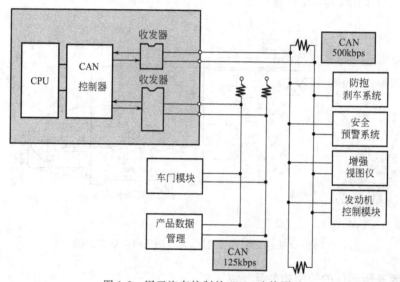

图1-2   用于汽车控制的CAN连接图

(4) 智能液压元件配套的控制器与软件

智能液压元件在系统的使用与传统元件是完全一样的。但是它的性能参数的设置、调整等需要提供外设进行，这些外设可以是公司专设的控制器或者一般的PC机，但都需要该产品所对应的该公司提供的开发软件系统。

图1-3为智能元件配套控制器与软件。智能液压元件需要该厂商提供相应的控制器与配套软件，用来进行对该元件的设置、控制以及监控等。这部分是对应于该系列元件或该公司同类型智能元件的，因此对用户而言，可以只购买一次即可以用于相应所有同类型元件设置等功能。

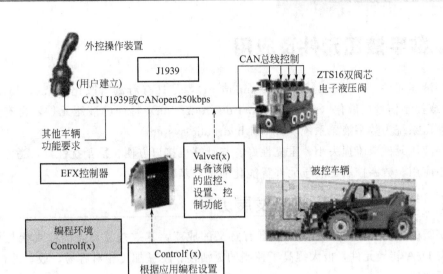

图 1-3　智能元件配套控制器与软件及其作用

1.1.3　智能液压元件应用的效益

当前人类的技术发展已经进入了智能化的阶段，但是在此过程中，要用更大的经济代价来换取这种生产方式还存在不少难点。例如人们还在意价格战，就对智能装备的采用产生困惑性，还有人们追求的是采购成本还是运营成本会对智能化的应用产生决定性影响。因此这种效益的比较还需要人们用更多的创新去解决。

采用智能元件，不论用户还是生产商，都能获得效益。

对于用户来讲，采用上述的智能元件显示得到了更多更好更符合工况的功能，例如采用上述比例阀，会增加不少功能，对双阀芯电子液压阀而言，可以实现挖掘机铲斗振动、电子换挡、水平挖掘、软掘、抗流量饱和等，还可以实现高低速自动换挡、多级恒功率控制、熄火铲斗下降、无线遥控、自动程序动作等。这些功能最后所表现的是发动机与液压系统功率的匹配，从而节能在 15%～20% 以上。

智能化给用户带来的是两方面的利益。在功能上更全面更有效率。在经济上，主机运转工作效率的提高，节省了工时即人力成本；机器消耗能量的降低，即耗油量的降低，节省了运营成本。另外则是机器提高了安全可靠性，降低了不可预计的故障产生的额外成本。

对于生产商来说，也能获得多方面的效益。

首先是电控智能使主机的性能提高通过控制方面来解决，而不是过去只能通过机械或机械加工的方面解决。

由于采用开放式电控平台，方便了面向个体需求的设计，降低了设计成本；由于采用分散式的控制方式，系统能实现动态可变参数配置，系统运行更可靠，调试更灵活，调试维修成本更低；由于采用 CAN 总线，电控接线更简单，省线、省查、省工时，可以取消传统控制必需的接线箱，提高了生产效率，降低了劳动强度与难度，降低了人力成本与采购成本；由于采用总线，不仅电控布线简单易行，而且硬件管路的放置也更加灵活，便于安装，可以降低安装成本；由于故障的便捷诊断与远程维护，降低了售后服务成本；产品开发方便快捷，可以个性化定制，降低了营销成本，增加了市场的竞争性。

1.2 数字液压元件及应用

数字液压元件（digital hydraulic component），是具有流量离散化（fluid flow discretization）或控制信号离散化（control signal discretization）特征的液压元件，含有数字液压元件的液压系统为数字液压系统（digital hydraulic system）。

数字液压元件节流损失小、重复性好、与计算机接口方便、抗干扰性好，适宜在液压控制系统中应用，数字控制是液压元件智能化的重要基础。

1.2.1 数字液压阀现状与发展历程

数字阀的出现是液压阀技术发展富有意义的成就，其效益是显著的：直接与计算机连接，无需 D/A 转换元件，极大提高了控制的灵活性；机械加工相对容易，成本低；功耗小；对油液不敏感。

(1) 数字阀概述

图 1-4 为现有数字阀产品及分类。从现有的液压阀元件来看，狭义的数字阀特指由数字信号控制的开关阀及由开关集成的阀岛元件。广义的数字阀则包含由数字信号或者数字先导控制的具有参数反馈和参数控制功能的液压阀。

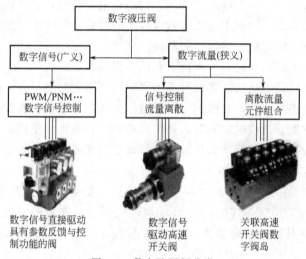

图 1-4 数字液压阀分类

从数字液压阀的发展历程可以将数字阀的研究分为两个方向：增量式数字阀与高速开关式数字阀。增量式数字阀将步进电机与液压阀相结合，脉冲信号通过驱动器使步进电机动作，步进电机输出与脉冲数成正比的步距角，再转换成液压阀阀芯的位移。20 世纪末是增量式数字阀发展的黄金时期，以日本东京计器公司生产的数字调速阀为代表，国内外很多科研机构与工业界都相继推出了增量式数字阀产品。然而，受制于步进电机低频、失步的局限性，增量式数字阀并非目前研究的热点。

高速开关式数字阀一直在全开或者全闭的工作状态下，因此压力损失较小、能耗低、对油液污染不敏感。相对于传统伺服比例阀，高速开关阀能直接将 ON/OFF 数字信号转化成流量信号，使得数字信号直接与液压系统结合。近些年来，高速开关式数字阀一直是行业研究热点，主要集中在电-机械执行器、高速开关阀阀体结构优化及创新、高速开关阀并联阀岛以及高速开关阀新应用等方面。

（2）高速开关电-机械执行器

20 世纪中期开始，对于高速开关电磁铁的研究就一直是高速开关阀研究的重点。英国 LUCAS 公司、美国福特公司、日本 Diesel Kiki 公司、加拿大多伦多大学等对传统 E 型电磁铁进行改进，提高了电磁力与响应速度。浙江大学研发了一种并联电磁铁线圈，增大了电磁力，试验显示电磁铁的开关转换时间与延迟都明显缩短。芬兰阿尔托工程大学（Aalto University School of Engineering）研究了 5 种软磁材料，用于探讨电磁铁线圈的效果以及不同匝数及尺寸对驱动力的影响。奥地利林茨大学（University Linz）对加工误差、摩擦力和装配倾斜造成的电磁铁性能差异进行了详细的分析。

超磁致伸缩材料与压电晶体材料的应用为高速开关阀的研发提供了新思路。瑞典用超磁致伸缩材料开发了一款高速燃料喷射阀。通过控制驱动线圈的电流，使超磁致伸缩棒产生伸缩位移，直接驱动阀口开启或关闭，达到控制燃料液体流动的目的。这种结构省去了机械部件的连接，实现燃料和排气系统快速、精确的无级控制。超磁致伸缩材料对温度敏感，应用时需要设计相应的热抑制装置和热补偿装置。中国航天科技集团公司利用 PZT 材料锆钛酸铅二元系压电陶瓷的逆压电效应，研发了一款由 PZT 压电材料制作的超高速开关阀，如图 1-5 所示。该阀在额定压力 10MPa 下流量为 8L/min，打开关闭时间均小于 1.7ms。压电材料脆性大，成本高，输出位移小，容易受温度影响，因此其运用受到限制。浙江大学欧阳小平等与南京工程学院许有熊等就压电高速开关阀大流量输出和疲劳强度问题设计了新的结构，并进行了仿真与实验分析。

美国 Purdue 大学研制了一种创新型的高速开关阀电-机械执行器 EAC（energy coupling actuator），如图 1-6 所示。其包括一个持续运动的转盘和一个压电晶体耦合装置。转盘一直在顺时针运动，通过左右两个耦合机构分时耦合控制主阀芯的启闭。试验表明 5ms 内达到 2mm 的输出行程。

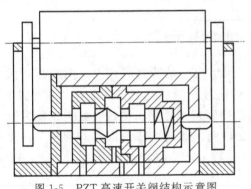

图 1-5　PZT 高速开关阀结构示意图

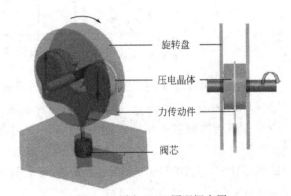

图 1-6　压电 EAC 原理概念图

旋转盘

压电晶体

力传动件

阀芯

（3）高速开关阀阀体结构优化与创新

高速开关阀常用的阀芯结构为球阀式和锥阀式。浙江大学周盛研究了不同阀芯阀体结构液动力的影响及补偿方法。通过对阀口射流流场的试验研究，观测了流场内气穴现象及压力分布状况。美国 BKM 公司与贵州红林机械有限公司合作研发生产了一种螺纹插装式的高速开关阀（HSV），使用球阀结构，通过液压力实现衔铁复位，避免了弹簧复位时由于疲劳带

图 1-7 贵州红林 HSV 高速开关阀

来的复位失效。推杆与分离销可以调节球阀开度，且具有自动对中功能。该阀采用脉宽调制信号（占空比为 20%～80%）控制，压力最高可达 20MPa，流量为 2～9L/min，启闭时间≤3.5ms。该高速开关阀代表了国内产业化高速开关阀的先进水平，如图 1-7 所示。

美国 Caterpillar 公司研发了一款锥阀式高速开关阀，如图 1-8 所示。该阀的阀芯设计为中空结构，降低了运动质量，提高了响应速度与加速度。复位弹簧从衔铁位置移动至阀芯中间部位，使得阀芯在尾部受到电磁力，中间部位受到弹簧回复力，在运动过程中更加稳定。但是此设计使得阀芯前后座有较高的同轴度要求，初始气隙与阀芯行程调节较难，加工难度高，制造成本大。该阀开启、关闭时间为 1ms 左右，已经在电控燃油喷射系统中得到运用。美国 Sturman Industries 公司开发了基于数字阀的电喷系统，所用高速开关阀最小响应时间可达 0.15ms。

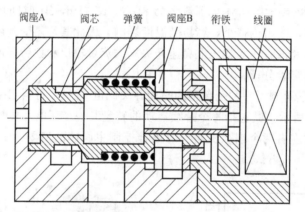

图 1-8 Caterpillar 公司的锥阀式高速开关阀

除了采用传统结构的高速开关阀，新型的数字阀结构也是研究的重点。明尼苏达大学（University of Minnesota）设计了一种通过 PWM 信号控制的高速开关转阀，如图 1-9 所示。该阀的阀芯表面呈螺旋形，PWM 信号与阀芯的转速成比例。传统直线运动阀芯运动需要克服阀芯惯性，电-机械转换器功率较大，而该阀的驱动功率与阀芯行程无关。在试验压力小于 10MPa 的情况下，该阀流量可以达到 40L/min，频响 100Hz，驱动功率 30W。

浙江工业大学在 2D 电液数字换向阀方面展开研究，如图 1-10 所示。其利用三位四通 2D 数字伺服阀，在阀套内表面对称地开一对螺旋槽。通过低压孔、高压孔与螺旋槽构成的面积，推动阀芯左右移动。步进电机通过传动机构驱动阀芯在一定的角度范围内转动。该阀利用旋转电磁铁和拨杆拨叉机构驱动阀芯作旋转运动；由油液压力差推动阀芯作轴向移动，实现阀口的高速开启与关闭。用旋转电磁铁驱动时，在 28MPa 工作压力下，阀芯轴向行程为 0.8mm，开启时间约为 18ms，6mm 通径阀流量高达 60L/min。

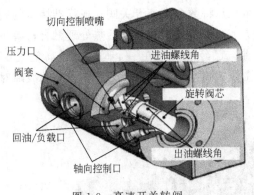

图 1-9　高速开关转阀

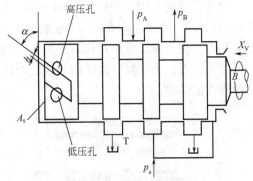

图 1-10　2D 电液数字换向阀

（4）高速开关阀并联阀岛

由于阀芯质量、液动力和频响之间的相互制约关系，单独的高速开关阀压力低、流量小，在挖掘机、起重机等工程机械上应用还有一定的局限性。为解决在大流量场合的应用问题，国外研究机构提出了使用多个高速开关阀并联控制流量的数字阀岛结构。以坦佩雷理工大学为代表，丹麦奥尔堡大学（Aalborg University）与巴西圣卡塔琳娜州联邦大学（Federal University of Santa Catarina）都在这方面有深入的研究。

坦佩雷理工大学（Tampere University of Technology）研究的 SMISMO 系统，采用 4×5 个螺纹插装式开关阀控制一个执行器，使油路从 P→A、P→B、A→T、B→T 处于完全可控状态，每个油路包含 5 个高速开关阀，每个高速开关阀后有大小不同的节流孔，如图 1-11 所示。通过控制高速开关阀启闭的逻辑组合，实现对流量的控制。通过仿真和实验研究，采用 SMISMO 的液压系统更加节能。

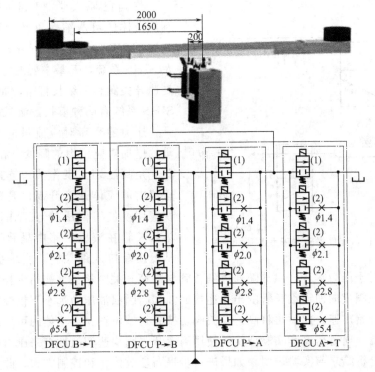

图 1-11　SMISMO 系统原理图

由此发展的 DVS（digital hydraulic valve system）将数个高速开关阀集成标准接口的阀岛，如图 1-12 所示。其采用层合板技术，把数百层 2mm 厚的钢板电镀后热处理融合，解决了高速开关阀与标准液压阀接口匹配的问题。目前，已经成功地在一个阀岛上最高集成 64 个高速开关阀。关于数字并联阀岛，近期研究关注数字阀系统的容错及系统中单阀的故障对系统性能的影响。

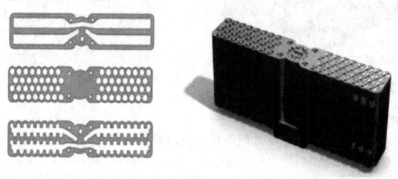

图 1-12　数字阀层板与集成阀岛

（5）高速开关阀应用新领域

高速开关阀的快速性和灵活性使得其迅速应用在工业领域。目前在汽车燃油发动机喷射、ABS 刹车系统、车身悬架控制以及电网的切断中，高速开关阀都有着广泛的应用。维也纳技术大学（Vienna University of Technology）将高速开关阀应用于汽车的阻尼器中，分析了采用并联和串联方案的区别，并且通过实验与传统阻尼器的性能进行对比，比较结果说明了数字阀应用的优点。

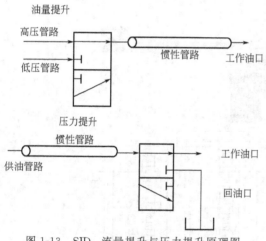

图 1-13　SID：流量提升与压力提升原理图

英国巴斯大学（University of Bath）利用流体的可压缩性以及管路的感抗效应建立了 SID（switched inertance device）以及 SIHS 系统，其最主要的元件为二位三通高速开关阀和一细长管路，如图 1-13 所示。SIHS 系统有两种模式：流量提升和压力提升，压力的升高对应流量的减小，反之流量的增加对应压力的降低。在流量提升时，首先是高压端与工作油口连通使得在细长管路内的流体速度升高。高速开关阀此时快速切换使得低压端与工作油口联通，因为细长管在液压回路中呈感性，会将流量从低压端拉入细长管，实现提高流量降低压力的效果。对于压力提升，供油端通过细长管与高速开关阀相连。初始细长管与工作油口相连，高速开关阀换向使得细长管的出口连接回油端。因回油压力远小于供油压力，此时细长管中的流体开始加速。此后再将高速开关阀切换到初始位置，因流体的可压缩性使得工作油口的压力升高。通过仿真和实验证实了使用高速开关阀快速切换性带来压力和流量提升的正确性。功率分析结果与实验表明，如果进一步提高参数优化和控制方式，此方案能够提升液压传动效率。

　　将高速开关阀作为先导级控制主阀的运动，获得高压大流量是目前工业界研究和推广的重点。Sauer-Danfoss 公司开发了 PVU 系列比例多路阀，其先导阀采用电液控制模块（PVE），将电子元件、传感器和驱动器集成为一个独立单元，然后直接和比例阀阀体相连。电液控制模块（PVE）包含 4 个高速开关阀组成的液压桥路控制主阀芯两控制腔的压力。通过检测主阀芯的位移产生反馈信号，与输入信号做比较，调节 4 个高速开关阀信号的占空比。主阀芯到达所需位置，调制停比，阀芯位置被锁定。电液控制模块（PVE）控制先导压力为 $13.5 \times 10^5 \mathrm{Pa}$，额定开启时间为 150ms，关闭时间为 90ms，流量为 5L/min。

　　Parker 公司所生产的 VPL 系列多路阀同样采用这种先导高速开关阀方案，区别是使用两个二位三通高速开关阀作为先导，如图 1-14 所示。其先导控制采用 PWM 信号，额定电压/电流为 12V/430mA 或 24V/370mA，控制频率为 33Hz。

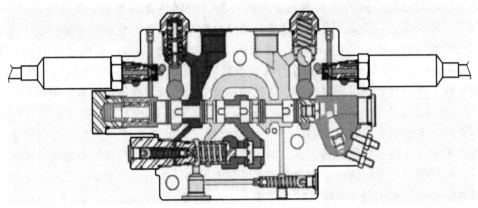

图 1-14　Parker 公司 VPL 系列多路阀

1.2.2　数字液压阀控制技术

　　阀控液压系统依靠控制阀的开口来控制执行液压元件的速度。液压阀从早期的手动阀到电磁换向阀，再到比例阀和伺服阀。电液比例控制技术的发展与普及，使工程系统的控制技术进入了现代控制工程的行列，构成电液比例技术的液压元件，也在此基础上有了进一步发展。传统液压阀容易受到负载或者油源压力波动的影响。针对此问题，负载敏感技术利用压力补偿器保持阀口压差近似不变，系统压力总是和最高负载压力相适应，最大限度地降低能耗。多路阀的负载敏感系统在执行机构需求流量超过泵的最大流量时不能实现多缸同时操作，抗流量饱和技术通过各联压力补偿器的压差同时变化实现各联负载工作速度保持原设定比例不变。

　　数字阀与传感器、微处理器的紧密结合大大增加了系统的自由度，使阀控系统能够更灵活地组合多种控制方式。

　　数字阀的控制、反馈信号均为电信号，因此无需额外梭阀组或者压力补偿器等液压元件，系统的压力流量参数实时反馈至控制器，应用电液流量匹配控制技术，根据阀的信号控制泵的排量。电液流量匹配控制系统由流量需求命令元件、流量消耗元件执行机构、流量分配元件数字阀、流量产生元件电控变量泵和流量计算元件控制器等组成。电液流量匹配控制技术采用泵阀同步并行控制的方式，可以基本消除传统负载敏感系统控制中泵滞后阀的现象。电液流量匹配控制系统致力于结合传统机液负载敏感系统、电液负载敏感系统和正流量控制系统各自的优点，充分发挥电液控制系统的柔性和灵活性，提高系统的阻尼特性、节能性和响应操控性。

针对传统液压阀阀芯进出口联动调节、出油口靠平衡阀或单向节流阀形成背压而带来的灵活性差、能耗高的缺点，目前国内外研究的高速开关式数字阀基本使用负载口独立控制技术，从而实现进出油口的压力、流量分别调节。瑞典林雪平（Linkoping）大学的 Jan Ove Palmberg 教授根据 Backe 教授的插装阀控制理论首先提出负载口独立控制（separate controls of meter-in and meter-out orifices）概念。在液压执行机构的每一侧用一个三位三通电液比例滑阀控制执行器的速度或者压力。通过对两腔压力的解耦，实现了目标速度的控制。此外，在负载口独立方向阀控制器设计上，采用 LQU 最优控制方法。在其应用于起重机液压系统的试验中获得了良好的压力和速度控制性能。丹麦的奥尔堡（Aalborg）大学研究了独立控制策略以及阀的结构参数对负载口独立控制性能的影响。美国普渡（Purdue）大学用 5 个锥阀组合，研究了鲁棒自适应控制策略实现轨迹跟踪控制和节能控制。其中 4 个锥阀实现负载口独立控制功能，1 个中间锥阀实现流量再生功能。德国德累斯顿工业大学（Technical University Dresden）在执行器的负载口两边分别使用一个比例方向阀和一个开关阀的结构，并研究了阀组的并联串联以及控制参数对执行器性能的影响。德国亚琛工业大学（RWTH Aachen University）研究了负载口独立控制的各种方式，并提出了一种单边出口控制策略。美国明尼苏达（Minnesota）大学设计了双阀芯结构的负载口独立控制阀，并对其建立了非线性的数学模型和仿真。国内学者从 20 世纪 90 年代开始对负载口独立控制技术进行深入研究，浙江大学、中南大学、太原理工大学、太原科技大学、北京理工大学等均在此技术研究与工程应用方面取得相关进展。

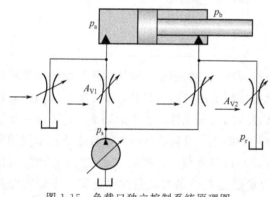

图 1-15　负载口独立控制系统原理图

负载口独立控制系统如图 1-15 所示，其优点主要体现在：负载口独立系统进出口阀芯可以分别控制，因此可以通过增大出口阀阀口开度，降低背腔压力，以减小节流损失；由于控制的自由度增加，可根据负载工况实时修改控制策略，所有工作点均可达到最佳控制性能与节能效果；使用负载口独立控制液压阀可以方便替代多种阀的功能，使得液压系统中阀种类减少。

电液比例控制技术、电液负载敏感技术、电液流量匹配控制技术与负载口独立控制技术的研究和应用进一步提高了液压阀的控制精度和节能性。数字液压阀的发展必然会与这些阀控技术相结合以提高控制的精确性和灵活性。

1.2.3　可编程阀控单元

以高速开关阀为代表的数字流量控制技术采用数字信号控制阀或者阀组，使阀控系统输出与控制信号相应地离散流量。高速开关阀只有全开和全关两种状态，节流损失大大减小；增加了控制的灵活性和功能性；阀口开度固定，对油液污染的敏感度降低。然而，正因为这些特性，这种数字阀要大规模应用于工业，还有许多问题需要解决：首先，高速开关阀在开启和关闭的瞬间，对系统造成的压力尖峰和流量脉动，导致执行器的运动不连续；其次，高速开关阀的响应必须进一步提高，长时间稳定的切换寿命也是必需的；第三，在数字阀岛的应用中，所选择的高速开关阀的启闭需要同步。在数字流量控制技术发展成熟之前，国外一些厂家综合了数字信号控制的灵活性以及比例阀在高压大流量工业场合的成熟应用，开发出可编程阀控单元（programmable valve control unit），其阀内自带压力流量检测装置，采用电液流量匹配控制技术与负载口独立控制技术，阀的功能依靠计算机编程实现。

Husco 公司研发了采用螺纹插装阀结构的 EHPV 液压阀，采用双向两位控制阀，且带压力补偿机构，如图 1-16 所示。通过 4 个阀组形成的液压桥式回路控制执行器端口的运动状态。该阀使用 CANJ 1939 总线进行信号的传递和控制，可以根据操作者的指令，通过执行器端口的压力来调节阀的开度。使用该阀可以省去平衡阀组，使得系统的控制功能增加。在复杂运动控制中，采用协调控制算法，提高了操作者的操作效率。EHPV的 PWM 控制信号频率为 100Hz，额定压力为 35MPa，有 75L/min、150L/min 和 800L/min 三种规格。佐治亚理工学院（Georgia Institute of Technology）的 Amir Shenouda 对其应用在小型挖掘机上的性能进行了实验。其实验特点在于，将装有插装阀阀组的集成阀块安装在近执行器端，避免了液压管路对控制系统

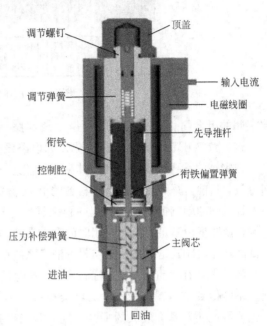

图 1-16 Husco 公司的 EHPV 阀

的影响和液压容腔对控制性能的延迟作用。对于 EHPV 可编程阀在流量模式切换上和节能性方面的优点给予了理论和实验证明。另外，此系列阀还应用于 JLG 公司的登高车上，并进行了系列化生产，动臂下降速度增加 12%，泄漏点减少 27%，流量增加 25%，系统稳定性增加。

虽然可编程阀控单元（programmable valve control unit）并不能算严格意义上的数字阀，但其采用数字信号直接控制，能够实现高压大流量的应用。内置传感器且与数字控制器相配合使用。通过程序，可以自主决定阀的功能，多种多样的功能阀和先导阀可以用同一种阀控单元的形式替代。在数字液压元件真正产业化之前，这是现有工业应用升级换代和研究的重要方向。对于可编程阀控单元，目前的研究重点在于：①嵌入式传感器技术与数字信号处理技术；②控制策略开发与传统功能阀等效技术；③负载功率匹配和多执行器流量分配控制技术。

1.2.4 数字液压阀技术展望

液压阀的发展经历了图 1-17 所示发展历程，从最开始手动控制只有油路切换功能的液压阀到采用数字信号能够进行压力流量闭环控制的可编程阀再到流量离散化的数字阀，这些元件的产生是液压、机械、电子、材料、控制等学科交叉发展的结果。而液压阀的智能化与数字化又增进了工业设备及工程机械的自动化、控制智能化、能量利用效率。

数字阀的发展和应用使液压领域的技术人员和研究人员从复杂的机械结构和液压流道中解放出来，专注于液压功能和控制性能的实现。与传感器及控制器相结合，可以通过程序与

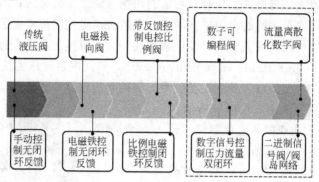

图 1-17　液压阀的发展历程

数字阀的组合简化现有复杂的液压系统回路。模块化的数字阀需要其参数、规格与接口统一，这导致液压系统设计的标准化，如电路设计标准化一样。

数字阀的重要应用就是利用其高频特性达到快速启闭的开关效果或者生成相对连续的压力和流量。目前，采用新形式、新材料的电-机械执行器，降低阀芯质量和合理的信号控制方式，使得数字阀的频响提高，应用范围越来越广。然而，对于高压力、大流量系统，普遍存在电-机械转换器推力不足、阀芯启闭时间存在滞环等问题。因此，在确保数字阀稳定性的情况下如何提高响应，尤其是在高压大流量的液压系统中的使用一直是数字阀的研究重点。

随着人类社会责任感的提高，工业界能量利用效率、对环境的影响都是亟待关注的问题。不能做到节能减排的工业必将会被替代和淘汰。相对而言，液压传动的效率并不高，但这也恰恰说明其具有较大的提升空间。与新型控制方式及电子技术相结合，数字阀可以监控其工作端的压力流量参数，减少背压，根据工况反馈调节泵参数甚至发动机的参数，以达到节能的目的。

1.2.5　基于数字流量阀的负载口独立控制

负载口独立控制技术解决了传统阀控缸系统操纵性和节能性难以同时达到最优的问题，但负载口独立控制系统在恶劣工况下，控制器的抗干扰能力可能成为制约负载口独立控制技术广泛应用的一个关键问题。一种新型流量控制阀，该阀先导级为 PWM 控制的数字阀，主级为基于流量放大原理的 Valvistor 阀。Valvistor 阀通过阀芯上的反馈节流槽连通进油口与主阀上腔，稳态时节流槽流量与先导流量相同，构成内部位移反馈，先导阀流量反馈至主阀出口。该新型数字流量阀采用了两级流量放大的原理解决了数字阀通流能力小的问题，该阀具有二位二通的特点，适合在负载口独立控制系统中应用，数字控制具有负载口独立控制抗干扰能力，能实现独立负载口智能化控制。

（1）工作原理

① 系统组成　基于数字流量阀的负载口独立控制系统如图 1-18 所示，因该数字流量阀主阀采用 Valvistor 阀，该主阀仅能实现一个方向的流量控制，另一个方向流通时流量阀仅相当于节流阀难以实现控制，所以为避免流量反向通过数字流量阀，在数字流量阀前边加了单向阀。在负载口独立控制系统中，为实现系统所有机能，采用 6 个数字流量阀控制的负载口独立控制系统。该系统由 6 个数字流量阀、4 个单向阀、液压源、控制器等组成。3 个压力传感器检测液压缸两腔及液压泵出口压力，速度传感器检测活塞杆速度。根据输入控制器

速度信号，控制器输出信号控制 6 个数字流量阀的占空比、液压泵出口压力，实现对液压缸速度的控制。

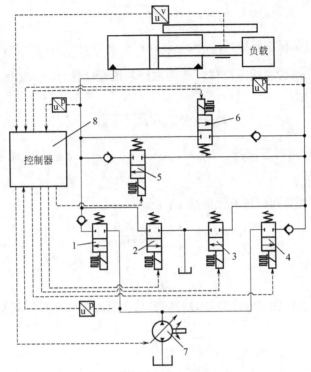

图 1-18　负载口独立控制系统原理图

1~6—数字流量阀；7—液压源；8—控制器

② 数字流量阀组成　数字流量阀如图 1-19 所示，该阀由主阀、数字先导阀组成。主阀采用基于流量-位移反馈的 Valvistor 阀，先导阀为二位二通数字阀。当先导阀不通时，控制腔压力 p_C 等于入口处压力 p_A，由于弹簧力及上下腔面积差作用，主阀关闭。当先导阀有流量通过时，控制腔压力降低，主阀芯向上移动，直至流过反馈节流槽的流量与先导阀的流量相同时，达到稳态，主阀芯移动 x_M。该阀出口流量 Q_0 等于流过主阀流量 Q_M 与先导阀流量 Q_P 之和。

（2）数学模型

假设阀芯运动过程中入口压力 p_A、出口压力 p_B 不变，控制腔压力为 p_C，建立通过数字流量阀、先导阀及主阀静态流量平衡方程。

通过先导阀平均流量为：

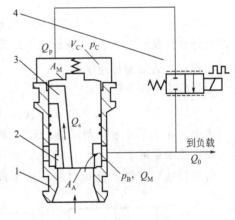

图 1-19　数字流量阀组成

1—主阀阀套；2—反馈槽；
3—主阀阀芯；4—先导阀

$$\overline{Q}_P = \frac{DT}{T}Q_P = DK_P\sqrt{p_C - p_B} \tag{1-1}$$

式中，Q_P 为开关阀压差为 $p_C - p_B$ 时的流量；K_P 为先导阀液导；D 为 PWM 控制信号占空比，$D \in [0, 1]$；p_C 为控制腔压力；p_B 为主阀出口压力。

流过主阀芯反馈槽可变节流口流量为：

$$Q_s = K_s \sqrt{p_A - p_C} \tag{1-2}$$

式中，K_s 为通过反馈槽液导，$K_s = c_{dS} w_S (x_0 + x_M) \sqrt{\dfrac{2}{\rho}}$，$c_{dS}$ 为反馈槽流量系数，w_S 为反馈槽面积梯度，x_M 为主阀芯位移，x_0 为主阀芯预开口量。

流过主阀流量方程：

$$Q_M = K_M \sqrt{(p_A - p_B)} \tag{1-3}$$

式中，K_M 为通过主阀芯液导，$K_M = c_{dM} w_M x_M \sqrt{\dfrac{2}{\rho}}$，$c_{dM}$ 为主阀芯流量系数，w_M 为主阀芯面积梯度。

稳态时，主阀对先导阀流量放大倍数 g：

$$g = \frac{Q_M}{Q_p} = \sqrt{2}\, \frac{K_M}{D K_p} \tag{1-4}$$

总阀出口流量为：

$$Q_0 = Q_p + Q_M \tag{1-5}$$

液压缸无杆腔、有杆腔、泵出口压力腔的容腔流量连续性方程分别为：

$$\frac{V_1}{\beta_e} \frac{dp_1}{dt} = Q_3 - A_1 \dot{x} \tag{1-6}$$

$$\frac{V_2}{\beta_e} \frac{dp_2}{dt} = A_2 \dot{x} - Q_4 \tag{1-7}$$

$$Q_s - Q_3 + Q_4 = \frac{V_3}{\beta_e} \frac{dp_s}{dt} \tag{1-8}$$

式中，V_1、V_2、V_3 分别为液压缸无杆腔、有杆腔和系统泵出口压力腔的容腔体积；β_e 为液压弹性模量；p_1、p_2 为液压缸无杆腔和有杆腔压力；A_1、A_2 为液压缸无杆腔和有杆腔作用面积；$\dot{x}$ 为活塞杆速度。

活塞杆力平衡方程为：

$$A_1 p_1 - A_2 p_2 = m\ddot{x} + b\dot{x} + k_h x + F_1 \tag{1-9}$$

式中，m 为活塞及负载质量；F_1 为外负载；b 为阻尼系数；k_h 为弹性负载刚度。

(3) 控制策略

负载口独立控制系统针对液压缸不同工作模式〔图 1-20(a) 为阻抗伸出，图 1-20(b)

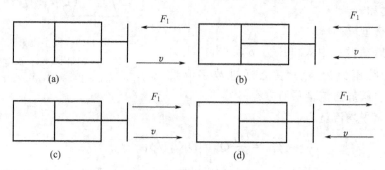

图 1-20　液压缸工作模式

为超越缩回，图 1-20(c) 为超越伸出，图 1-20(d) 为阻抗缩回〕选择不同控制策略，其中 F_1 为外负载，v 为液压缸运行速度。对液压缸的不同工作模式分别选用两个阀对液压缸的速度和流量进行控制（表 1-2）。

以图 1-20(a) 中 F_1、v 为负载力、速度正方向，对液压缸不同工作模式分别选择两个流量阀对液压缸两腔流量、压力进行控制。不同工作模式时选择控制阀如表 1-2 所示。

表 1-2 负载口独立控制系统工作模式表

项目		阀 1	阀 2	阀 3	阀 4	阀 5	阀 6
$F_1>0,v>0$		开	关	开	关	关	关
$F_1>0$ $v<0$	$p_1>p_2$	关	开	关	关	关	开
	$p_1<p_2$	关	开	关	开	关	关
$F_1<0$ $v>0$	$p_1>p_2$	开	关	开	关	关	关
	$p_1<p_2$	开	关	开	关	开	关
$F_1<0,v<0$		关	开	关	开	关	关

负载口独立控制系统中，供油压力响应可测但无法准确控制，且负载力可测不可控，且数字流量阀的压差对通过数字流量阀的流量影响显著，因此在控制策略上采用了前馈控制系统来避免系统扰动对控制性能影响。又因为在液压系统中通过数字流量阀的液导、油液体积弹性模量等受油液温度、油液含气量等因素影响，所以采取前馈控制的开环控制策略难以获得对系统准确控制性能，因此采用了前馈反馈复合控制的控制策略。

系统控制原理如图 1-21 所示。操作手柄发出的唯一操作信号 v 为系统的输入信号，控制器首先根据液压缸的工况选择控制阀（表 1-2），然后根据图 1-21(a) 所示流量控制策略和图 1-21(b) 所示压力控制策略实现对液压缸流量和压力的复合控制。通过对系统流量、压力进行复合控制提高系统操纵性，使液压缸速度仅与 v（输入信号）有关，而与负载变化无关，同时在液压缸变速时响应快，稳态时速度平稳。

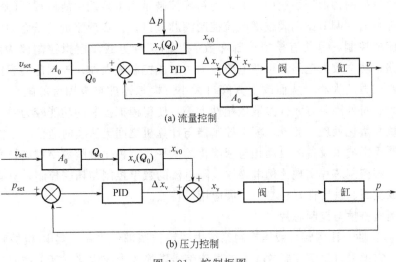

(a) 流量控制

(b) 压力控制

图 1-21 控制框图

为了获得较精确的数字阀（先导级）液导，利用试验装置对其进行测试，两个压力传感器分别测量入口压力 p_c、出口压力 p_s，流量传感器测量通过先导阀流量 Q_p，计算机和驱动控制器实现对数字阀输入信号的控制。试验测得的先导阀液导 K_p 与占空比 D 关系如图 1-22 所示。

为了获得较精确的 Valvistor 阀（主级）液导，利用试验装置对其进行测试，压力传感器分别测量入口 p_A、出口压力 p_B，流量传感器测量主阀流量 Q_M，位移传感器测定主阀芯位移 x_M，通过 dSPACE 完成控制信号的施加和数据采集。试验测得的主阀液导 K_p 与主阀芯位移 x_M 的关系如图 1-23 所示。

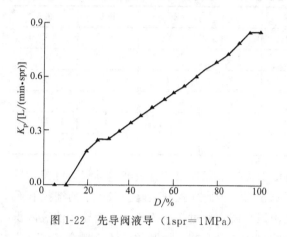

图 1-22   先导阀液导（1spr＝1MPa）

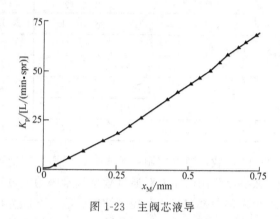

图 1-23   主阀芯液导

基于数字流量阀负载口独立控制系统，既能实现对液压缸速度的平稳控制，又能够在负载和速度信号阶跃变化时，实现活塞杆速度的快速响应。

系统仿真表明，对数字流量阀输入信号的载波频率在 40Hz 以上时，系统速度粗糙度明显减低。

1.2.6   电液比例数字控制

在采用比例控制的液压系统中，力值的精确控制是衡量系统性能最重要的技术指标。控制的基本原理是通过调节比例阀线圈电流控制阀芯开口，以实现流量及压力的控制。而对比例阀线圈电流的控制，目前有模拟控制和数字控制两种方式。模拟控制以 V/I 转换电路、运算放大电路、功率放大电路、可调电位器为主组成控制放大器，控制比例阀比例电磁铁线圈电流和衔铁推力的大小，从而改变其阀口大小。模拟器件自身固有的缺点，如元件温漂大、分散性大、对外围阻容元件参数依赖性大等，使得模拟控制的功能较为单一、控制参数难以灵活调整和量化处理。此外，模拟控制器与计算机之间无法实时通信，不能实现力值的闭环控制，严重影响了设备的自动化与智能化的水平。一种比例阀数字控制技术，采用微型处理器与比例阀控制芯片实现比例电磁铁线圈电流的数字控制与精密控制，具有响应快、控制灵活、集成度高、稳定性好、易于扩展应用等特点。

（1）比例阀特性与控制芯片

① 比例阀特性   比例阀是液压控制系统中关键控制部件之一，其电-机械转换装置采用比例电磁铁，它把来自比例控制放大器的电流信号转换成力或位移。其工作原理是将两端的等效电压转换成正比的电流信号，进而产生与电流成正比的阀芯位移。比例阀的特性及工作可靠性，对电液比例控制系统和组件具有十分重要的影响，比例电磁铁产生的推力大，结构简单，对油质要求不高，维护方便，成本低廉。采用德国 Have 公司的 PWVP 型比例阀

进行研究与实验，压力控制范围为 $0\sim700$bar（1bar$=10^5$Pa），与电气控制相关的主要技术参数如表 1-3 所示。

表 1-3 比例阀电气参数表

参数名称	额定电压 (U_N)	线圈电阻 (R_0)	冷态电流 (I_0)	额定电流 (I_N)	冷态功率 (P_0)	额定功率 (P_N)	颤振频率 (F)	颤振幅值 (A_m)
技术指标	24V	24Ω	1A	0.63A	24W	9.5W	$60\sim150$Hz	$(0.2\sim0.4)I_0$

比例阀线圈磁铁的磁滞特性和运动的摩擦会导致比例阀的稳态特性存在滞环现象，影响阀的动态响应性能。减小滞环的有效方法是在比例阀电流信号中叠加一定频率的颤振信号，给电磁铁一个间断的脉冲电流，使阀芯一直处于非常小的运动状态，可防止阀芯卡死。颤振频率一般取值为 $60\sim150$Hz，颤振幅值不宜太大，过大易引起输出电流及负载特性的变化，一般取值为冷态电流的 30%。当额定电压为 24V 时，PWVP 型比例阀实际的控制电流为 $0.1\sim0.63$A，其 $0\sim0.1$A 为比例阀最低压力工作区，即比例阀控制电流值在 $0.1\sim0.63$A 时，压力值与电流值呈近似线性关系。

② 控制芯片 根据比例阀的特性，关键的控制参数为线圈额定电流、颤振频率及颤振信号，即比例阀控制器的正常运行需要连续可调而稳定的电流信号及固定的颤振频率和颤振信号。根据需求，英飞凌公司相继推出了 TLE7241、TLE7242 等专用控制芯片。作为汽车电子级 IC 芯片，具有很好的抗干扰性和较大的电压裕度。内部集成了恒流控制单元、PWM调制控制、颤振信号发生单元、SPI 总线控制单元、PI 调节和外部电流采样等功能，可实现外部比例电磁铁的驱动控制。在减少了外围模拟器件的同时，提高了整个系统的数字化水平。

由表 1-4 可知，TLE7241E 及 TLE82453SA 的最大控制电流及采样电阻固定，其内部集成了 MOSFET 驱动电路，用户可直接连接外部电磁铁进行操作，但采样电阻值直接决定了电流控制精度，如 TLE7241E 对于 0.24Ω 的采样电阻，其控制精度为 1.5mA/bit，所以对于控制精度、最大控制电流值及操作电压范围满足应用要求的情况下，可选用前述两种芯片。由于采用 24V 比例阀，控制精度要求满足小于 0.5mA/bit，所以采用 TLE7242-2G 作为控制芯片，通过外接 MOSFET 及采样电阻的方式，实现对电磁铁的高精度控制。

表 1-4 几种常用控制芯片参数

特性 型号	输出通道数	最大控制电流/A	电压范围/V	采样电阻/Ω	颤振频率/Hz	颤振幅值/A
TLE7241E	2	1.2	$5.5\sim18$	0.24	$41\sim1000$	$0\sim1.2$
TLE7242-2G	4	可调	$5.5\sim40$	可配置	可配置	可配置
TLE8242-2G	8	可调	$5.5\sim40$	可配置	可配置	可配置
TLE82453SA	3	1.5	$5.5\sim40$	0.25	可配置	$0\sim1.5$

（2）比例阀驱动接口

比例阀驱动及控制系统结构如图 1-24 所示，以 ARM 处理器构建的控制系统中 LPC1112 通过 SPI 接口实现与 TLE7242 通信控制，TLE7242 通过功率模块驱动比例电磁铁工作。

LPC1112 是基于 ARM Cortex-MO 的 32 位微型处理器，提供高性能、低功率、简单指令集和内存寻址，与现有 8 位/16 位架构相比，代码尺寸更小。LPC1112 的 CPU 工作频率

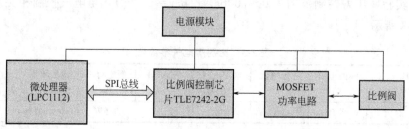

图 1-24 比例阀驱动及控制系统结构图

最高可达 50MHz，内部包括 16KB 的闪存、4KB 的数据存储器、I^2C 总线接口、RS-485/232 接口、SSP/SPI 接口、通用计数/定时器、10 位 ADC 以及最多 22 个通用 I/O 引脚。TLE7242 有 4 个完整的独立的比例电磁铁驱动通道，芯片内部集成了数据寄存器组模块、PWM 模块、颤振信号发生器模块、A/D 模块、PI 调节模块、SPI 总线模块，实现可编程的控制电流输出和颤振信号叠加输出。

所以通过本 LPC1112＋TLE7242 便可构建一个完整的比例阀伺服控制系统，实现比例阀控制的数字化、小型化与智能化。其控制系统及驱动电路如图 1-25 所示。

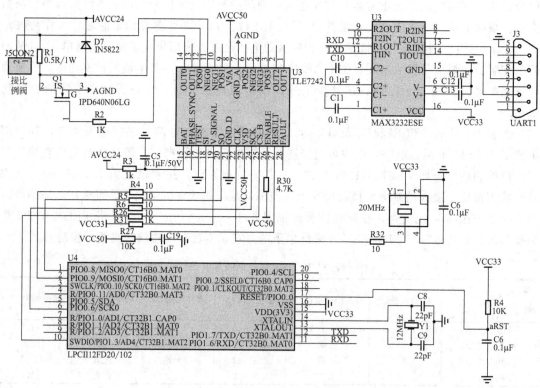

图 1-25 控制系统驱动电路图

当采样电阻值为 0.5Ω 时，输出电流为 0～640mA，且输出电流与二进制值呈比例关系，其比例系数为 0.3125mA/bit，即最小控制电流为 0.3125mA，满足系统高精度的要求。当需要更大的电流输出范围时，可调整采样电阻 R_{sensor}（图 1-25 中 R1）阻值，其关系满足式(1-10)。

$$最大电流值 = 320/R_{sensor} \qquad (1-10)$$

图 1-25 中，控制器可通过 RS232 接口与 PC 机及其他控制设备实时通信。在控制器内部，微处理器通过 SPI 接口与 TLE7242G 进行通信，实现控制命令、寄存器状态等数字信息的接收与发送。SPI 总线系统接口使用 3 线制：串行时钟线（SCK）、主入/从出数据线（MISO）和主出/从入数据线（MOSI），故可以大大地简化硬件电路设计及获取串行外围设备接口。

TLE7242 是从机型器件，主控制器需要通过 32 位的 SPI 接口发送指定数据的帧结构来实现控制功能。由于 LPC1112 中内置 16 位高速 SPI 接口，不满足 TLE7242 的 32 位 SPI 接口要求，所以采用 CPU 普通 I/O 口模拟 32 位 SPI 接口协议的方式实现 SPI 通信，由于 TLE7242 在收到命令字时，总是要发送 1 帧诊断信息，所以 CPU 访问 TLE7242 内部寄存器时，应连续发送 2 帧相同的 SPI 命令字。

（3）驱动软件

比例电磁铁的驱动程序使用 C 语言进行底层软件开发，其整体流程如图 1-26 所示。

控制系统上电后，首先对 LPC1112 和 TLE7242 两个芯片进行初始化，其中 LPC1112 包括芯片内部寄存器、时钟、中断、串行通信接口、模拟 SPI 接口和普通 I/O 口等的初始化工作；TLE7242 主要是对内部寄存器进行初始化，除电流设置寄存器外，其他寄存器仅需上电时初始化一次，在运行过程中不需要进行操作。由于 Have 公司的 PWVP 型比例阀工作在线性区前需要一定的初始电流，所以在初始化完成后，应使 TLE7242 输出 100mA 的电流值，使比例阀处于线性工作状态，对 SPI Message 3# 寄存器（即电流设置与颤振幅值设置寄存器）写入相应数字量，即可改变输出电流值，实现对比例阀电流的精确控制及整个液压系统压力的精确控制。

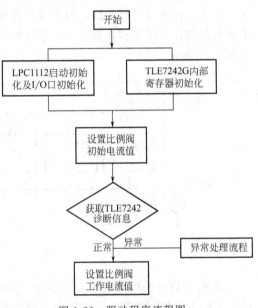

图 1-26　驱动程序流程图

（4）小结

采用数字化设计，控制器可实时获取液压阀运行状态，并可与其他控制设备和远程控制设备进行信息交互。随着移动通信网络不断发展，物联网与机械设备的结合将更加紧密，这要求现场机械设备具有高的数字化和智能化程度，以满足智能化识别、定位、跟踪、监控和管理以及远程设备故障诊断等要求，实现异地、远程、动态、全天候的"物物相连、人人相连、物人相连"。

1.2.7　电液伺服数字控制

近年来随着电子技术、控制理论的研究和发展，电液伺服数字控制技术已得到迅速发展和应用。

（1）硬件控制器

高性能的 PLC、DSP、PC104 等嵌入式控制器的应用，为电液伺服系统实现先进控制算法奠定了基础。另外，采用数字通信技术，使上位机能够通过 CAN 总线、PROFIBUS 总线、以太网等向电液伺服系统的控制器发送指令、实时传送参数，并在线监控系统运行状态。

（2）控制算法

在控制算法方面，针对电液伺服系统的非线性、参数时变、存在滞回、负载复杂等问题，一些先进控制算法得到了应用。除常用的 PID 算法外，其他比较典型的控制算法主要包括以下几种：

① 鲁棒自适应控制　在传统自适应控制系统中，扰动能使系统参数严重漂移，导致系统不稳定，特别是在未建模的高频动态特性条件下，如果指令信号过大，或含有高频成分，或自适应增益过大，或存在测量噪声，都可能使自适应控制系统丧失稳定性。自适应鲁棒控制（adaptive robust control）结合了自适应控制与鲁棒控制的优点，以确定性鲁棒控制为基础增加了参数自适应前馈环节，在处理不确定非线性系统方面取得了良好的效果。电液伺服系统中，普遍存在系统参数获取困难、负载模型不易建立、系统强耦合且非线性严重（如滞回、摩擦、死区等）等问题，通常采用鲁棒自适应控制方法实现在线估计参数，对非线性环节进行补偿，保证了存在建模不确定性和外界干扰系统的鲁棒性。鲁棒自适应控制器的原理如图 1-27 所示。

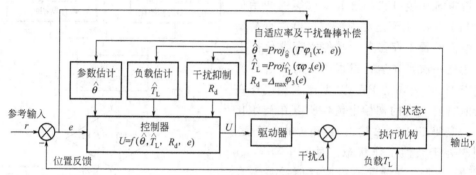

图 1-27　鲁棒自适应控制器

② 有参数自整定功能的 PID 控制　PID 控制因其结构简单、含义明确、容易理解等特点在工程中得到广泛使用。但是电液伺服系统属于非线性系统，大量的实际应用表明，当系统状态发生变化时，固定参数的 PID 控制器性能变差。因此，具有参数自整定功能的 PID 控制得到了研究和应用。PID 控制器的参数整定方法包括常规的 ZN 法、继电反馈法、临界比例度法等。在传统方法中，有的需要依靠系统精确数学模型进行参数整定，有的需要开环实验确定控制器参数，这些方法都容易造成系统振荡。因此，基于闭环系统实验数据的 PID 控制器参数整定算法得到了重视。比较典型的方法包括：迭代反馈整定算法和极限搜索算法。这两种算法均是利用闭环系统的输入输出数据进行控制参数的整定，其不同之处在于迭代反馈整定法每次迭代过程需要进行三次实验，而极限搜索方法只需要进行一次实验。

③ 自抗扰控制　自抗扰控制是中科院韩京清研究员提出的一种控制算法，该算法的优点是不考虑被控系统的数学模型，将系统内部扰动和外部扰动一起作为总扰动，通过构造扩张状态观测器，根据被控系统的输入输出信号，把扰动信息提炼观测出来，并以该信息为依据，在扰动影响系统之前用控制信号将其抵消掉，从而获得最优的控制效果。从频域角度看，这样的控制手段要优于一般"基于误差"设计的 PID 控制器，自抗扰控制器原理如图 1-28所示。

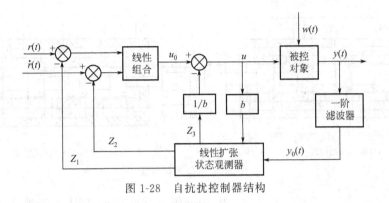

图 1-28　自抗扰控制器结构

(3) 故障检测与诊断功能

随着工业过程对电液伺服系统的可靠性要求越来越高，故障检测和诊断已成为控制器中一个必不可少的功能。

通过故障检测可向用户发出故障报警，如传感器故障、伺服阀故障等。目前，比较成熟的故障检测技术主要以数据为主，如专家系统故障检测、神经网络故障检测等。上述方法都需要大量的数据样本或专家知识作为前提。现有的故障检测技术还只能局限于一些简单故障，对于复杂故障的诊断还有待于新故障诊断技术的发展。

1.2.8　2D 高频数字阀在电液激振器的应用

振动试验作为现代工业的一项基础试验和产品研发的重要手段，广泛应用于许多重要的工程领域，振动试验的主要设备为振动台，其性能直接影响到振动试验结果的准确性。

电液振动台因激振力大、振幅大、低频性能好以及台面无磁场等优点而得到较为广泛的应用。现代工业，尤其航空航天等高科技领域的不断发展，对振动台的工作频率范围及输出推力的要求也越来越高，提高工作频率范围及增大输出推力成为当务之急。电液伺服阀频响难以大范围突破，因而电液伺服振动台的工作频率范围难以进一步提高。目前推力 50kN 以上电液式振动台工作频率已经达到 1000Hz。

一种国内开发的新型高频激振器，它的核心是一高频激振阀（即 2D 高频数字换向阀）。

(1) 2D 数字换向阀的工作原理

2D 阀具有双自由度，即阀芯具有径向的旋转运动和轴向的直线运动，其工作原理如图 1-29 所示。阀芯上有 4 个台肩，每个台肩上沿周向均匀开设有沟槽，相邻沟槽的圆心角为 θ，第 1、3 个台肩沟槽的位置相同，第 2、4 个台肩沟槽的位置相同，相邻台肩上的沟槽相互错位，错位角度为 $\theta/2$。阀芯由伺服电机驱动旋转，使得阀芯沟槽与阀套上的窗口相配合的阀口面积大小成周期性变化，由于相邻台肩上的沟槽相互错位，因而使得进出口的两个通道的流量大小及方向以相位差为 180° 发生周期性的变化，以达到换向的目的。当阀芯在转动过程中位于图 1-29(a) 所示的位置时，P_s口和 P_1口沟通，P_2口和 P_0口沟通；当阀芯旋转过一定角度（如 $\theta/2$）处于图 1-29(b) 所示位置时，P_s口和 P_2口沟通，P_1口和 P_0口沟通。即阀芯在伺服电机驱动下旋转，P_s口周期性地和 P_2口、P_1口沟通。2D 阀台肩上的沟槽与阀套上窗口构成的面积除因阀芯旋转发生周期性变化外，还可通过阀芯的轴向运动使阀口从零（阀口完全关闭）到最大实现连续控制，因而，可由另一伺服电机通过偏心机构驱动阀芯作轴向运动，从而改变周期性变化阀口面积的大小，进而控制 2D 阀的流量输出。

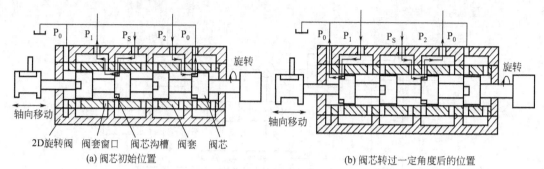

(a) 阀芯初始位置

(b) 阀芯转过一定角度后的位置

图 1-29　2D 阀原理图

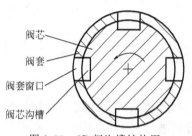

图 1-30　2D 阀沟槽结构图

2D 换向阀的截面结构如图 1-30 所示，阀芯沟槽数与阀套窗口数相等，这种结构形式称为全开口型配合。2D 换向阀的工作频率 f（Hz）为：

$$f = nZ/60 \tag{1-11}$$

式中，n 为阀芯的旋转转速，r/min；Z 为阀芯沟槽每转与阀套窗口之间的沟通次数（即阀芯沟槽数）。

采用传统滑阀结构的换向阀，易产生一些故障，其中阀芯卡紧是液压换向阀最常见的；换向的频率也因受到阀芯运动惯性的影响，一直无法得到有效的提高。而从式(1-11) 可知，2D 数字换向阀的换向频率仅与阀芯的转速和阀芯沟槽数有关，同时提高两项参数或单独提高其中的任何一个都能提高换向频率。由于阀芯为细长结构转动惯量很小，又处于液压油的很好润滑状态中，因而容易提高阀芯的旋转速度，同时提高阀芯沟槽数也较容易，这样有利于得到很高的频率。旋转式换向也从根本上避免了阀芯卡紧现象。

(2) 阀套窗口、阀芯沟槽数 Z 的确定

阀芯以角速度 ω 旋转时，阀套窗口与阀芯沟槽的油液流通宽度变化情况如图 1-31 所示，阀套窗口与阀芯沟槽轴向的形状均为矩形，则：

$$A_v = Z x_v y_v \tag{1-12}$$

式中，A_v 为阀芯沟槽的油液导通面积，m^2；x_v 为阀芯轴向移动距离，m；y_v 为阀套窗口与阀芯沟槽的导通宽度，m。

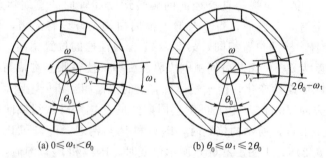

(a) $0 \leqslant \omega_t < \theta_0$　　　　(b) $\theta_0 \leqslant \omega_t \leqslant 2\theta_0$

图 1-31　2D 阀油液流通宽度变化

根据阀套与阀芯接触宽度 y_v 的变化（$0 \sim y_{vmax}$，$y_{vmax} \sim 0$）位置关系，得：

$$\theta_0 = \frac{2\pi}{4Z} \tag{1-13}$$

阀芯沟槽的油液导通的最大面积为：

$$A_{\max} = Z x_{\max} 2R \sin \frac{\theta_0}{2} \tag{1-14}$$

式中，θ_0 为阀芯沟槽宽所对应的圆心角；R 为阀芯半径，m。

由式(1-14)求得最大流通面积与阀芯沟槽数的关系，当 $Z \geq 6$ 时，$A_{\max}$ 已基本不变化，此时流通宽度与圆周弧长之比已接近 1/4，因此 Z 的取值至少为 6。

(3) 2D 阀的数学模型

当阀芯旋转的角度 ω_t 在 $[0, 4\theta_0]$ 变化时，第 1 个台肩的阀芯与阀套接触宽度变化的分段函数为：

$$y_{v1} = \begin{cases} 2R \sin \dfrac{\omega_t}{2} & (0 \leq \omega_t \leq \theta_0) \\ 2R \sin \dfrac{2\theta_0 - \omega_t}{2} & (\theta_0 \leq \omega_t \leq 2\theta_0) \\ 0 & (2\theta_0 \leq \omega_t \leq 3\theta_0) \\ 0 & (3\theta_0 \leq \omega_t \leq 4\theta_0) \end{cases} \tag{1-15}$$

而与之相邻的第 2 个台肩阀芯与阀套接触宽度 y_{v2} 变化情况则相反，在 $[0, 2\theta_0]$ 时为 0，在 $[2\theta_0, 4\theta_0]$ 时导通；第 3、4 个台肩的变化与第 1、2 个相同。

容易得到一个周期内油液流通面积的变化情况，见式(1-16)，在阀芯回转一周内其他阶段的变化以此类推，所以，油液流通面积在理论上有严格的周期性。如图 1-32 所示，面积的变化曲线非常接近参考的正弦波形曲线。

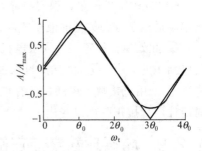

图 1-32 2D 阀油液流通面积变化

$$A = \begin{cases} 2x_v ZR \sin \dfrac{\omega_t}{2} & (0 \leq \omega_t \leq \theta_0) \\ 2x_v ZR \sin \dfrac{2\theta_0 - \omega_t}{2} & (\theta_0 \leq \omega_t \leq 2\theta_0) \\ 2x_v ZR \sin \dfrac{2\theta_0 - \omega_t}{2} & (2\theta_0 \leq \omega_t \leq 3\theta_0) \\ -2x_v ZR \sin \dfrac{4\theta_0 - \omega_t}{2} & (3\theta_0 \leq \omega_t \leq 4\theta_0) \end{cases} \tag{1-16}$$

为考察油液流通面积与参考正弦波形曲线面积的误差，设：

$$e = \frac{A - A_y}{A_y} \times 100\% \tag{1-17}$$

式中，e 为相对误差；A_y 为参考正弦波形所对应的面积值。

$Z = 8$ 时，一个周期内相对误差的变化如图 1-33 所示。考虑到流量变化的连续性，实际的流量变化最大误差还应更小。

式(1-16)表明在 $[0, 4\theta_0]$ 内，流通面积的变化是非线性的，需对其进行线性化处理。采用傅里

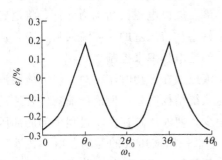

图 1-33 流通面积与正弦波形
面积的相对误差

叶变换，得式(1-16)的傅里叶变换函数为：

$$A(t) = \sum_{k=1}^{\infty} \frac{1}{[2Z(2k-1)]^2} \frac{16RZ^2 x_v (-1)^{k-1}}{\pi} \cos\frac{\theta_0}{2}\sin[(2k-1)Z\omega_t] \quad k=1、2、3、\cdots$$

$$(1-18)$$

显然，$k=2$、3、$\cdots$时，高次谐波的幅值仅为 $k=1$ 时的 $1/9$、$1/25$、$\cdots$直至 0，衰减迅速，因此可用基波分量代替阀芯与阀套接触面积变化的分段函数。即取 $k=1$，得：

$$A(t) = \frac{1}{(2Z)^2-1} - \frac{16RZ^2 x_v}{\pi}\cos\frac{\theta_0}{2}\sin(Z\omega_t) \quad (1-19)$$

式(1-19) 表明面积傅里叶变换的基波是一个与 Z 相关的正弦函数，周期为 $4\theta_0$，该波形即为阀的输入信号，其周期即为阀的换向周期。当 x_v 为常值时，不管阀芯转速大小如何变化，输入信号始终为正弦波形；而当 x_v 按一定规律发生变化时（如 $x_v = B\sin\omega_1 t$），输入信号的波形将发生变化。反之，如果能对所需要的信号进行幅值、频率和平均值分解，就能对分解的信号实行独立控制，以满足所需信号。

(4) 小结

① 2D 阀结构简单，换向可靠，抗污染能力强，且易于控制，新型结构有利于得到高的频率，适用于各种类型的液压式高速换向的场合，如高频激振器等；

② 此处单独配置一个伺服电机通过偏心机构驱动阀芯作轴向运动，以改变周期性变化阀口面积的大小，进而控制 2D 阀的流量输出；

③ 采用直接数字控制，具有重复精度高、无滞环的优点，输入波形在理论上有严格的周期性，且按正弦规律变化。

1.2.9　内循环数字液压缸

内循环数字液压缸为一体化的液压系统。这种数字液压缸通过独特的设计，将动力元件、执行元件、控制元件的功能进行有机地集成，解决了液压系统由于液压元件众多、管道长致使压力损失、泄漏损失大，导致液压系统效率较低的问题。

(1) 控制概况

内循环数字液压缸把传统液压系统需要的方向阀、流量阀、单向阀、溢流阀等多种液压元件有机地融合在一个柱塞里，如图 1-34 所示。液压缸活塞上均匀分布 10 个柱塞，5 个柱塞使液压缸向左运动做功（A 组），5 个柱塞使液压缸向右运动做功（B 组）。A、B 两组柱塞交替反向放置，利用柱塞与活塞的面积比实现力的放大，通过柱塞的运动实现 1 腔、2 腔的液体体积等量变换，构成一个等行程等速双作用缸。液压缸以电磁铁为动力元件，将电磁铁放入小柱塞内，当电磁铁通电做功时，液压油通过小柱塞从液压缸的一腔流入另一腔，从而带动液压缸做功。液压缸的工作速度通过控制电磁铁的通电频率来控制。

整个液压系统无需额外的液压泵和液压循环管路，液压油在做功时流程短，使液体因流动时的黏性摩擦所产生的沿程压力损失减少很多；液压系统结构简单，使液压油流经管道的弯头、管接头、突变截面以及阀口等局部装置的次数很少，使液压缸在做功过程中的局部压力损失也很少。在控制上通过 DSP 控制电磁铁的通断电来控制液压缸的运动。由于在液压缸内有两组方向相反的小柱塞，通过控制柱塞工作组，便能控制液压缸的工作方向，也省去了方向阀。

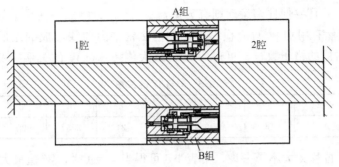

图 1-34　内循环数字液压缸的结构

（2）柱塞

如图 1-35 所示，在脉冲电流的控制下电磁铁推动活塞向左运动，3 腔体积变小，4 腔体积变大。3 腔里的液压油通过单向阀被排到 2 腔，推动液压缸向左运动，在结构设计时保证 3 腔和 4 腔的体积同步变化，1 腔的液压油便可在电磁铁做功的时候暂时存于 4 腔中，防止因液压油压缩而出现困油现象。做功完成后，在电磁铁弹簧力的作用下，活塞右移，4 腔的油通过 1 腔、单向阀被吸回 3 腔，完成吸油过程。

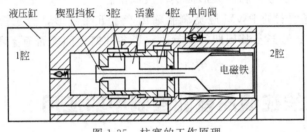

图 1-35　柱塞的工作原理

楔形挡板的作用为当 A 组柱塞工作时保证液压缸 1 腔与 2 腔不能通过 B 组柱塞相通。如果没有此挡板，当 A 组柱塞把液压油排到 2 腔后，2 腔的压力增大，液压油通过 B 组的单向阀、3 腔、排油管被压回液压缸 1 腔，液压缸不动作。

（3）液压缸动力元件

此内循环数字液压缸系统以电磁铁为动力元件，电磁铁选用众恒电器的 ZHT2551L/S 型号。电磁铁推力曲线如图 1-36 所示。

由于电磁铁做功是在液压缸到达极限点位置后立即停止供电，所以电磁铁每次通电时间大概为几十毫秒，这个值远远小于厂家提供的单次最长工作时间，电磁铁通电的实际比例可稍微大于提供的比例。为使液压缸有更快的速度，先假定选用通电时间比为 30% 的曲线。

若使液压缸工作效率高，就应使电磁铁每动作一次对油液做功最大。设图 1-35 中的活塞面积为 S，负载在活塞上产生的压强为 p，电磁铁做功位移为 x。电磁铁运行时克服柱塞表面油液压力 $F = pS$，做功 $W = Fx$

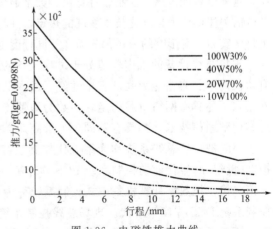

图 1-36　电磁铁推力曲线

（忽略动态效应），并且要使柱塞运动则有 $F \geqslant f_{\min}$，$f_{\min}$ 为电磁铁曲线上的最小力，极限情况 $W = f_{\min}x$。显然有用功 W 对应横纵坐标与电磁铁推力曲线形成的矩形区域面积。通过计算矩形区域所对应的格子数量，可得到 W 的最大值。x 与 W 的关系如表 1-5 所示。

表 1-5　x 与 W 的关系

x	1	2	3	4	5	6	7	8	9	10
W	7	12	16	20	22.5	24	25.2	25	26	25

$x > 10$ 后由于位移太大不予考虑，由表 1-5 可得当 $x = 9$ 时，W 值最大。但 x 越大，电磁铁做功一次所用的时间也就越长，综合考虑各种因素暂取 $x = 6$。在图 1-36 上取点（0，3650）、（1，3300）、（2，2950）、（3，2700）、（4，2500）、（5，2250）、（6，2000）可在 Matlab 中模拟出曲线的函数关系。由于电磁铁做功时是以 $x = 6$ 时为起点，设此点为 0 点。在 Matlab 中模拟曲线的三次函数，可得电磁铁推力与位移的拟合函数为：

$$f(x) = 0.042(1000x)^3 - 0.244(1000x)^2 + 2726x + 20.012$$

（4）内循环数字液压缸的控制方式

对液压缸采用位置控制，在液压缸外安装一高精度位移传感器，实时检测液压缸位移。根据传感器输出的位置信号为脉冲波形提供转换依据。

利用 DSP 事件管理器的 PWM 脉宽调制输出产生五路波形，分别控制 5 个电磁铁的通断电，每路波形的有效波形及其周期的值就决定了各柱塞之间能否有条不紊的依次工作，其值由时间或位置决定。

1.3　现场总线在液压智能控制中的应用

现场总线（Fieldbus）是用于过程自动化、制造自动化、楼宇自动化等领域的现场智能设备互连通信网络。

1.3.1　现场总线的概念

现场总线作为工厂数字通信网络的基础，沟通了生产过程现场及控制设备之间及其与更高控制管理层次之间的联系。它不仅是一个基层网络，而且还是一种开放式、新型全分布控制系统。这项以智能传感、控制、计算机、数字通信等技术为主要内容的综合技术，已经受到世界范围的关注，成为自动化技术发展的热点，并将导致自动化系统结构与设备的深刻变革。国际上许多实力、有影响的公司都先后在不同程度上进行了现场总线技术与产品的开发。

现场总线设备的工作环境处于过程设备的底层，作为工厂设备级基础通信网络，要求具有协议简单、容错能力强、安全性好、成本低的特点；具有一定的时间确定性和较高的实时性要求，还具有网络负载稳定，多数为短帧传送、信息交换频繁等特点。现场总线系统从网络结构到通信技术，都具有不同于上层高速数据通信网的特色。

一般把现场总线系统称为第五代控制系统，也称作 FCS 现场总线控制系统。人们一般把 20 世纪 50 年代前的控制系统 PCS 称作第一代，把 4～20mA 等电动模拟信号控制系统称为第二代，把数字计算机集中式控制系统称为第三代，而把 70 年代中期以来的集散式分布控制系统 DCS 称作第四代。现场总线控制系统 FCS 作为新一代控制系统。一方面，突破了DCS 系统采用通信专用网络的局限，采用了基于公开化、标准化的解决方案，克服了封闭系统所造成的缺陷；另一方面把 DCS 的集中与分散相结合的集散系统结构，变成了新型全分布式结构，把控制功能彻底下放到现场。可以说，开放性、分散性与数字通信是现场总线系统最显著的特征。

现场总线引入到电液系统的目的在于其主控模块特别适用于复杂的工业现场，具有电磁干扰低、抗干扰能力强、可以直接驱动多片电液比例阀等优点。由于总线上传输的信号是数字量，这样就大大地提高了电液系统的精度以及系统的抗干扰能力，从而改善了电液系统的性能与可靠性。

智能液压元件的基本功能之一是为液压元件服务的总线及其通信功能。

1.3.2 基于嵌入式控制器与 CAN 总线的智能监控系统

CAN 总线是现场控制总线之一，它属于总线式串行通信网络，建立在国际标准化组织的开放系统互连模型 OSI（open system interconnection）上。OSI 由物理层、数据链路层、网络层、传输层、会话层、表示层、应用层 7 个层次组成，CAN 总线实际只使用 OSI 底层的物理层和数据链路层。由于 OSI 的开放性、流行性和可靠性，使得以其为基础的 CAN 总线成为现场控制总线的首选类型。

嵌入式 PLC 系统具有体积小、成本低、抗干扰性强和可靠性高等特点，在现场控制中得到广泛应用。尤其是 PLC 所采用的开放式模块化体系结构与所具有的网络通信能力，使其能够完成复杂的机械装备现场监控任务，比较好地满足了现场控制系统的柔性化和开放性要求。在此，将嵌入式 PLC 和 CAN 总线技术应用于挖掘机电液控制系统。

(1) 挖掘机电液控制系统的组成与工作原理

挖掘机是一种多用途工程机械，兼具军用与民用等功能，可以实施轻型工程装备牵引、救援作业，具有挖掘、起重、破碎、外孔等多种作业功能。其工作及行走装置主要是由铲斗、斗杆、大臂、行走履带及相应的操纵油缸、马达等组成的多自由度系统。挖掘机的操作比较复杂、安全性要求较高，导致驾驶作业人员的劳动强度很大。挖掘机向智能化发展是必然趋势。智能化工程机械通过各种传感器获取作业过程中的状态参数。挖掘机的智能化主要包含有 3 个方向，即挖掘机的智能监控、故障检测与预报、故障的远程诊断与维护技术，挖掘机单机智能化操控技术，以及基于网络的机群智能化控制与管理技术。将 CAN 局域网控制总线技术和嵌入式 PLC 技术应用于挖掘机的电液控制系统中，提高了电控系统的标准化和可扩充性，为今后的升级换代和走向国际市场打下良好的基础。

挖掘机电控系统由操控箱、显示器（虚拟仪表）、指示盒、信号中继盒、前悬臂中继盒、功率输出盒及安装在挖掘机作业机构和发动机上的传感器等组成，从功能上分为以下几个部分：

① 传感器部分 主要用来采集挖掘机工程过程中的状态信息参数，如液压缸极限位置检测，油缸的直线位移检测，左右回转马达的回转位移检测，液压系统压力、温度检测，滤清器堵塞状态检测，发动机转速、机油压力、水温等参数的检测。传感器的输出信号类型有开关量信号、模拟量信号、计数脉冲信号和压差信号，直接送入 PLC 控制器 SPT-K-2023 和 SPT-K-2024 中。

② 控制器部分 接收位置检测传感器、油缸位移传感器和马达计数传感器等的开关信号、模拟信号和脉冲信号，由控制器中的 CPU 处理后，数据分两部分输出：一部分数据送往到显示器（虚拟仪表），显示油缸等的位置信息、发动机状态信息、挖掘机作业状态报警信息等；另一部分数据送往电液比例阀等执行元件，控制油缸、马达等的动作，完成挖掘机

的挖掘作业。

③ 显示器部分（虚拟仪表）　虚拟仪表采用显示器与主机集成设计，主要用来显示系统状态参数、挖掘作业的视频输入显示、挖掘向导功能及行驶导航功能。

④ 操作控制部分　操作控制面板上设置有液压系统的操作控制手柄、切换旋钮、拨挡开关、自锁按钮和指示灯等。操作人员通过这些按钮，控制挖掘机的挖掘、装卸载作业、短距行驶等。操作控制部分所产生的模拟信号和开关信号调制为 CAN 总线信号格式后输入到控制器，由其进行处理转换后输出到控制执行元件。

⑤ 执行元件部分　采用 PSL 型电控比例多路阀，该阀为德国哈威公司生产，可控制液压执行元件的运动方向和无级调节独立于负载的运动速度。控制器输出 PWM 信号至电磁阀线圈，通过激励电流大小控制阀的流量大小，控制液压元件的执行速度。

PLC 控制系统的原理如图 1-37 所示。

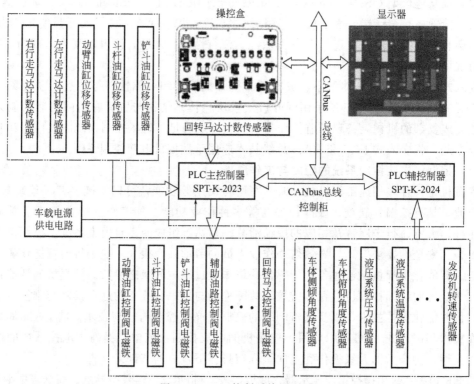

图 1-37　PLC 控制系统原理图

（2）PLC 控制系统的实现

挖掘机作业时，驾驶人员主要通过操作左侧位的斗杆/回转控制手柄和右侧位的动臂/铲斗控制手柄，产生 4 路模拟量控制信号，通过 CAN 总线传入到控制柜，控制相关的电液比例负载敏感控制阀，使斗杆油缸、回转马达、动臂油缸和铲斗油缸动作，完成挖掘作业功能。挖掘机行驶时，通过操作装置产生电信号，控制左右行走马达的电液比例阀动作，使马达正转或反转以及变速，实现挖掘机的行进和转向等功能。由此可见，挖掘机的电液控制系统是比较复杂的，输入参数和输出控制参数较多，因此采用了 2 台嵌入式软 PLC 控制器，一台作为主控制器，PLC 控制器通过采集传感器的信号和操作人员的操纵控制信号，实现挖掘机的挖掘作业。主、辅控制器及主控盒之间通过 CAN 总线互连，数据通信采用 CAN-

OPEN 协议, 如图 1-37 所示。

① PLC 的特点与选型 控制系统采用 SPT-K 系统控制器, 该控制器为一种嵌入式的高性能工程机械专用软控制器, 集成 PLC、比例放大电路、数模/模数转换模块、继电器输出和 PWM 输出驱动为一体, 特别适合在恶劣的环境条件下工作, 该系列控制器的特点如下:

内置的嵌入式比例放大器, 将多片阀的放大器集成为一体, 输出可直接驱动电液比例阀, 减少了外围辅助电路, 有效提高了系统的可靠性;

模拟信号输入端子具备处理不同输入信号的能力, 可连接电位计、热敏电阻、电流/电压信号变送器等多种工程信号, 并可使用软件编程进行灵活设定;

基于 CAN 总线开发, 提供了 CANOPEN 与 CAN2.0 两种总线接口, 便于使用多个控制器组网。

由于挖掘机的液压系统比较复杂, 共有 15 个模拟量输入、4 个脉冲量输入、4 个开关量输入、7 个 PWM 输出, 另有主控盒上的控制手柄和操作开关的信号输入, 控制点多, 控制逻辑复杂, 因此采用 2 台控制器 SPT-K-2023 和 SPT-K-2024 构成主从式结构。另设置了作业显示终端进行状态参数的显示和导航、报警等参数的显示。各个部分之间通过 CAN 总线连接。

② 控制器资源配置 控制器的 I/O 资源配置如表 1-6 所示。

表 1-6 I/O 资源配置表

端口		类型	地址	说明
SPT-K-2023	XM1.1	AI	%IW100	铲斗油缸位移传感器
	XM1.2	AI	%IW101	动臂油缸位移传感器
	XM1.3	AI	%IW102	斗杆油缸位移传感器
	XM3.20	AI	%IW114	蓄电池电压检测
	XM1.9	PI	%IW155	左行走马达计数传感器
	XM1.10	PI	%IW154	右行走马达计数传感器
	XM1.11	PI	%IW153	回转马达计数传感器
	XM1.5	PWM	%QW103	铲斗油缸控制阀电磁线圈
	XM1.6	PWM	%QW102	动臂油缸控制阀电磁线圈
	XM1.7	PWM	%QW100	斗杆油缸控制阀电磁线圈
	XM1.8	PWM	%QW101	左行走马达控制阀电磁线圈
	XM2.1	PWM	%QW104	右行走马达控制阀电磁线圈
	XM2.2	PWM	%QW105	回转马达控制阀电磁线圈
	XM2.3	PWM	%QW107	辅助油路控制阀电磁线圈
SPT-K-2024	XM1.5	AI	%IW101	发动机冷却水温度传感器
	XM1.6	AI	%IW100	发动机机油温度传感器
	XM1.12	AI	%IW104	发动机机油压力传感器
	XM2.3	AI	%IW102	环境温度检测传感器
	XM2.4	AI	%IW103	液压油散热器温度传感器
	XM3.13	AI	%IW110	液压系统温度传感器
	XM3.14	AI	%IW111	燃油油位测量传感器
	XM3.5	AI	%IW106	液压系统压力传感器
	XM3.6	AI	%IW107	横向倾角传感器
	XM3.7	AI	%IW108	纵向倾角传感器
	XM3.8	AI	%IW109	液压油位测量传感器
	XM1.16	DI	%IX1.3	固定销检测开关信号
	XM1.15	DI	%IX0.3	发动机机油滤清器堵塞
	XM1.17	DI	%IX1.2	液压系统出油滤清器堵塞
	XM1.22	DI	%IX1.1	液压系统回油滤清器堵塞
	XM3.16	PI	%IW152	发动机转速传感器

③ 电液比例阀的驱动方式　挖掘机的所有电磁阀的工作电压均为 24V，负载敏感多路换向阀每联电磁阀的工作电流小于 3A，可由 PLC 直接驱动阀芯动作。SPT-K-2023 嵌入式 PLC 的 PWM 输出采用大功率 MOS 管图腾柱结构的推动级方式，输出引脚的特性为"正向电流输出型"。

嵌入式 PLC 的 PWM 输出口可以直接驱动电液比例阀，控制手柄操作电磁阀时，PLC 采集角度传感器信号，经处理后改变 PWM 的输出驱动电流值，从而达到调整电液比例换向阀开度大小的目的。在控制过程中，PLC 通过内置采样电阻来获取驱动电流的反馈信息，因此双向电液比例阀电磁线圈的驱动电路接线需采用 2 个输出引脚。由于双向电液比例阀的 2 个电磁线圈不会同时通电工作，所以对其驱动可采用 3 个引脚的接线方式，2 个引脚接线圈的驱动输入接头，而第 3 引脚的电流返回线由 2 个驱动引脚共用。每个 PWM 电流返回引脚都具有单独的地址，能够与 8 个 PWM 输出端口的任何一个配合。为保护 PLC 输出级的 CMOS 功率管，在电液比例阀的电磁线圈端口上必须并联续流二极管，其接线方式如图 1-38 所示。

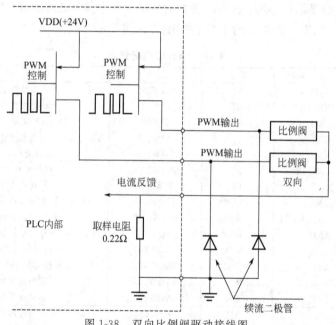

图 1-38　双向比例阀驱动接线图

（3）嵌入式 PLC 的操作系统软件

① SPT-K 控制器的初始化　基于 CANOPEN 协议的网络为主从式结构，网络中的节点号最小的控制器设置为主模式（MASTER），其他的节点设置为辅助（SLAVE）模式，这是因为节点号越小，控制器的优先级越高。系统使用标准的 CAN 数据格式，ID 为 11 位，有效数据长度为 8 个字节，CANOPEN 数据结构为："CAN ID，DLC，D0，D1，D2，D3，D4，D5，D6，D7"。

如果控制器需向 CAN 总线上发送数据，那么在初始化完成后，控制器从虚拟节点往总线上发送 4 帧 TPDO：（CANOPEN_START_INIT、CANOPEN_END_INIT），第 1 帧 PDO 数据的 ID 为 "0X180 + 控制器的节点号"，随后 3 帧依次为 "0X280" "0X380" 和 "0X480" 与控制器的节点号相加。

如果发送时数据没有变化，则每隔 300ms 控制器向总线发送一次数据。如数据变化了，则控制器会立即将更新后的数据发送到总线上。

② 操作系统软件　操作系统程序基于 CoDeSys 开发环境编写，按功能块结构进行程序设计：

a. 模块之间的通信程序的编写，包括 CAN 总线的初始化、PDO 数据的发送、PDO 数据的接收和参数设定等。根据系统需求与特点，将 EPEC2023 的节点 ID 定义为 1，EPEC2024 的节点 ID 定义为 4，主控盒节点定义为 3，由于显示器只需要从总线上接收信号而无输出信号，因而不需要定义节点 ID。

b. 标度变换功能块、故障处理与报警功能块、逻辑功能调用模块和数据显示模块，主要完成坐标参数、状态参数的变换，故障的处理和报警、挖掘作业、行走作业的正常操作与防误操作等，以及发动机状态参数、液压系统状态参数、车体倾斜、GPS 导航等信息的显示等功能。

通过功能模块调用，在挖掘机的行走、作业、导航等工况下，根据系统要求，保证电控系统的正常运行，控制液压系统按要求实现作业功能和车外远程操作功能等。

1.3.3　基于 CAN 总线的液压混合动力车智能管理系统

(1) 液压混合动力车驱动系统的构成及工作原理

液压混合动力车驱动系统由车辆原有驱动系和液压辅助驱动单元构成，结构简图如图 1-39 所示。图中的虚线方框内为液压辅助驱动单元，主要由变量泵/马达、高低压蓄能器、电磁阀等元件组成，实现储存和释放能量的目的。

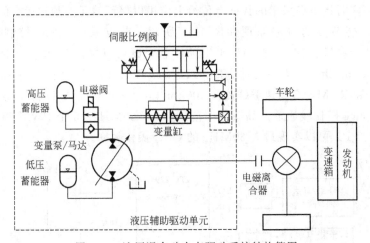

图 1-39　液压混合动力车驱动系统结构简图

在液压混合动力驱动系统中，当车辆处于制动状态时，辅助驱动单元中的变量泵/马达以液压泵的方式工作，为车辆提供制动转矩，并将车辆的惯性能转换成液压能，低压蓄能器中的液体以高压的形式存储到高压蓄能器中；当车辆起步时，变量泵/马达以液压马达的方式工作，将高压蓄能器中的压力能转换成机械能并驱动车辆行驶，当行驶到一定速度时启动发动机，车辆开始正常行驶；当车辆爬坡时，液压辅助驱动单元与发动机经过动力耦合装置共同驱动车辆，以平衡发动机的功率，实现节能和减少尾气有害物排放的目的。

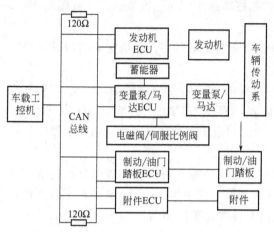

图 1-40　液压混合动力车智能管理系统组成图

（2）液压混合动力车智能管理系统

智能管理系统包括：液压辅助驱动单元智能节点，制动、油门踏板智能节点，发动机智能节点和附件节点等。系统采用主从式结构，上位机采用车载工控机 CTN-B0202GA，具有体积小、运算速度快、能耗低的优点；发动机和液压辅助驱动单元智能节点 ECU 采用 ARM 控制器，核心芯片为 LPC2294，LPC2294 具有运算速度快、可靠性高的优点。系统结构如图 1-40 所示。

（3）系统的硬件

液压辅助驱动单元节点与发动机节点设计思想和采用的控制器相同。

① 液压辅助驱动单元智能节点设计　液压辅助驱动单元采用图 1-39 的液压回路，其控制主阀为伺服比例阀，具有响应速度快、控制精度高等特点，电磁阀控制高压蓄能器的通断，达到释放和回收制动能量的目的。该智能节点具有信号采集检测和驱动的功能。检测功能是指回路中蓄能器的压力、变量泵/马达的转速、变量缸的位置，实现对变量泵/马达转速的精确控制，最终很好地完成与另一动力源发动机转速的耦合，使发动机处在最佳的工作区间，实现能源的最佳匹配。驱动功能是接受指令并输出信号，驱动电磁阀和伺服比例阀动作。液压辅助驱动单元 ECU 负责单元的管理，并实时与车辆驱动系统的上位机进行通信，接受其指令，并实时将节点采集的数据上传给上位机以保证单元控制和运行的可靠性。液压辅助驱动单元智能节点的电路原理如图 1-41 所示。节点采用 ARM 控制器，其核心是 LPC2294，它是一款基于 16/32 位 ARM7TDM1 核，既可以执行 32 位的 ARM 指令，也可以执行 16 位 Thumb 指令，支持实时仿真和跟踪的 CPU。LPC2294 内部有 16KB 静态 RAM 和 256KB 的 FlashROM，有高速 I^2C 接口 400kbit/s，8 路 10 位 A/D 转换器、2 个 32 位定时器、4 路捕获和 4 路比较通道，晶振频率范围为 1～30MHz；6 个 PWM 输出、2 个 CAN 通道；通过片内 PLL 可以实现最大 60MHz 的 CPU 操作频率。

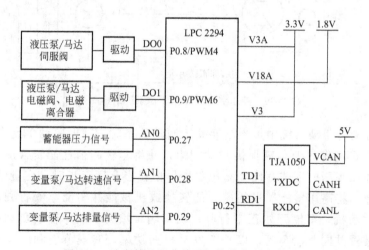

图 1-41　液压辅助驱动单元智能节点电路原理图

　　LPC2294 提供了 8 路的 10 位精度 A/D 转换模块，该模块的电压测量范围是 0～3.3V。而传感器信号传出的模拟电压信号的电压范围是 0～5V，所以信号采集及处理模块还要对其输出电压进行转化。传感器信号调理电路原理如图 1-42 所示。系统采用两级反向比例运算电路，把传感器的输出信号范围由 0～5V 按比例转换成 0～3.3V；同时使用容阻滤波网络对传感器输出信号滤波，去除外部干扰得到稳定的输出电压信号。

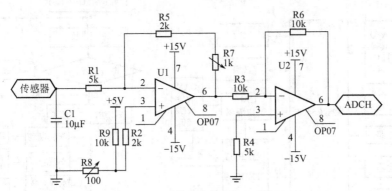

图 1-42　传感器信号调理电路图

　　② 油门踏板、制动踏板智能节点　油门踏板、制动踏板节点主要负责采集油门、制动踏板位置信号，并实时传递给上位机，以保证其对节点的实时监控。节点控制器运算要求不高，因此，本节点控制器采用单片机 8051 兼容芯片 P89C54UFPN。节点电路如图 1-43 所示。车辆的制动踏板行程分为制动能量回收行程和紧急制动行程，为了防止驾驶员误操作，当制动行程接近紧急制动行程时节点控制器会发出报警，同时保证了制动能量最大限度地回收。智能节点选用 SJA1000 作为 CAN 控制器，SJA1000 是一种基于单片机的独立 CAN 总线控制器，大量应用在汽车和普通的工业。CAN 模块通过驱动器 8X250 与总线相连，它可以提供对 CAN 总线的差动发送与接受能力。SJA1000 的 TX1 脚悬空，RX1 引脚的电位必须维持在 0.5VCC 上，否则将不能形成 CAN 协议所要求的电平逻辑。由于传输距离较远，车辆环境复杂、干扰大，采用光电隔离，保证了节点通信的可靠性。

（4）系统的软件

　　液压混合动力车的智能管理系统主要作用是根据车辆运行的工况控制发动机、液压泵/液压马达和液压蓄能器的能量分配；协调发动机和液压辅助驱动单元（液压泵/液压马达）两动力源的动力耦合的精准性。由于控制系统具有复杂的动力分配控制策略和算法，并要求系统能够实时、快速地完成整车的动力分配，故在选定 CTN-B0202GA 工控机为上位机的同时，还结合了实时嵌入操作系统平台来完成控制策略的运算。制动踏板节点或油门踏板节点在其踏板被踏下时，向上位机发送踏板变化角度的数据。上位机接收到该数据后，向压力、转矩、转速等测量参数节点请求数据。上位机收到这些参数数据后，用这些参数运算动力分配策略，然后向液压泵/液压马达节点送出改变其排量的数据。液压泵/液压马达节点收到上位机的数据信号后，经过平滑运算处理，再向其 I/O 输出改变液压泵或液压马达排量的模拟电压信号，从而达到对液压混合动力车辆的控制的目的。CAN 接口完全兼容 SAE J1939/71 协议，按照 SAE J1939 协议进行设计。智能管理系统运行主程序流程如图 1-44 所示。液压混合动力车辆的智能管理系统软件功能划分如图 1-45 所示。

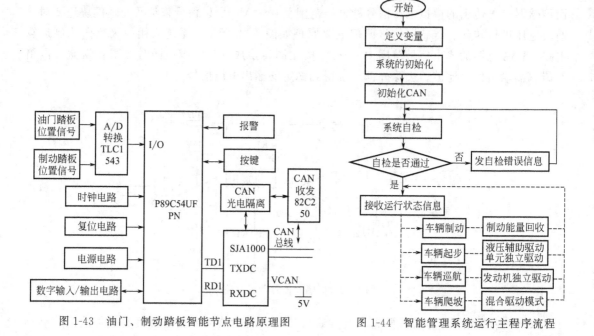

图 1-43　油门、制动踏板智能节点电路原理图

图 1-44　智能管理系统运行主程序流程

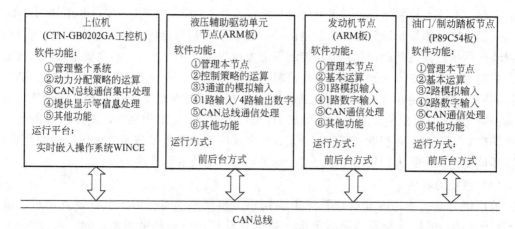

图 1-45　液压混合动力车辆的智能管理系统软件功能划分

（5）小结

对智能管理系统进行通信试验 CAN 总线波特率设为 80k，通信距离为 20m，数据更新周期为 50ms，主要节点全部工作，系统连续工作 48h 未出现通信错误。车辆采用液压辅助驱动模式进行实车试验，系统正常工作 24h 无错误发生；同时，由于系统采用 ARM 控制器作为系统主要节点的控制器，其强大的运算能力，能够迅速地对节点故障进行查询和处理，实时保证了车辆的安全，有效地监控运行状态及协调驱动模式保证了车辆处于最佳的能源匹配。

1.3.4　CAN 总线在平地机液压智能控制系统中的应用

平地机是一种以铲刀为主，配以其他多种可换作业装置，进行土地平整和整形作业的施工机械。

(1) 系统总体方案

静液压全轮驱动 PY200H 型平地机行走智能控制系统采用微电子技术、智能控制技术和通信技术以及静液压驱动技术，实现平地机的恒速作业控制以及整机在线参数检测和故障诊断报警功能。其中恒速作业控制包括两个环节：自动换挡控制和恒速控制。自动换挡控制首先是根据行驶速度的设定值确定变速器按设定速度行驶所需的最佳工作挡位，然后自动变换变速器的挡位使其工作在最佳挡位；恒速控制是指平地机工作在最佳工作挡位后，采用 PID（proportional，integral and derivative 比例、积分和微分）调节控制方式保证平地机行驶速度按设定值恒速行驶。

控制系统总体方案如图 1-46 所示。该系统主要由前轮 1、前马达 2、电喷发动机 3、前进挡电磁阀 4、后退挡电磁阀 5、驱动泵 6、前马达电磁阀 7、后驱动马达 8、后马达电磁阀 9、变速器一速电磁阀 10、变速器 11、变速器二速电磁阀 12、后桥 13、平衡箱 14、后轮 15 以及发动机控制器、主控制器、换挡控制器和显示器组成。

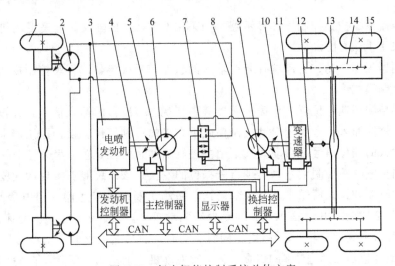

图 1-46 行走智能控制系统总体方案

1—前轮；2—前马达；3—电喷发动机；4—前进挡电磁阀；5—后退挡电磁阀；6—驱动泵；

7—前马达电磁阀；8—后驱动马达；9—后马达电磁阀；10—变速器一速电磁阀；

11—变速器；12—变速器二速电磁阀；13—后桥；14—平衡箱；15—后轮

控制系统采用了集散型计算机体系结构，即将整个控制系统功能分化为 4 个模块：电喷发动机控制器、主控制器、换挡控制器和显示器。其中，电喷发动机控制器根据发动机实际工况实现发动机转速控制等功能；主控制器实现整车状态参数检测和行驶挡位选择等功能；换挡控制器实现行驶挡位的实际控制等功能；显示器实现整车状态参数和故障报警信息的人机界面显示等功能。考虑到 CAN 总线通信技术在通信过程中具有的可靠性、实时性和灵活性等特点，系统中各控制模块通信采用 CAN 总线技术。

(2) 系统硬件

静液压全轮驱动平地机行走智能控制系统硬件原理如图 1-47 所示，其核心模块主控制器和换挡控制器采用 EPEC 控制器，显示器采用自主开发的工程机械智能监视器，发动机控制器由电喷发动机自带。

发动机控制器、主控制器、换挡控制器和显示器之间采用 CAN 总线实现数据的双向通

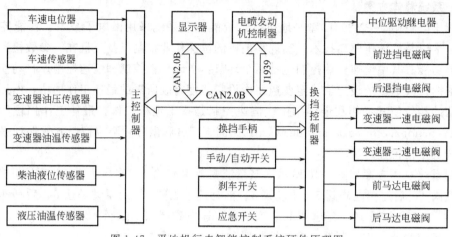

图 1-47　平地机行走智能控制系统硬件原理图

信,其中主控制器、换挡控制器和显示器之间采用 CAN2.0B 协议,电喷发动机控制器与主控制器之间采用 J1939 协议。

换挡控制器根据手动、自动选择开关输入的状态信号确定整车行驶控制模式为手动控制模式或自动控制模式。

主控制器检测车速电位器、车速传感器等整车状态传感器的输入信号,并根据车速电位器和车速传感器的输入信号确定自动控制模式下整车的行驶挡位。换挡控制器根据手动模式下换挡手柄输入的挡位信号或自动模式下由主控制器通过 CAN 总线发送过来的挡位信号向变速器输出挡位电磁阀控制信号,实现行驶挡位的变换。该系统能够实现后轮驱动和前后轮同时驱动两种驱动方式。后轮驱动时,前马达电磁阀 7 断电,变速器一速电磁阀 10 或变速器二速电磁阀 12 通电,电喷发动机 3 的动力经驱动泵 6、后驱动马达 8、变速器 11、后桥13、平衡箱 14 最后到达后轮 15。前后轮同时驱动时,前马达电磁阀 7 通电,同时变速器一速电磁阀 10 或变速器二速电磁阀 12 通电,电喷发动机 3 的动力同时传给前轮和后轮。

(3) 系统软件

平地机行走智能控制系统软件包括整机状态参数检测及其控制模块和整机状态参数人机界面显示模块。整机状态参数检测及控制模块主要完成平地机作业过程中的自动换挡控制和恒速控制。根据手动、自动选择开关状态,平地机作业过程可选择为手动或自动控制模式。图 1-48 为自动控制模式下的自动换挡控制流程。自动控制模式下,首先根据设定车速计算所需最低工作挡位。如果所需最低工作挡位等于当前实际挡位,则首先根据设定速度调整发动机转速,待到设定速度同实际速度的误差小于设定误差范围后,采用 PID 调节方式对行驶速度进行恒速控制。如果所需最低工作挡位高于当前实际挡位,则需要结合发动机实际负载率大小确定平地机行驶状态。若发动机实际负载率低于负载率下限值,允许变速器自动升挡;若发动机实际负载率高于负载率下限值,则直接进入设定速度过高处理环节。

如果所需最低工作挡位低于当前实际挡位,则首先判断当前挡位下通过调整发动机转速是否能够保证平地机按设定速度恒速行驶。如果能够满足,采用 PID 调节方式对行驶速度进行恒速控制,否则对变速器自动降挡。

整机状态参数人机界面显示程序主要实现平地机整机状态参数的多语言显示、故障报警以及控制参数的在线标定等功能,取代了传统控制系统中的诸多仪表,使得参数显示准确、

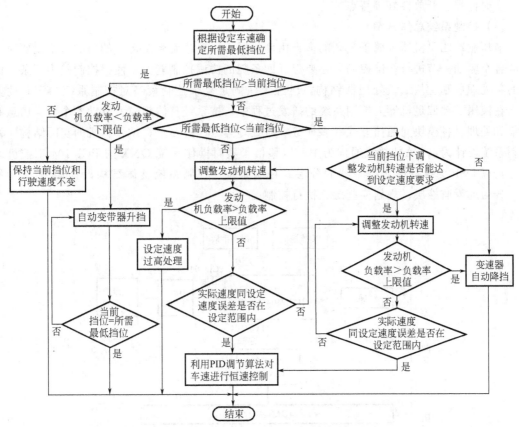

图 1-48 平地机行走智能控制系统主流程

实时、明了。整机状态参数监控界面如图 1-49 所示，图中上部为平地机换挡方式、行驶方向和挡位的图文显示区域。中部区域为平地机实时状态参数显示区域。如有报警信息则显示在屏幕的左下角区域，并以红色字体显示。若有多条报警信息则采用分时循环显示的方式加以显示。在故障排除后，报警信息自动消失。

基于微电子技术、智能控制技术和 CAN 总线的平地机行走智能控制系统，可以实现平地机作业过程中的恒速行驶和自动换挡控制功能；具有友好的人机交互界面，可实现平地机整机运行状态参数

↑↑↑ 2	↓ A		
设定车速	10.0km/h	发动机油门	100%
实际车速	10.1km/h	燃油量	90%
曲轴转速	2200r/min	变速器油温	94℃
机油压力	0.15MPa	制动气压	0.46MPa
冷却水温	95℃	变速器油压	1.00MPa
电压 27.8V	里程 167.2	10.126km	
冷却水温高		0:30:44	

图 1-49 平地机人机界面

的图文、汉字显示；可以实现平地机整机运行状态参数的实时监控和故障报警。该系统在实际施工过程中表现出了很高的控制精度。

1.3.5 液压驱动四足机器人控制系统

控制系统是四足机器人运动控制的核心部分，要求其能够实时地对四足机器人内外部环境信息进行采集和处理并对自身运动状态进行协调控制。在此依据液压四足机器人实验平台，开发出一套适合于四足机器人运行特点的控制系统，该系统具有工作性能稳定、可靠性

高、实时性强、开放性好等特点。

（1）控制系统总体方案

液压驱动四足机器人属于复杂的多自由度机器人，要达到稳定运行的目的，不仅要对单腿的各个驱动关节进行精准控制，还要保证四条腿的协调控制能力，使得控制较为复杂。传统的单处理器和主从二级处理器结构，已经无法满足复杂控制策略对控制系统的实时性要求。在液压驱动四足机器人控制系统的研发过程中，按系统整体规模、驱动器个数、信息的采集和处理、各模块间通信方式和多任务实时处理等方面的要求，结合整机的实际结构，将控制系统设计为以 CAN 总线通信为主，以移植了实时操作系统 QNX 的 PCI/104 工控机为核心，以 DSP 为执行单元控制器的分层式控制系统。控制系统整体结构设计如图 1-50 所示，分为远程监控层、规划控制层、执行控制层三层。

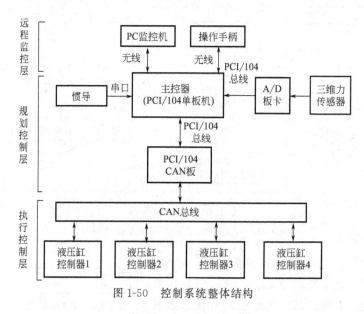

图 1-50　控制系统整体结构

① 远程监控层　远程监控层主要由监控计算机和操作手柄构成，监控机通过无线 WIFI 接收传感器获得的运动状态信息和外界环节信息并进行存储备份，用以检测机器人的运行状态。操作手柄通过无线方式将控制指令发送给机器人主控器，对机器人进行远程遥控。

② 规划控制层　主控制器用以接收操作手柄发来的指令，并负责机器人腿部和躯干上传感器的信息采集和处理，进行姿态解算、运动状态估计，进而根据相应的控制策略完成机器人任务规划、轨迹规划以及四足的协调控制，然后将指令信息通过 CAN 总线发送给各机器人腿部各控制器。为保证信息和处理的有效性和机器人运动的可靠性，系统对规划控制层的实时性要求较高。

③ 执行控制层　执行控制层采用分布式结构，机器人的每条腿都对应一个伺服控制器，控制器通过接收上层指令，并结合从液压缸上采集的力、位移传感器信息，利用控制器内部控制算法，计算得到控制输出，并将指令信息发送给各液压缸伺服阀，从而完成对液压缸的伺服控制。

四足机器人通过以上 3 个层次的任务完成对机器人运动的控制，各层之间采用不同的通信方式。远程监控层和规划控制层通过无线射频模块进行数据传输和控制，实现了对机器人的远程操控，规划控制层和执行控制层采用 CAN 总线的方式进行通信，相比于其他总线，

CAN 总线具有实时性高、数据传输可靠、连接方便、功能扩展性好等特点，实现了两层之间信息的可靠传递。

（2）控制系统硬件

① 主控制器硬件 主控制器选用研华公司生产的 PCI104 单板机 PCM3363，处理器为 Intel Atom D525，最高频率可达 1.8GHz，在板内存高达 1G，具有功耗低、尺寸小（96mm×90mm）、运算速度快等特点，另外可满足机器人在低温环境下工作的要求，并支持 Win7、Win XP、Win CE、LINUX、QNX 等多种操作系统，提供 IIC、PCI104、RS232 等接口，可外接鼠标、键盘、显示器等，满足系统需求。主控器主要硬件框图如图 1-51 所示。

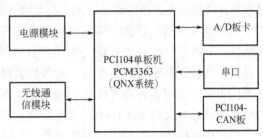

图 1-51　主控器硬件框图

PCI104-CAN 板选用研华公司生产的 PCM-3680，具有两个 CAN 口，波特率可达 1Mbps，并具有自动检错功能。A/D 板卡和 PCI104-CAN 板采用 PCI104 总线的方式与单板机进行通信，PCI104 总线具有性能好、数据传输率高、兼容性好等特点，并且其堆栈式结构减小了主控制器系统的占用体积，使结构更加紧凑。其中，PCI104-CAN 板用来实现与液压缸控制器的数据收发功能；A/D 板卡选用研华公司的 PCM38107，支持 PCI104 总线连接，该板卡有 12 个通道，用来对机器人腿部各个三维力传感器共 12 路信号数据进行采集；无线通信模块负责与监控层进行信息交换。

② 执行控制层硬件 执行控制层的硬件系统以 TI 公司生产的数字信号处理器 DSP28335 为核心芯片，该微处理器片内和外设含有许多模块如 eCAN 模块、A/D 转换模块、串口通信、事件管理器等。芯片上含两个增强型 CAN 总线控制器，支持 CAN2.0B 协议，最高波特率可达 1Mpbs。芯片上的两个 eCAN 模块分别用于接收上层指令和发送实时反馈。接口电路主要由收发器 PCA82C250 和 CAN 控制器组成，为提高数据通信的可靠性和抗干扰性，收发器需接入一个阻值为 120Ω 的电阻，以匹配总线阻抗。机器人每条腿上含有一套执行系统，其结构如图 1-52 所示，通过 A/D 芯片将力/位移传感器信息发送给微处理器，并结合上级发送的 CAN 指令信息解析出系统输出，通过 D/A 芯片和信号调理电路处理，将微处理器计算得到的信息发送给伺服阀，以控制腿部运动。

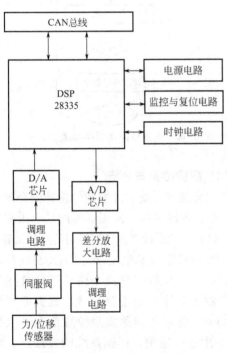

图 1-52　单腿执行控制硬件框图

（3）软件系统

四足机器人软件框架亦采用模块化思想进行构建，分为监测控制层软件系统、规划控制层软件系统和执行控制层软件系统 3 个模块。其中规划控制层软件系统模块是整个软件系统的核心。

规划控制层软件系统的功能包括：接收遥控操作的命令（机器人的启停和步态选择等）；进行内外

部传感器信息的采集，并根据相关控制策略，解算出控制代码；将控制指令通过 CAN 总线发送给执行控制层；发送运行状态数据到监控层。采用实时操作系统 QNX 作为该层软件系统的开发平台，QNX 是真正的微内核实时操作系统，上下文切换和中断反应都在微秒级，属于强实时性操作系统。QNX 下共有 32 个调度优先级，采用抢占式的、基于优先级的上下文切换和可选调度策略，保证了系统的实时性。规划控制层软件系统结构采用多线程的方式构建，与进程相比，线程具有占用空间小、上下文切换速度快、抢占式等优点。另外，线程可以与同进程中的其他线程共享数据，从而提高程序运行效率和响应时间。考虑到控制软件的实时性和可靠性，对各任务模块进行优先级的设计，如图 1-53 所示。传感器模块负责为系统提供输入数据，是控制算法解算的基础，故传感器模块拥有很高的优先级。模块内部的线程具有相同的优先级，采用轮转的方式进行调度，这样可以同时进行多个传感器数据的采集和控制算法通道的解算，又避免了由于多个线程频繁切换引起的执行效率降低等问题。

规划控制层软件由主线程和各任务子线程构建，主线程负责系统初始化和各任务线程的实现，任务线程负责在各自运行周期内具体任务的实现。规划控制层软件实现的总体流程如图 1-54 所示，控制软件各线程是无限循环任务，执行任务期周期按照控制软件的实时性和可靠性的要求进行设定，设置时要注意各任务的执行周期小于传感器的数据更新周期，以保证不会出现丢帧现象，另外要确保控制算法解算模块的速度，以保证液压机器人稳定运行。

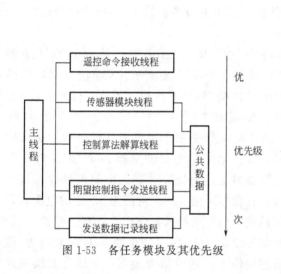

图 1-53　各任务模块及其优先级

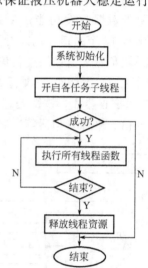

图 1-54　规划控制层软件整体实现流程

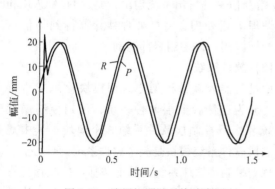

图 1-55　液压缸测试系统响应图

（4）实验结果与分析

为验证控制系统软件及硬件设计的合理性和可靠性，现以实验室液压缸测试平台为控制对象，进行控制系统对液压缸控制的测试实验。

指令通过上位机生成，经 CAN 总线传输至下位机，下位机依据指令信号进行液压缸闭环控制，信号采用正弦信号，数据采样周期为 1ms，将采集到的实时位置信息导入到 Matlab 中进行绘图，得到系统响应曲线，测试结果如图 1-55 所示。

图 1-55 中曲线 R 代表指令信号，曲线 P 代表跟踪信号，可以看出两条曲线的轨迹基本一致，经过相应计算可知，液压缸在实际运行中，幅值衰减小于 5%，相位衰减小于 10°，满足精度要求。实验过程中液压缸运行稳定，无冲击现象，满足液压四足机器人控制系统的要求。

1.3.6 基于双 RS485 总线的液压支架运行状态监测系统

煤矿综采工作面环境恶劣，众多电气设备引起很强烈的电磁干扰，装配的液压支架数量多，这使得液压支架电液控制过程极为复杂。原液压支架电液控制系统缺乏远程集中监测功能，液压支架的运行参数和状态信息不能实时传递给端头控制器及防爆计算机，很大程度上影响了液压支架电液控制系统的自动化水平。实现对液压支架运行状态的远程监测不仅可以确保液压支架电液控制系统的安全稳定运行，而且可以为液压支架电液控制系统的智能化分析和预警提供可靠的数据支撑和保障。

鉴于高产高效综采工作面的控制要求以及远程监测的重要作用，开发了基于双 RS485 总线的液压支架运行状态监测系统。该系统通过安装在液压支架上的间架控制器、装配在工作面终端的端头控制器以及远端防爆计算机之间的紧密配合，将采集到的液压支架状态信息进行存储及分析，生成故障预警信号和故障标志位，从而实现液压支架运行状态的远程监测。

(1) 系统结构

液压支架运行状态监测系统是由防爆计算机、端头控制器、间架控制器组成的三级网络监控系统，如图 1-56 所示。

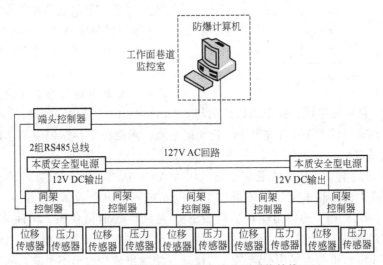

图 1-56 液压支架运行状态监测系统结构

间架控制器是系统基础，通过阀线驱动电磁阀导通，同时与位移传感器和压力传感器相连接，将传感器采集到的电信号转换为数字信号，然后将液压支架立柱压力、推溜位移等运行参数上传给端头控制器。端头控制器通过存储巡检回来的液压支架运行参数，分析判断故障标志位和运行状态，并及时向防爆计算机发送故障预警信号和状态信息，实现远程监测。防爆计算机接收端头控制器发送的液压支架运行参数，经过判断筛选后将故障标志位等状态信息发送给采煤机控制系统和地面集控室。

（2）双 RS485 总线通信方案

RS485 总线通信距离长，网络节点数多，通信稳定且容易实现，系统采用 RS485 通信模式和 Modbus 通信协议。由于既要考虑防爆计算机、端头控制器和间架控制器三者之间通信的稳定性和主从性，又要兼顾在线监测和远程控制，所以设计了一种双 RS485 总线通信方案。整个监测系统采用树枝状结构，所有的间架控制器并行连接在端头控制器的 2 条 RS485 总线上。一条 RS485 总线用于在线监测液压支架运行状态（称为巡检总线），另一条 RS485 总线根据巡检结果实现远程控制（称为控制总线）。2 条总线并行运行，其中在线监测是远程控制的基础。只有端头控制器通过巡检总线接收到液压支架的运行参数（立柱压力、推溜位移、支架故障标志位以及间架控制器通信状态），对参数进行存储和分析，判断支架工作状态稳定、工作面顶板压力正常后，才可通过控制总线向间架控制器发送动作命令，实现自动化控制，同时将这些参数上传给防爆计算机及地面集控室，协调采煤机运行速度和乳化液泵站的液压，从而实现闭环控制。

（3）系统硬件

系统硬件主要包括端头控制器和间架控制器中的监测模块，由中央控制单元、电源电路、外部存储器电路、RS485 通信电路组成。

① 中央控制单元　中央控制单元以 C8051F020 单片机为核心。C8051F020 是一款 8 位定点运算单片机，时钟频率可达 25MHz，能够满足实时性要求。C8051F020 具有快速的指令执行速度（25MIPS）以及灵活的外设配置功能，通过设置交叉开关可达到灵活选择系统所需外部设备的目的。C8051F020 配置 2 组 UART（Universal Asynchronous Receiver/Transmitter，通用异步收发传输器）接口，满足系统多个异步串行通信接口的要求。

图 1-57　电源电路结构

② 电源电路　电源电路结构如图 1-57 所示。C8051F020 和外部存储器的工作电压均为＋3.3V DC。为了提高通信的抗干扰性能，RS485 通信电路的输入电压为＋5V DC。

③ 外部存储器电路　外部存储器电路由地址锁存器和 RAM 存储器组成。控制总线分别与 C8051F020 的片选线、读/写线相连接，共 15 根地址选通线，能寻址 RAM 存储器 64KB 数据空间，满足稳定存储综采工作面所有液压支架运行参数的要求。

④ RS485 通信电路　RS485 通信电路采用 MAX3088 芯片作为 RS485 通信协议的收发器。端头控制器中央控制单元发出的通信指令经光耦隔离电路及 MAX3088 转换成通信信号，进而控制 MAX3088 的输出驱动器向 RS485 总线发送通信代码，与间架控制器通信。MAX3088 能够驱动 256 个节点，驱动性能强，满足系统多节点驱动要求。MAX3088 抗干扰性能卓越，其输出驱动器采用限斜率方式设计，使输出信号边沿不过陡，有效抑制了信号传输过程中产生的高频分量以及电磁干扰和终端反射，保障了端头控制器通信的稳定性和可靠性。端头控制器和间架控制器之间为一对多通信，通信过程如图 1-58 所示。采用重复发送机制来诊断通信故障，如果连续发送 3 次均无应答则进入等待状态，并认为该次通信失败。

⑤ 硬件抗干扰措施　综采工作面现场环境恶劣，通信干扰强，对通信的实时性和抗干扰性要求较高，因此端头控制器和间架控制器电路采取了抗干扰措施，主要包括光耦隔离电路、故障保护电路以及防高压侵入电路。

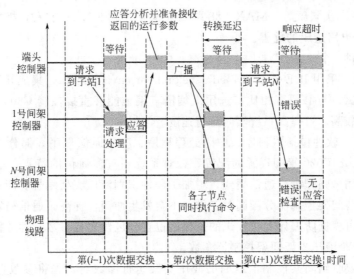

图 1-58　端头控制器和间架控制器通信过程

图 1-59 虚线框内电路为光耦隔离电路。该电路由光耦器件、限流电阻、上拉电阻等组成，连接 C8051F020 和 MAX3088，实现了 C8051F020 工作电压 3.3V 与 MAX3088 工作电压 5V 之间的转换。由于光耦器件内部耦合电容很小，所以共模抑制比很高，消除了共模电压干扰。

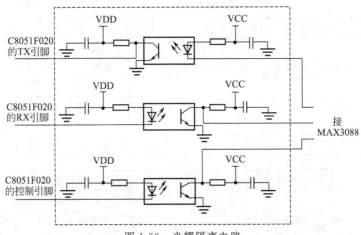

图 1-59　光耦隔离电路

为了消除 RS485 总线上的信号毛刺，吸收通信过程中产生的反射信号，采用故障保护电路。该电路在 MAX3088 输出端 A、B 之间跨接一个匹配电阻，并在 A 端接一个上拉电阻，在 B 端接一个下拉电阻，可在 RS485 总线没有信号传输时增大输出端 A、B 间的电压差，防止受到干扰而错误接收数据，有效提高了通信的可靠性、稳定性和故障保护能力。

防高压侵入电路如图 1-60 虚线框部分所示。在 MAX3088 输出端 A、B 间跨接防雷管和 TV（transient voltage suppressor，瞬态抑制二极管），可有效消除浪涌干扰，起到共模防护的

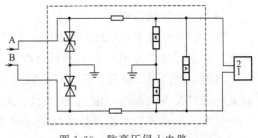

图 1-60　防高压侵入电路

作用。经过 TVS 二次限压后，MAX3088 两端电压被限制在 6.8V 左右，极大地削弱了高电压对 RS485 通信电路造成的危害。

(4) 系统软件

① 开发环境 采用 IDE（integrated development environment，集成开发环境）进行系统软件开发与调试。与 L 语言相比，选用汇编语言编程能够直接控制 C8051F020 的最底层资源，编程效率较高，可提高系统实时运行速度。

② 软件程序 软件包括主程序、中断处理程序、串口通信程序 3 部分。首先进行系统初始化设置和 C8051F020 管脚资源的配置。针对系统一对多通信的特点，端头控制器与间架控制器之间采用增强型串口通信模式，增加了硬件识别液压支架编号功能，在相同的串口通信波特率下，各间架控制器分频同时工作，不会发生冲突，提高了通信稳定性。

端头控制器可根据防爆计算机发送的采煤机位置分区段巡检参数，即巡检采煤机对应支架号的左右各 15 个液压支架间架控制器参数。

端头控制器接收到间架控制器返回的液压支架运行参数后，先将参数存储到临时存储区，进行 CRC 校验无误后，再存入外部存储器中的固定区域，如图 1-61(a) 所示。

当端头控制器接收到防爆计算机发送的通信命令后，进入串口。中断子程序，将存储在外部存储器的液压支架运行参数上传给防爆计算机，如图 1-61(b) 所示。

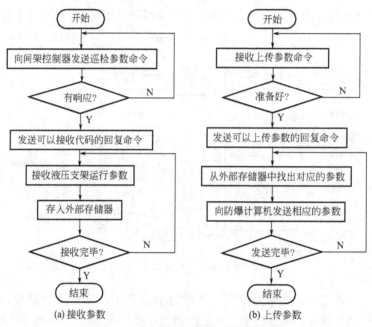

(a) 接收参数   (b) 上传参数

图 1-61 端头控制器收发数据流程

(5) 抗干扰能力测试

在实验室环境下对系统进行抗干扰能力测试。大部分井下供电系统容易混入浪涌脉冲，因此主要进行幅值为 2kV 的浪涌抗扰度测试。

浪涌抗扰度测试是模拟电气设备在开关切换过程中产生的超过正常工作时的峰值电压和过载电流对设备电源线、输入/输出线、通信线路造成的影响。测试采用 GB/T 17626.5—2008《电磁兼容试验和测量技术浪涌（冲击）抗扰度试验》（等同于 IEC 61000-4-5）的方法，测试结果见表 1-7。

表 1-7　浪涌抗扰度测试结果

测试电压/kV	耦合路径	相位/(°)	测试结果
2	通信线路	0	正常
2	通信线路	90	正常
2	通信线路	180	正常
2	通信线路	270	正常

(6) 系统调试

① 实验室调试　为检验系统的可靠性和实时性，在实验室环境下进行系统通信性能测试。图 1-62 为通信波形，可见当端头控制器向 RS485 总线发送数据时，RS485 总线电平由高电平跃变为低电平，提高了 RS485 总线的抗干扰能力。通信信号进入 C8051F020 之前由施密特触发器对其进行整形，保障了有效信号具有较高的陡峭度。每个尖峰脉冲即为端头控制器与 RS485 总线中的 1 个间架控制器通信，可看出通信稳定，时间间隔短，抗干扰能力强。

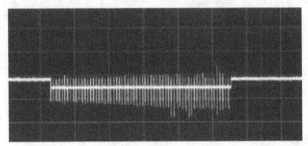

图 1-62　系统通信波形

端头控制器发送完巡检命令后，间架控制器根据接收命令顺序将运行参数返回。运行参数存储在端头控制器外部存储器的 0X0400～0X1400 存储区域中，存储形式为支架号＋前立柱压力＋后立柱压力＋推溜位移＋伸缩压力＋状态位。部分运行参数存储结果见表 1-8。

表 1-8　运行参数存储结果

外部存储器对应的区域	存储数据					
0X0400	01	3C	00	00	00	FF
0X0406	0F	FF	0F	FF	0F	FF
0X040C	0F	09	00	02	3C	00
0X0412	00	00	FF	0F	FF	0F
0X0418	FF	0F	FF	0F	09	00
0X041E	03	3C	00	00	00	FF
0X0424	0F	FF	0F	FF	0F	FF

当收到防爆计算机的上传参数命令后，端头控制器将运行参数从外部存储器指定区域中调出来发送给防爆计算机。实验得到的端头控制器上传运行参数见表 1-9，数据存储格式为支架号＋对应的参数。

表 1-9　端头控制器上传运行参数结果

支架号	前立柱压力	后立柱压力	推溜位移	状态位
01	3C	17	00	00
02	39	15	00	00
03	2F	10	00	00
04	25	08	00	10

从表 1-9 可看出，端头控制器上传给防爆计算机 4 个液压支架的运行参数。其中状态位有 8 个标志位，包括工作面间架控制器急停、闭锁状态，支架推溜到位状态，支架前后压力是否正常状态等，准确显示出工作面间架控制器和液压支架的运行状态。

图 1-63　现场安装调试

② 工业现场调试　在山西某矿对系统进行现场安装调试，如图 1-63 所示。间架控制器安装在液压支架上，连接压力传感器和位移传感器，可采集立柱压力、推溜位移等液压支架运行参数并上传至端头控制器。防爆计算机接收到端头控制器发送的液压支架运行参数后，可显示采煤机位置及各液压支架立柱压力、推溜位移等信息。

(7) 小结

① 液压支架运行状态监测系统采用增强型 RS485 串口通信方式，以 MAX3088 为主通信芯片，建立了一套快速稳定的通信网络，数据传输速率可达 10Mbit/s，远高于普通 RS485 总线 2Mbit/s 的通信速率，为实时、稳定地监测液压支架运行状态提供了保障。

② 建立双 RS485 总线通信模型，提出在线监测和远程控制并行执行的方案。在线监测是远程控制的基础，确保了控制的安全性和准确性；远程控制与在线监测形成闭环过程。二者互相补充，互相依靠。

③ 系统硬件设计中采用光耦隔离电路、防高压侵入电路和故障保护电路的抗干扰措施。该系统通过了 GB/T 17626.5—2008 中的浪涌（冲击）抗扰度试验。

1.3.7　数控液压板料折弯机控制系统

折弯是将各种金属毛坯弯成具有一定角度、曲率半径和形状的加工方法。折弯机是板料折弯的专用装备，由于其操作简单、工艺通用性好，在钣金加工行业中得到广泛的应用。数控液压板料折弯机（简称折弯机）在国内市场占据着绝对的优势。

一种基于 PC 的开放式折弯机控制系统，硬件平台基于华中数控公司的华中 8 型系统，采用模块化设计思想，具有良好的可扩展性，提供基本的 I/O、A/D、D/A、编码器反馈等硬件资源。控制系统软件运行在 Windows 平台下，人机交互界面和工艺规划计算模块等采用 C++语言开发运行在操作系统的用户态，核心控制算法基于 WDM（Windows Driver Model）设备驱动程序开发运行在其核心。

(1) 折弯机的工作原理

折弯机的工作原理如图 1-64 所示。折弯机的数控轴分为如下几类：①Y1、Y2 轴，液压缸驱动滑块上下运动，实现折弯机的主要工作行程；②X1、X2、Z1、Z2、R 轴，均为后挡料定位控制轴；③V 轴，控制下工作台沿折弯线方向的加凸量；④A1、A2 轴，随动托料轴。折弯机支持自由折弯、压平折弯、压底折弯、压平和压底折弯 4 种折弯方式，其中应用最多、最复杂的是自

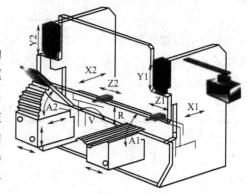

图 1-64　折弯机的工作原理

由折弯。对于通用的"3+1"轴标准配置的折弯机，即仅有 Y1、Y2、X1 和 V 轴（其余数控轴用户可以根据需要选配），具体实现过程为：V 轴首先达到数控系统设定值控制下工作台的加凸量（存在液压油缸补偿和机械楔块补偿两种方式），然后后挡料挡指移至数控系统设定值，确定工件折弯线的位置，滑块根据数控系统计算的 Y 轴下压量下降至下模内一定深度进行折弯，然后回程，重复以上过程直至工件加工完毕。

(2) 折弯机控制系统架构

① 概况　控制系统架构如图 1-65 所示。该系统分为 2 个部分：工艺规划部分和系统控制部分。

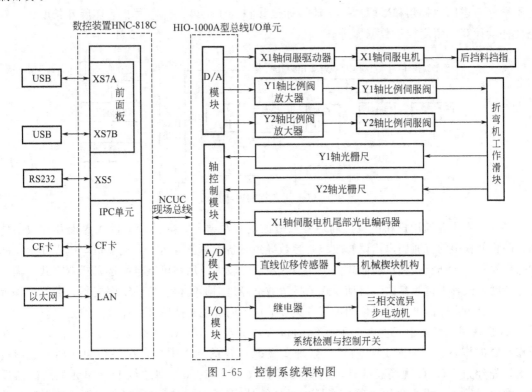

图 1-65　控制系统架构图

硬件平台基于华中数控公司的华中 8 型系统，数控装置 HNG818C 与 HIO-1000A 型总线 I/O 单元通过具有自主知识产权的 NCUC 现场总线通信。NCUC 现场总线的强实时性、高同步性和高可靠性，使得其在自动化工业控制领域，尤其是数控领域，得到了广泛的应用，在高档数控机床、数控系统 IPC 单元等硬件平台如华中 8 型总线式数控系统上，都取得了很好的效果。在此，IPC 单元是数控装置 HNG818C 的核心控制单元，属于嵌入式工业计算机模块，采用 CF 卡程序存储方式，具有 USB、RS232、LAN 和 VUA 等 PC 机标准接口。

Y1 和 Y2 轴通过轴控制模块分别获取 2 套光栅尺的位置信息，反馈给控制系统进行比较，再由控制系统分别计算出比例阀的控制电压，通过 D/A 模块输出给比例阀放大器调整阀口开度，来实现两轴的同步和下死点的定位，属于全闭环控制。X1 轴伺服系统工作在速度控制模式下，通过轴控制模块获取伺服电机尾部光电编码器的位置信息，反馈给控制系统计算出控制电压，通过 D/A 模块输出给伺服驱动器，来实现后挡料挡指的定位，属于半闭环控制。V 轴根据机械结构不同，分为两种情况（图 1-65 中描述的是机械楔块补偿方式）：液压油缸补偿方式通过 D/A 模块输出给比例阀放大器，控制比例减压阀的压力；机械楔块补偿方式通过 I/O 模块控制继电器，实现三相交流异步电动机正反转运动，达到直线位移传感器（通过 A/D 模块采集电压，换算成位移）的设定值停比运动。另外，通用的 I/O 模块获取接近开关、按钮等状态，输出控制指示灯、继电器等。

② 折弯机工艺规划部分　控制系统软件运行在 Windows XP 平台下，人机交互界面和工艺规划计算模块等采用 C++语言开发运行在操作系统的用户态，如图 1-66 所示，主要功能包括：材料数据库、机床建模、模具设计（支持图形绘制模具和参数化模具两种方式）、图形编程、数据编程、自动工序规划、干涉检测、3D 几何仿真、系统参数等，支持全触摸屏操作模式和多语言实时切换等高级功能。另外，工艺计算模块也内嵌于其中，包括：Y 轴下压量（考虑回弹补偿和减薄）、X1 轴目标位移和退让距离、折弯力、毛坯展开长度、V 轴挠度补偿计算、角度校正数据库等。

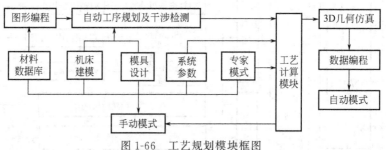

图 1-66　工艺规划模块框图

同时，考虑普通用户和主机厂商对参数修改的权限差异，提供专家模式界面及其权限体系，防止低权限的普通用户错误修改核心参数导致设备无法正常运行。现场折弯机操作提供两种操作模式：手动模式和自动模式。手动模式灵活性较大，用户可以自由选择折弯方式、输入折弯角度、模具类型等参数。自动模式的折弯数据经过图形编程、自动工序规划、数据编程等过程，针对用户的需求给出优化的折弯方案和数据，内部还支持单次和连续两种方式。

③ 折弯机系统控制部分　控制系统的核心算法基于 WDM 设备驱动程序开发，运行在操作系统的核心态，如图 1-67 所示。系统实现了 1ms 的硬件中断，在每个中断周期处理过程中，先经过 NCUC 现场总线在上行数据区获取 HIO-1000A 型总线 I/O 单元的编码器反馈、数字量输入、模拟量输入等信息，经过计算处理后，将控制指令写入到下行数据区的数

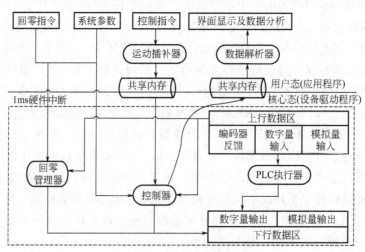

图 1-67　系统控制结构图

字量输出和模拟量输出区域中，再次经过总线发送到 HIO-1000A 型总线 I/O 单元执行。

设备开机实际加工之前，首先必须机床回零，建立机床坐标系。系统下达回零指令，同时获取系统参数，主要包括：编码器计数方向、回零速度、参考点位置、回零方式（Y 轴支持撞缸点回零和 Z 脉冲回零两种方式）等，通过 IRP（I/O request packet）传递到核心态的回零管理器。回零管理器处理回零操作，主要包括：将 Y1 和 Y2 轴比例伺服阀模拟量电压、X 轴伺服驱动器控制电压等，写入到下行数据区，经过总线发送，同时还需要获取上行数据区数据，判断回零是否成功。回零成功后，停止回零操作，写特定标志位。

设备在实际加工过程中，在用户态获取人机交互界面上的折弯数据，如：夹紧点、速度转换点、下死点、快下速度、工进速度、保压时间、回程距离、回程速度等，经过运动插补器，插补成离散数据点，写入到共享内存区。在每个中断周期处理过程中，控制器从共享内存区获取目标值，上行数据区获取实际反馈值，同时从系统参数中获取 PID 和前馈增益参数，经过内部计算，结果最终写入到下行数据区。同时，把每次 Y1、Y2、X1 轴的实际位置、输入 D/A 等信息，写入到另外 1 个共享内存区。由于驱动层不支持浮点数计算，核心态控制器中仅支持整形数计算，写入到共享内存区中的数据必须经过数据解析器，最终在界面上显示，及存储到文件中便于后续分析。

其中 PLC 执行器，专门负责处理外部实际 IO 触点和内部虚拟 IO 触点，经过与或非逻辑运算、延时处理后，写入到下行数据区。

（3）折弯机系统 Y 轴同步控制方案

系统采用全闭环电液伺服控制技术，滑块位置信号由两侧光栅尺反馈给控制系统，再由控制系统控制比例伺服阀的阀口开度，调节油缸进油量的多少，从而实现 Y1 和 Y2 轴的同步运行。Y 轴同步控制方案采用交叉耦合控制策略。如图 1-68 所示，将 Y1 和 Y2 轴的位置信息进行比较，从而得到一个差值经过调节器，作为附加的反馈信号。这个附加的反馈信号作为跟踪信号，系统能够反映出任何一根轴上的负载变化，从而获得良好的同步控制精度。实际测试：系统在快下段的同步偏差在 0.5mm 以内，在关键的工进段同步偏差在 0.03mm 以内。图 1-69 是自主开发的 Y 轴分析软件界面，专门用于辅助分析 Y 轴同步情况和调整控制器参数。

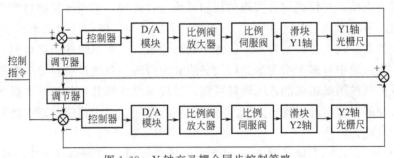

图 1-68　Y 轴交叉耦合同步控制策略

（4）小结

基于 PC 与现场总线的开放式折弯机控制系统，具有使用方便、成本低廉、性能可靠、扩展性好等优点。系统在 PPEB100T-3M 的数控液压板料折弯机上实际测试，Y 轴定位精度达到 ± 0.01mm，X1 轴定位精度达到 ± 0.1mm，并且能够很好地满足 Y 轴同步控制的要求。系统运行稳定可靠，性能与荷兰 Delem 公司 DA65W 系统基本一致。

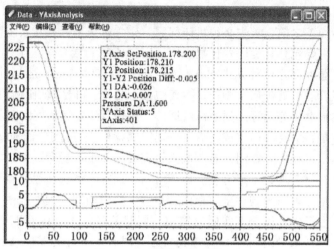

图 1-69　Y 轴分析软件界面

1.3.8　现场总线型液压阀岛

就电液一体化的控制元器件而言，液压阀岛可以成为小型液压集成单元与控制器的集成化设备。

(1) 阀岛的控制技术

在机电液一体化的控制系统中，控制器通过传感器获取系统状态信息，同时基于传感器信息按照一定的程序控制输出信号给相应的驱动器，从而实现预定的机械动作。随着机器设备功能的越来越强大，与之相配套的控制过程也越来越复杂，这样，控制器输出的信号也就随之越来越多。因此，这类系统中存在大量电磁阀和信号、能量的连线，对于成套自动化制造设备来说则尤其如此，这导致电控系统的故障率高，设备的维修和管理也带来诸多不便。因此，简化电路连接，提高系统组建柔性，一直是阀岛技术的重要改进内容。

阀岛技术产生以来，其控制技术已经从多针接口式阀岛发展成为现场总线型阀岛。采用多针接口后，可编程控制器与电磁阀、传感器电信号输入端之间的接口简化为只有一个多针插头和一根多股电缆。与传统方式实现的控制系统比较可知，采用多针接口型阀岛后系统不再需要接线盘。节省了电控回路的设计、安装、维护时间，使机械制造和维护过程大为简化。而进一步发展到现场总线型阀岛后，每个阀岛均带有一个总线输入接口和一个总线输出接口。这样，当系统中有多个带现场总线阀岛或其他带现场总线设备时可以由近至远串联连接。与带多针插件的阀岛组成的系统比较可知，带现场总线阀岛与外界的数据交换只需通过一根 4 股或 2 股的屏蔽电缆实现，大幅度节省了接线时间。由于连线的减少使设备所占的空间减小，维护也更为方便。

从发展趋势而言，阀岛应发展成为标准的现场总线第三方设备（如 PROFIBUS 总线、CAN 总线等），在利用总线技术及设备（如 PLC、PAC 等）构建控制系统时，阀岛可以作为系统模块直接组态进入现场总线控制系统（与变频器、智能传感器等第三方设备类似），成为总线系统的独立节点（图 1-70），由上位机统一组态及监控。就进一步发展而言，阀岛应成为传感器、控制、液压（气动）的机电液（气）一体化模块，高度集成化的模块本身具有编程设定能力，可以进行所需的子系统程序开发，从而进一步提高系统构建的柔性，减少控制系统组建时间，提高控制性能。

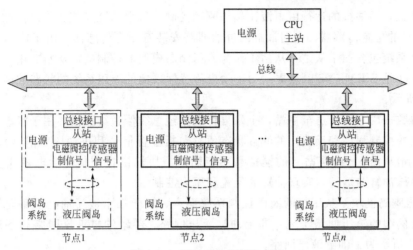

图 1-70 现场总线型阀岛系统

（2）PROFIBUS-DP 现场总线

现场总线式应用在现场的控制设备之间，实现双向串行多节点数字通信的系统，也被称为开放式、数字化、多点通信的底层控制网络，它把单个分散的测量控制设备变成网络节点。在各种现场总线的标准中，PROFIBUS 是由 SIEMENS 等公司组织开发的一种国际化的、开放的、不依赖于设备生产商的现场总线标准，是目前国际上通用的现场总线标准之一。

在 PROFIBUS 现场总线中，用于传感器和执行器高速数据传输的 PROFIBUS-DP 应用最广。PROFIBUS 总线作为工业现场广泛使用的总线，具有通信速率高、配套设施完善等特点，成为阀岛使用总线的首选。考虑到系统的开放性和可靠性，选用了 PROFIBUS-DP 通信协议构建液压阀岛控制系统。

（3）现场总线液压阀岛系统应用实例

① 电控系统结构 液压压砖机是集机、电、液、气、控制和材料工艺技术高度一体化的专用设备，也是墙体砖生产线上最关键装备，决定着整条生产线的生产效率和产品质量。因此，将 KDQ-100 墙体材料实验压机作为实验对象，进行液压阀岛控制系统的设计。

PROFIBUS 是一个令牌网络，一个网络中有若干个被动节点（从站），而它的逻辑令牌只含有一个主动节点（主站），这样的网络为纯主-从系统。典型的 PROFIBUS-DP 总线配置是以此种总线存取程序为基础的，一个主站轮询多个从站。PROFIBUS-DP 在整个 PROFIBUS 应用中，应用最多，也最广泛，可以连接不同厂商符合 PROFIBUS-DP 协议的设备。在 DP 网络中，一个从站只能被一个主站所控制。如图 1-71 所示，采用了主站＋多从站的 PROFIBUS-DP 总线控制系统。

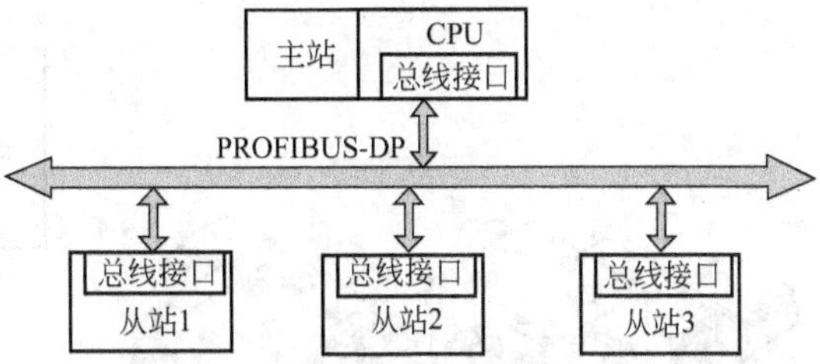

图 1-71 PROFIBUS-DP 总线主-从系统

系统基于 SIEMENS 的 S7-300 PLC 构建，采用 CPU315-2DP 作为 PROFIBUS-DP 主从系统的主站，以 IM153-1 通信模块作为从站的通信接口与功能模块结合作为阀岛的控制器。

对于墙体砖压机而言，其需要控制的执行机构包括三个液压油缸，分别为上油缸、浮动油缸和下油缸，而油缸的运行由电液比例阀驱动控制。每个油缸安装了输出标准模拟量信号（4～20mA）的位置传感器，同时油缸的进油油路安装有压力传感器，用于检测油缸的进油压力。控制系统包含三个从站，从站1作为液压阀岛模块的控制器，从站2用于采集油缸传感器，从站3是SIEMENS触摸屏，用于输出传感器采集的液压系统的状态数据，总体方案如图1-72所示。

传感器数据由总线传送至主站，主站再将数据经总线传送给触摸屏用于状态显示，同时基于主站内的控制程序和反馈回的油缸状态值（包括位置信号和进油压力信号），经总线输出控制信号给从站1，由从站1的模拟量功能输出模块输出控制信号给电液比例阀的放大器，驱动液压油缸的运行，实现油缸的位置和压力控制。

② 液压阀岛模块　从压机的液压控制系统而言，对于三个液压油缸的驱动控制分别由三个电液比例阀的液压回路实现。即上油缸液压回路、浮动油缸液压回路和下油缸液压回路，图1-73所示为上油缸液压回路。

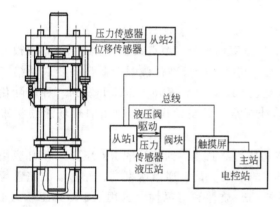

图1-72　PROFIBUS-DP电控系统总体方案

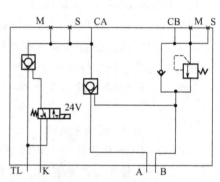

图1-73　上油缸液压回路

将每个液压子回路的所有控制阀以插装阀的安装形式集成设计成阀岛模块，图1-74是上油缸液压阀岛模块。

以PROFIBUS-DP现场总线通信模块与模拟量采集和输出模块结合作为液压阀岛模块的控制器（图1-75），为电液比例阀提供控制电信号。将控制器与液压阀岛模块进行集成安装（图1-72液压站），构成控制与检测一体化的液压阀岛集成块，初步实现现场总线型液压阀岛。

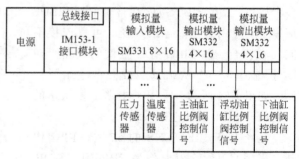

图1-75　液压阀块控制从站

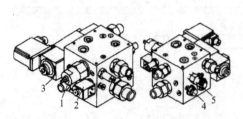

图1-74　上油缸液压阀岛模块

1—平衡阀；2—电磁球阀；3—电液比例节流阀；
4—液控单向阀（DN10）；5—液控单向阀（DN20）

1.4　智能液压泵及应用

所谓的"智能泵（国外称为 smart pump）"，即在高压大功率环境对液压泵源运行方式进行综合管理和调度，使系统的运行工况和工作任务需要相匹配的泵源系统。智能泵最早的雏形是自行式移动机械和塑料注射机上使用的负载敏感泵。但当时泵的调节仅实现了电液比例控制方式。机载液压系统频响速度要求较高，需将执行元件和控制阀集成在一个部件上，故目前智能液压泵在航空领域有广泛应用。

1.4.1　军用机机载智能泵源

结合机载液压系统的技术需求，一种智能泵源系统，它可根据飞行任务进行工作模式的管理和输入量的设置，并在工作模式和输入不变的情况下使输出按照设定的工作模式跟随所设定的输入值，以满足机载液压系统的需要。

（1）结构组成与工作原理

机载智能泵源系统组成如图 1-76 所示。它由公管液压子系统的计算机、微控制器、电液伺服变量机构、液压泵、集成式传感器 5 部分组成，其中微处理器、电液伺服变量机构、液压泵、集成式传感器 4 部分构成智能泵。

图 1-76 中，智能泵的工作模式和控制器的输入由机载公共设备液压子系统的计算机根据飞机的工作任务确定，微控制器接受公管液压计算机的指令，选择与指令工作模式相对应的被调节量进行采集和反馈，并与参考输入比较求得误差信号，对误差信号按规定的控制算法进行计算获得控制量，并通过 D/A 转换器送给伺服放大器去控制电液伺服变量泵按选定工作模式和设定的希望输入运转。

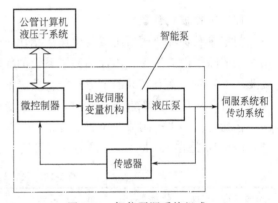

图 1-76　智能泵源系统组成

智能泵源系统的特点是：按照要求选择工作模式和被调节量，然后采集对应的被调量实现反馈控制。因此，它表现了非常强的柔性和适应性。

（2）智能泵原理样机

原理样机是在 A4V 泵基础上改制的。改制方法对其他航空液压泵也有参考价值。对 A4V 泵进行改装，将双向变量方式改成了单向方式，取消了双向安全阀，增加了电液伺服变量机构，改造后的智能泵的结构原理如图 1-77 所示。采用电液伺服变量机构的好处是其快速性和可控性比电液比例控制机构好。

此外，考虑到机载泵源系统可靠性要求较高，设置了固定恒压变量功能，当电液伺服变量机构发生故障时退化为固定恒压变量模式运行。系统的压力通过集成一体化传感器测量，理论流量通过排量和转速的乘积求得，压差通过两个压力传感器的差获得。原理样机改装后，对其进行了内漏系数、变流量和变压力测试，具体指标为：泄漏系数 $K_1 = 3.4 \times 10^{-12} \, \mathrm{m^5/(N \cdot s)}$；变流量阶跃试验，阶跃为 75% 的额定流量时调整时间不大于 200ms；变压力阶跃试验，从 1~20MPa 阶跃调整时间不大于 50ms。

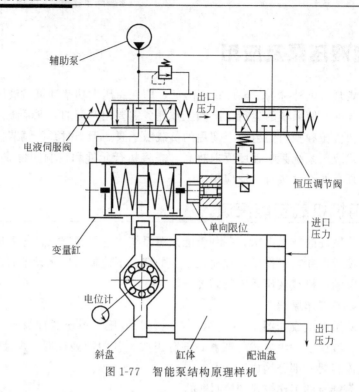

图 1-77　智能泵结构原理样机

(3) 工作模式管理

与定量泵加溢流阀所组成的恒压源相比，恒压变量泵（压力补偿泵加安全阀组成的恒压油源）消除了溢流损失，因而提高了系统的效率。但对高压系统来说，当负载甚小或运动速度要求不高时，将有较大的节流压降。美国的研究结果表明，对于一架典型的战斗机来讲，飞机对机载液压泵源要求工作压力为 55.2MPa 的时间还不到飞行时间的 10%，在其余时间内，包括起飞、飞行到战斗位置、返航和着陆，20.7MPa 的机载液压系统已能完全满足要求，表 1-10 是在 Rockwell 实施的军用飞机某项研究所得到的统计结果。

表 1-10　飞行过程时间统计表

任务序号	任务模式	时间/min	百分比/%	飞行高度/km	马赫数
1	起飞	3	1.9		0.28
2	爬升和巡航	48	29.6	10.67	0.8
3	盘旋和下降	36	22.2	9.14	0.7
4	俯冲	4	2.4		1.1
5	格斗	5	3.2	3.05	0.6
6	巡航和降落	48	29.6	12.19	0.8
7	着陆	18	11.1		0.28
	总计	162	100		

从表 1-10 可以看出，工作模式管理对智能泵来说是非常重要的，如果仅有智能泵但没有对其进行有效的运转模式管理不能称之为真正意义上的智能泵。必须根据飞行任务制订工作模式和输入设定程序，才能使智能泵发挥应有的作用。所制订的工作模式和输入设定如表 1-11 所示。

表 1-11 工作模式和输入设定表

任务序号	任务模式	时间百分比/%	工作模式	设定量
1	起飞	1.9	恒流量模式	大
2	爬升和巡航	29.6	负载敏感或恒压	压差设定中或中恒压
3	盘旋和下降	22.2	负载敏感或恒压	压差设定中或中恒压
4	俯冲	2.4	恒压模式	大
5	格斗	3.2	恒压模式	大
6	巡航和降落	29.6	负载敏感或恒压	压差设定中或中恒压
7	着陆	11.1	恒流量模式	大

工作模式的管理和输入设定由机载公共设备智能管理计算机完成，已与智能泵的微控制器通过 1553B 总线构成递阶控制。

(4) 能量利用情况分析

图 1-78 是负载敏感泵与负载连接情况，图 1-79～图 1-81 给出了 3 种泵源的功率利用情况。以上图中 p_p 为泵的输出压力；p_s 为出口压力；p_L 为负载压力；p_{LS} 为所有支路油负载压力的最大值；p_{sh} 为智能泵负载压力的最大值；LS 为负载敏感；SV 为伺服阀；Q_L 为泵的负载流量；Q_p 为泵的输出流量；Q_s 为最大负载流量；Δp 为设定工作压差；i 为控制电流。

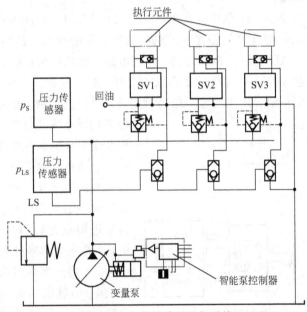

图 1-78 负载敏感泵源与系统

从图 1-79～图 1-81 可以看出，负载敏感变量泵功率利用情况最好但动态特性较差，可调恒压变量泵的功率利用情况较好。值得提出的是，可调恒压是指供油压力随任务不同可以控制，不是像负载敏感泵那样供油压力随负载压力变化；负载敏感泵供油时，由于供油压力随负载压力变化，所以伺服机构的负载压力与负载流量间的抛物线关系已不再成立。图 1-79 和图 1-80 中，$COAB$ 相当于

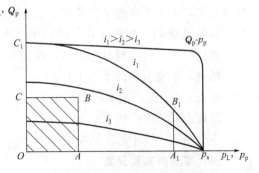

图 1-79 普通恒压泵能量利用情况

约 90％左右的工作区。$A_1B_1C_1$ 相当于 10％左右的大机动工作区。从图 1-81 可以看出，如果负载敏感泵驱动多执行元件，当负载相差悬殊时，节流损失仍很大，同时动态特性也不好。如果采用功率电传，末端以泵驱动单元执行元件的模式比采用负载敏感泵有一定优越性，但随着电机调速性能的改善，此方案的可用性已经受到质疑。

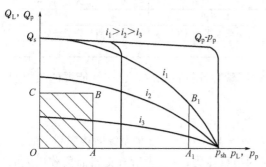

图 1-80 智能泵能量利用情况（可调恒压泵）

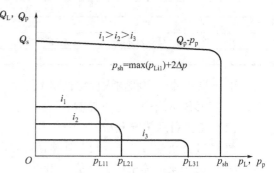

图 1-81 智能泵能量利用情况（负载敏感泵）

（5）智能泵微控制器

智能泵微控制器基于 89C51 单片机实现，可以通过 1553B（GJB 498）总线与机载公共设备管理系统液压子系统的计算机相连。所研制的智能泵微控制器的结构组成如图 1-82 所示，由 89C51 单片机、AD574A、TLC5620、调理电路、电流负反馈放大电路和显示电路等组成，控制程序固化在 89C51 单片机的 EEPROM 中。对于智能泵来说，无论是流量控制、压力控制还是负载敏感控制，最终均可归结为对变量泵排量的控制，而排量的控制采用电液位置伺服系统通过单片型微机控制系统来调节变量泵的斜盘摆角实现。电液伺服变量装置微机控制系统负责实现用微机控制智能泵的流量探力特性，并选择与运转方式相对应的反馈量与设定量比较获得误差信号进而通过计算求得控制量。图 1-82 中，2 路频率信号分别是转速信号和转矩信号，2 路数字输出信号分别用于驱动流量检测/加载阀组的两个电磁阀，1 路模拟输出信号用于控制电液伺服变量装置的电液伺服阀。通过串口，可实现上位机与

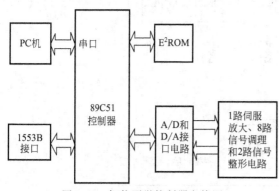

图 1-82 智能泵微控制器方块图

其微控制器通信，实现从上位机向下位机传送变量方式、控制规则和给定参数等。微控制器可以实现模糊 PID 和常规 PID 两种控制算法。

通过智能泵微控制器的测试，其模出、模入和定时精度为：

模出：单通道，精度优于 0.1％；

模入：4 通道，精度优于 0.1％；

转速测试精度：优于 0.5％；

定时精度：优于采样周期的 0.05％，采样周期可以在 2～50ms 设定。

（6）智能泵实验装置

在飞机上，智能泵由航空发动机通过分动箱（减速比一般为 3∶1）驱动。由于航空发

动机的功率比液压功率大得多,因此该驱动系统有非常高的速度刚度。为了在实验室进行智能泵的试验,必须设计能模拟发动机转速驱动系统特性的驱动装置。所设计的转速调节系统如图 1-83 中的右半部分所示,采用阀控马达系统稳定液压泵的转速,阀为带位移电反馈的电液比例方向流量控制阀。为了进行泵的加载和工作模式切换,设置了流量检测(如载阀组)。当其中的电磁阀均断电时起流量检测和加载的作用;当左边的电磁铁通电且右边的电磁铁断电时,起加载的作用;当两个电磁铁均通电时,油泵处于卸荷状态。实验系统中的智能泵采用微控制器控制,采用上位机通过串口和采集卡传送指令和采集试验数据并进行数据处理获得实验曲线。上位机 CAT 软件采用 VC6.0 编写。该装置能对智能泵进行变流量、变压力和负载敏感等实验。

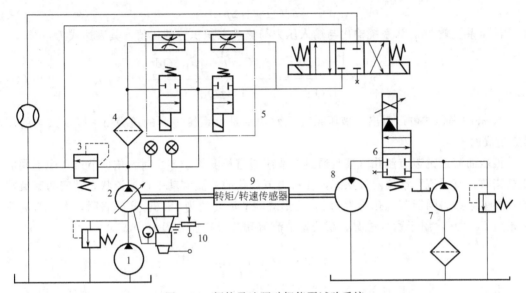

图 1-83 阀控马达驱动智能泵试验系统

1—增压泵;2—智能泵;3—安全阀;4—高压油滤;5—流量检测(如载阀组);6—比例方向流量控制阀;
7—驱动侧液压泵;8—驱动液压马达;9—转速转矩测试仪;10—变量控制机构

1.4.2 机载智能泵源系统负载敏感控制

未来飞行器将具有高速、高机动、轻自重、大有效载荷的特点,这就对更轻重量、更小占用空间以及更大操纵功率的液压系统有越来越迫切的需求,达到这一目的的有效途径就是提升飞机液压系统的工作压力。如今飞机液压系统普遍采用恒压变量泵源系统,如果液压系统工作压力经过高压化后,泵的出口压力将始终维持在高压状态,这会使系统产生较大的泄漏及节流损失,无效功耗大大增加,液压系统温度急剧上升。液压系统受温度影响比较大,温升常常会导致介质老化加速、油液黏度和润滑性能降低、沉淀物聚集加剧、零件膨胀从而导致液压系统工作失效的问题,这严重影响飞机的飞行安全。另外,为液压系统增加降温装置,又不能达到通过高压化而减轻系统重量、提高系统效率的目的。

负载敏感控制是使泵的输出跟随负载变化的控制方式,智能泵负载敏感控制就是使泵的输出根据负载的需求而调节的机载智能泵控制方式。负载敏感控制能够使泵的输出压力和流量与负载需求完全匹配,尽最大可能减少系统溢流和节流损失,降低无效功耗,从而达到节能降温的目的。

（1）负载敏感系统原理

负载敏感技术利用负载变化引起的压力变化去调节泵或阀的压力与流量以适应系统的工作需求。机载智能泵是以塑料注射机和自行式移动机械上应用的负载敏感泵发展而来的，负载敏感控制系统的功耗较低、效率高、发热少，对于飞机液压系统的高压化趋势有良好的应用前景。

负载敏感系统在各执行器前设置调速阀，利用不同控制方式（电液、机液、电气）调节调速阀进出口压差，使其保持为恒值。由于调速阀进口压力一般为泵源出口压力，调速阀出口压力一般为负载压力，所以负载敏感系统泵源出口压力 p_s 始终跟随负载压力 p_L 的变化而变化，且与负载压力保持固定差值 Δp（1MPa 左右），即：

$$p_s = p_L + \Delta p \tag{1-20}$$

液压系统效率 η_x 为系统输出与输入压力与流量乘积积分的比值，其表达式为：

$$\eta_x = \frac{\int p_L Q_L \, dt}{\int p Q \, dt} = \frac{\int \Delta p Q_L \, dt + \int p_L \Delta Q \, dt}{\int p Q \, dt} \tag{1-21}$$

从 η_x 的表达式可以看出，液压系统无效功率是由系统过剩的压力 Δp 以及过剩的流量 ΔQ 造成的。

液压油流过锐边节流孔（液流通过的节流通道长度等于零）时，依据节流孔中不同的液流雷诺数，有层流和紊流两种状态，在锐边节流孔的节流流动中，层流状态转变为紊流状态的临界雷诺数，圆形节流孔约为 9.3，矩形缝隙节流孔约为 16.6。实践表明，大多节流流动雷诺数 $Re > 10$，属于紊流情况。紊流型节流流动节流特性方程为：

$$Q = c_d A_0 \sqrt{\frac{2}{\rho} \Delta p} \tag{1-22}$$

式中，A_0 为节流孔面积；Δp 为节流孔进出口压差；ρ 为液流密度；c_d 为流量系数。

对于调速阀 c_d、ρ、Δp 都为常数，即 μ 为常数，则通过调速阀流入执行器的流量大小为：

$$Q = A_0 \mu \tag{1-23}$$

式中 $\mu = c_d \sqrt{\frac{2}{\rho} \Delta p}$

其中 μ 为常数，所以执行器的流量仅与调速阀开度 A_0 有关。从以上可以看出，传统的恒压液压系统能够把系统溢流流量减到最低，但系统压力始终维持在驱动最大负载所需压力。与传统恒压系统相比，智能泵负载敏感系统能够根据负载大小调节输出流量和压力，尽最大可能降低系统无效流量和无效压力。

（2）智能泵负载敏感控制方式方案

① 智能泵单执行器负载敏感系统　图 1-84 为智能泵单执行器负载敏感系统结构原理，智能泵出口与负载之间设置一个固定节流孔，节流孔进、出口安装压力传感器，智能泵处理器

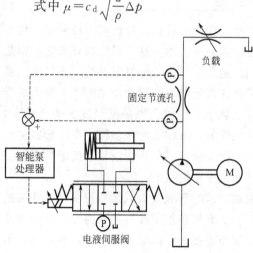

图 1-84　单执行器负载敏感系统结构

接收节流孔进、出口压力信号，并通过电液伺服阀控制智能泵变量机构，改变泵的输出，使固定节流孔进出口压差保持为定值，因为固定节流孔流通面积不变，根据流量公式，通过节流孔的流量也为定值。由于节流孔进口压力为泵输出压力，出口压力为负载压力，因此该系统保证了泵的输出压力始终跟随负载的变化而变化，降低了系统的节流损失，而流入负载的流量不受负载大小的影响。当把固定节流孔换成调速阀（可变节流孔）时，根据流量公式，此时流入负载的流量仅与调速阀的开度有关。因此智能泵单执行器负载敏感系统可使智能泵输出压力随负载的变化而变化，输出流量仅随调速开度的变化而变化，一般情况下固定节流孔的固定压差值很小（1MPa左右），所以系统仅在固定节流孔上存在很小的节流损失，系统无效功耗较低，效率较高。

② 智能泵多执行器负载敏感系统　飞机液压系统中存在多个执行器，每个执行器都可能对应不同的负载压力，如果将这些执行器直接并联在固定节流孔出口则会导致泵输出流量优先流入低压负载油路，从而出现低压负载执行器速度过快，高压负载执行器速度过慢甚至完全停止的现象；为了满足所有负载的需求，泵输出压力必须与最大负载压力保持负载敏感关系，因此负载压力较小的执行器调速阀两端压力差不能保持恒定值，根据流量公式和调速阀工作原理可知调速阀此时处于工作失效状态。为了解决这些问题，应在多执行器负载敏感系统中设置分流装置。

图 1-85 为行走机械多执行器液压系统中的分流装置"压力补偿阀"。压力补偿阀有两个压力控制接口，其在工作中能够自动调整两个接口所连油路的压力差为恒定值。在多执行器负载敏感系统中的不同执行器负载油路安装压力补偿阀，阀的两个控制口分别与调速阀进、出口相连，调速阀进出口压差将被自动调节为设定的固定压差，从而实现并联在同一液压源上不同执行器的负载敏感控制。

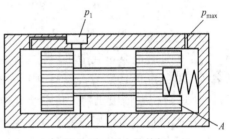

图 1-85　压力补偿阀

压力补偿阀由阀体、阀芯和弹簧组成，其中 p_1、p_{max} 为控制压力，p_1 与调速阀进口相连，p_{max} 与调速阀出口相连。压力补偿阀在工作中阀芯受力平衡方程为：

$$p_1 A = p_{max} A + k(x_0 - x) - F_s \tag{1-24}$$

$$p_1 - p_{max} = \Delta p = \frac{k(x_0 - x) - F_s}{A} \tag{1-25}$$

式中，k 为弹簧刚度系数；x_0 为弹簧预压缩量；x 为弹簧位移；F_s 为作用在阀芯上的液动力；A 为阀芯面积。

由式(1-25)可知，当压力补偿阀在弹簧较软、调节位移较短以及液动力变化不大的情况下，两个控制压力的压差 Δp 近似为常数。

在多执行器智能泵负载敏感控制系统中，泵出口压力为最大负载压力与负载敏感固定压差之和，压力补偿阀安装于调速阀前，将各负载回路调速阀进出口压差调整为固定值。在传统的负载敏感控制系统中，用梭阀判断执行器最大负载压力，用以调节变量泵出口压力。由于智能泵系统安装了压力传感器，可以代替梭阀，每个执行器压力腔压力由传感器测量，再把测得的压力值传递到智能泵处理器，由处理器判断出最大负载压力，并以此实现泵的负载敏感控制，其结构原理如图 1-86 所示。

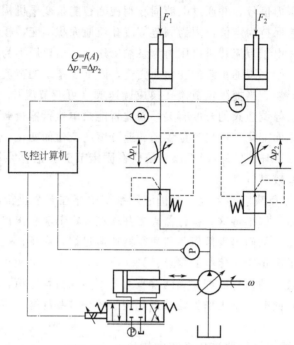

图 1-86   多执行器负载敏感控制

(3) 仿真分析

为了验证智能泵负载敏感控制方案的可行性，在 AMESim 软件平台上建立图 1-87 所示的多执行器系统仿真模型。模型中 1 和 2 为压力补偿阀，3 和 4 为执行器，其中 3 为传动装置，4 为电液位置伺服机构。传动装置油路调速阀进、出口安装压力传感器，在实际的系统中，调速阀进口压力传感器对系统正常工作不起作用，在此只是为了方便测量调速阀进出口压差而设置的。智能泵接口与智能泵输出端相接，智能泵处理器接口为智能泵智能中心提供最大负载压力信号。

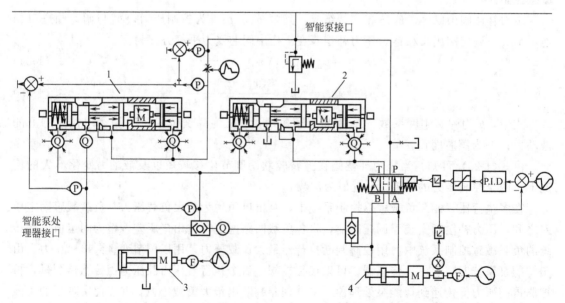

图 1-87   智能泵多执行器负载敏感系统仿真模型

设定执行器动作和工况：两个执行器整个动作时间为 2s，其中 0～0.5s，传动装置作动筒受到大小为 30000N 的作用力 F_1，0.5～1.5s，F_1 增大到 50000N，1.5～2s，F_1 又减小到 10000N；电液位置伺服机构受到大小为 1000N 的作用力 F_2，0～1s，伺服阀输入电流为 0mA，1～2s，伺服阀输入电流为 0.7mA。整个 2s 期间，传动机构油路调速阀开度保持不变。设置仿真时间为 2s，采样时间间隔 0.001s，运行仿真，得到仿真结果。

图 1-88 为各执行器的位移大小，其中实线为传动机构作动筒活塞杆位移，0～2s 期间，虽然活塞杆受到的作用力处于变化状态，但其仍以匀速状态从 0 移动到 0.226m，根据负载敏感系统原理，系统能够根据负载大小自动调节调速阀两端压力，使其压力差保持为固定值，执行器进油速度仅与调速阀开度有关，因此当调速阀开度保持一定大小时，无论活塞杆受到的作用力如何变化，其速度始终保持为匀速状态；虚线为电液位置伺服机构位移，其值在第 1s 时由 0 迅速变为 0.7m，与伺服阀输入电流一致，整个过程响应时间和调节时间较短，符合控制系统对动态性能的要求，且传动机构与位置伺服机构在执行动作的过程中互不影响。因此，可以看出在智能泵负载敏感系统中各执行器能够正常工作。

图 1-89 为各执行器动作时系统各部分的压力状况，曲线 1 为作动筒所受负载压力，其值随着所受作用力的大小而变化；曲线 2 为伺服机构所受负载压力，1s 后执行器位移发生变化，负载压力也随之变化；曲线 3 为智能泵输出压力。如图 1-89 所示结果，0～1.5s，作动筒负载压力大于伺服机构负载压力，智能泵输出压力与作动筒负载压力保持负载敏感关系；1.5～2.0s，伺服机构负载压力大于作动筒负载压力，智能泵输出压力与伺服机构负载压力保持负载敏感关系。因此可以看出系统中智能泵输出压力始终与各执行器最大负载压力保持负载敏感关系。

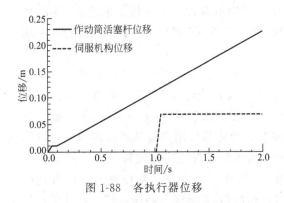

图 1-88　各执行器位移

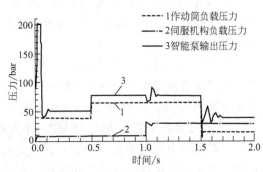

图 1-89　系统各部分压力状况

图 1-90 为在智能泵负载敏感系统以及恒压变量泵系统完成该组动作泵源系统的总输出功率。智能泵负载敏感系统与恒压变量泵系统作动筒和伺服机构的位移相同，即所做的有效功相同，但两者的泵源系统输出总功却不同。由于恒压泵需要始终保持驱动最大负载所需的压力，在 0～0.5s 以及 1.5～2.0s 的系统压力仍然需要保持为 0.5～1.5s 期间驱动大负载所需的压力，这就造成了节流损失。经计算，完成这组

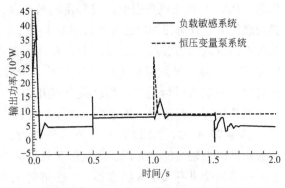

图 1-90　不同系统泵源输出功率

动作，恒压变量泵系统泵源输出总功为 17554.7J，而智能泵负载敏感系统输出总功仅为 14034J，后者比前者的效率提高了将近 20%。同时，由于智能泵系统在降低系统压力的同时也降低了系统的泄漏，这有利于进一步提高系统效率。

（4）小结

智能泵与负载敏感系统结合而成的智能泵负载敏感系统能够使飞机液压系统泵源输出压力与各执行器最大负载压力保持负载敏感关系，尽最大可能地减少系统工作在高压状态的时间，降低了节流损失，同时压力的降低也减少了系统工作中的泄漏，进一步提高了系统效率，避免了飞机液压系统高压化后导致的油液温升。

多执行器负载敏感阀会产生较小的压降（1MPa 左右），会有很小的节流损失，虽不能达到与负载需求完全匹配，但相对于非智能泵，效率依然可以提高 20%，极大提升了效率；单执行器系统智能泵的输出与负载需求可达到完全匹配，可以获得比多执行器系统更高的效率，最大程度减少了高压时间。智能泵负载敏感系统为飞机液压系统高压化和大功率化的发展趋势铺平了道路，具有良好的应用前景。

1.4.3　大型客机液压泵系统

大型客机液压系统是一个多余度、大功率的复杂综合系统，由多套相互独立、相互备份的液压系统组成。每套液压系统由液压能源系统及其对应的不同液压用户系统组成。液压能源系统包括油箱增压系统、泵源系统以及能量转换系统等；用户系统包括飞控系统、起落架系统以及反推力系统等。其中液压能源系统是综合系统的动力核心。

（1）空中客车公司大型客机液压能源系统

① 空客 A320　A320 系列客机是空中客车公司研制的双发、中短程、单过道、150 座级客机，包括 A318、A319、A320 及 A321 四种机型，是第一款采用电传操纵飞行控制系统的亚音速民航飞机。

A320 液压系统由 3 个封闭的、相对独立的液压源组成，分别用绿、黄、蓝来表示。执行机构的配置形式保证了在 2 个液压系统失效情况下，飞机能够安全飞行和着落，其液压系统配置见图 1-91。在正常工作（无故障）情况下，绿系统和黄系统中的发动机驱动泵（EDP）和蓝系统中的电动泵（EMP）作为系统主泵，为各系统用户提供所需要的实时液压功率。黄系统中的电动泵（EMP）只在飞行剖面中大流量工况或主泵故障工况时启动。当任何一个发动机运转时，蓝系统的电动泵自动启动。3 个系统主泵通常设置为开机自动启动，无电情况下，手动泵作为应急动力对货舱门进行控制。蓝系统为备份系统，其冲压空气涡轮（RAT）在飞机失去电源或者发动机全部故障时，通过与其连接的液压泵为蓝系统提供应急压力，此外 RAT 也可通过恒速马达/发电机（CSM/G）为飞机提供部分应急电源。系统中的双向动力转换单元（PTU）在绿、黄两个液压系统间机械连接，当一个发动机或 EDP 发生故障，导致两系统压力差大于 3.5MPa 时，PTU 自动启动为故障系统提供压力。优先阀在系统低压情况下，切断重负载用户，优先维持高优先级用户（如主飞控舵面）压力。前轮转弯、起落架、正常刹车由绿系统提供压力，备用刹车由黄系统提供压力。

② 空客 A380　A380 是空客公司研制的四发、远程、600 座级超大型宽体客机，是迄今为止世界上建造的最先进、最宽敞和最高效的飞机，于 2007 年投入运营。它是目前世界上唯一采用全机身长度双层客舱、4 通道的民航客机，被空客视为 21 世纪"旗舰"产品，其液压系统特点如下：

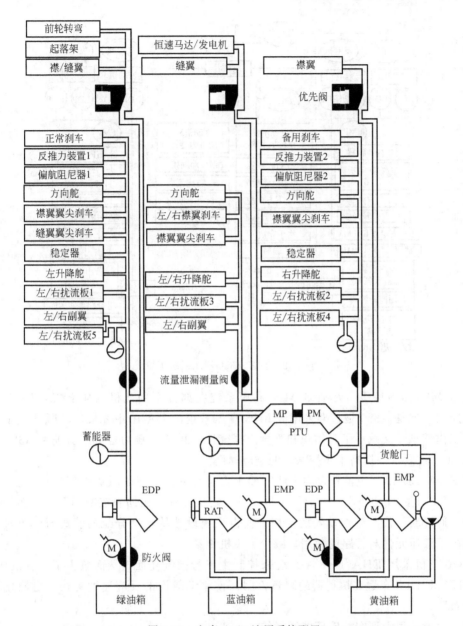

图 1-91　空客 A320 液压系统配置

a. 2H/2E 系统结构　A380 飞机将液压能与电能有效结合，采用 2 套液压回路＋2 套电路的 2H/2E 双体系飞行控制系统，如图 1-92 所示。其中 2H 为传统液压动力作动系统，由 8 台威格士发动机驱动泵（EDP）和 4 台带电控及电保护的交流电动泵（EMP）组成两主液压系统的泵源，为飞机主飞控、起落架、前轮转弯及其他相关系统提供液压动力；2E 为电动力的分布式电液作动器系统，用于取代早期空客机型的备份系统，该系统由电液作动器与备用电液作动器组成。4 套系统中的任何一套都可以对飞机进行单独控制，使 A380 液压系统的独立性、冗余度和可靠性达到新的高度。所有 EDP 通过离合器与发动机相连，单独关闭任何一个 EDP 都不会影响其他 EDP 工作及系统级性能，因此即便 8 个 EDP 中有一个不工作，飞机仍可被放行。EMP 作为辅助液压系统备用。

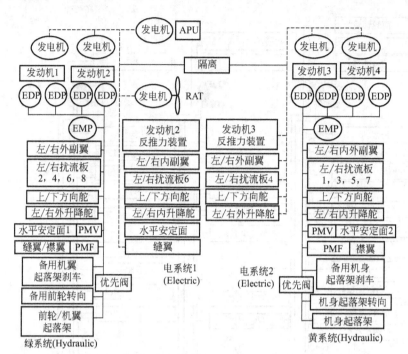

图 1-92　空客 A380 液压系统配置

b. 35MPa 压力等级　尽管 35MPa 高压系统在部分军用飞机（如 F-22，F-35，C-17）上得到应用，但是 A380 是首架采用 35MPa 高压系统的大型民用客机，已既满足了飞机液压系统工作需求，又减小了其体积和重量。据统计，35MPa 压力等级的引进为 A380 飞机减轻了 1.4t 的重量，并提高了飞控系统的响应速度。

c. EHA/EBHA　电液作动器 EHA/EBHA 与分散式电液能源系统 LEHGS 等新型技术在 A380 飞机上的成功使用，开启了飞机液压系统从传统液压伺服控制到多电、多控制的技术先河。通过新一代电液作动器的使用，使得系统设计从传统分配式模式向分布式模式转变，减少了液压元件与管路的使用，减少了飞机重量。

A380 飞机采用 EHA/EBHA 系统来控制主飞行控制舵面，从而减少了一套液压系统，由于 EHA/EBHA 布置在执行器的附近，因而使驱动舵面的反应速度更快，也简化了液压管路的布置。

(2) 波音公司大型客机液压能源系统

① 波音 737　波音 737 系列客机是波音公司生产的一种中短程、双发喷气式客机，被称为世界航空史上最成功的窄体民航客机，具有可靠、简捷、运营和维护成本低等特点，是目前民航飞机系列中生产历史最长、交付量最多的飞机。目前市场上主流 737 为-300/-400/-500 型，最新一代 737 为 737-NG（next generation）。

波音 737 有 3 个独立的液压系统，分别为 A 系统、B 系统和备用系统，为飞行操纵系统、襟/缝翼、起落架、前轮转向和机轮刹车等提供动力。波音 737 由线缆等机械装置传输指令进行飞机姿态控制。图 1-93 显示了波音 737 的液压系统配置。

系统 A 与系统 B 是飞机主液压系统，正常飞行状态下由系统 A 和系统 B 提供飞机飞行控制所需压力；A/B 系统泵配置均由一个 EDP 和一个 EMP 组成；A/B 系统的正常压力由系统中的 EDP 提供，如果 EDP 失效，由 EMP 为 A/B 系统补充压力；备用系统由 EMP 为

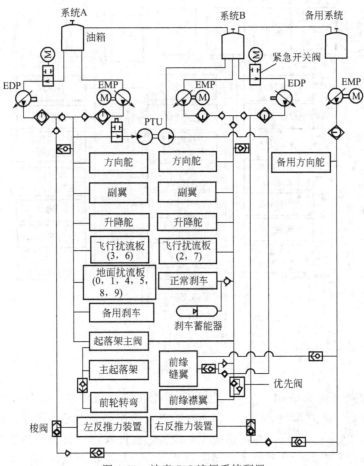

图 1-93　波音 737 液压系统配置

飞机提供动力。波音 737 液压系统中的 PTU 为单向动力传递，即只有当 B 系统中出现严重低压现象时，PTU 在 A 系统的动力驱动下，将动力传递给 B 系统用户，由于传递过程使用同轴连接结构，可保证两系统不发生串油现象；两系统都可以通过起落架转换阀对起落架系统进行供压，保证两主系统都可以对起落架液压系统进行独立控制。

② 波音 787　波音 787 是波音公司最新发展的双发、中型宽体客机，可载 210～330 人，航程 6500～16000km。波音 787 的突出特点是采用了高达 50％的复合材料来建造主体结构（包括机身和机翼），具有强度高、重量轻等优点。

波音 787 同样采用 35MPa 工作压力来降低系统重量。液压系统仍由左、中、右 3 套独立系统构成，其中左/右液压系统由一个 EDP 和一个 EMP 来提供压力，中央系统由两个 EMP 和一个涡轮冲压泵 RAT 来提供压力。液压系统用户分配见图 1-94。

波音 787 液压系统设计体现了未来多电飞机的发展趋势。与波音 737 相比，由于波音 787 采用电机械（EMA）技术来控制部分飞行控制舵面，因此其液压系统用户减少。此外，波音 787 采用电刹车系统来替代传统的液压刹车系统，刹车系统得到大大简化，系统可靠性得到提高；同时由于没有液压管路，避免了油液泄漏，降低了维修成本。

（3）客机液压能源系统发展趋势

① 高压化　传统客机液压系统压力等级主要为 21MPa，但从新型客机 A380 和波音 787

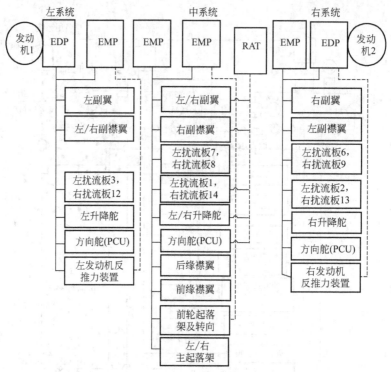

图 1-94　波音 787 液压系统配置

应用 35MPa 压力等级可以看出，民用飞机紧随军用飞机液压技术，也具有发展高压系统的趋势，这是因为就传动力和做功而言，高压意味着可以缩小动力元件尺寸、减轻液压系统重量、提升飞机承载能力。当然，高压系统也对设备的强度和密封材料的性能提出了更高的要求。液压系统是否采用高压，还要考虑飞机燃油经济性和维护便利性的要求。

② 分布式　电液作动器 EHA 与分散式电液能源系统 LEHGS 等新型电液技术在 A380 飞机上的成功使用，是大型客机液压能源系统设计理念的创新，使得液压能源系统设计首次从传统集中分配式模式向独立分布式模式转变，大大减少了液压元件与液压管路。EHA 与 LEHGS 的结合运用，替代传统第二套液压能源系统（备用系统），实现了小功率负载用户到大功率负载用户的飞机液压动力备份。

电液作动器 EHA 将液压能源系统与用户系统有效地集成于同一元件内，从而实现了小功率作动子系统的分散化。图 1-95 为 EHA 基本原理构架，图 1-96 为 EHA 实物图。

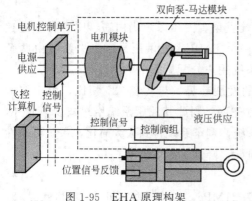

图 1-95　EHA 原理构架

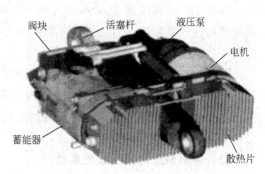

图 1-96　EHA 实物图

为了减轻 A380 的重量，创新设计的分散式电液能源系统（LEHGS）通过微型泵技术为大功率用户如制动系统及起落架转向系统提供动力。从电控单元发出的信号激活多个轻质的电动微型泵，每个微型泵都安装在各分系统附近对负载用户进行控制。微型泵能够为制动及转向系统提供 35MPa 的油压，在应急情况下能为用户提供动力。

③ 自增压油箱技术　飞机上每个液压系统都有自己的油箱，为防止液压系统产生气穴现象，飞机油箱压力需保持在一定值（如 0.35MPa）以上。大多数飞机（如 A320、波音737、A380 等）利用来自发动机的压缩空气对油箱进行增压，油箱内压力油与空气间没有隔膜，多余气体自动经溢流阀排气，其原理如图 1-97 所示。这种油箱需要大量的引气管路、水分离器以及油箱增压组件，导致系统结构复杂、系统重量增加。

图 1-98 为自举式增压油箱结构示意。油箱中使用了一个差动面积的柱塞，柱塞泵出口高压油通过优先阀被引回到柱塞的小面积有杆腔，从而带动大柱塞向下运动，对油箱中的吸油腔油液增压。蓄能器设置在油箱和单向阀间，用以保持自增压回路的压力稳定，减小系统压力波动带来的油箱吸油腔压力波动。该油箱的优点是通过油箱结构的创新设计避免了油箱引气增压系统带来的系统复杂、管路繁多的缺点，使得油箱增压系统得以简化。目前波音787 及我国自主研发的 ARJ21 飞机上都应用了自增压油箱技术。

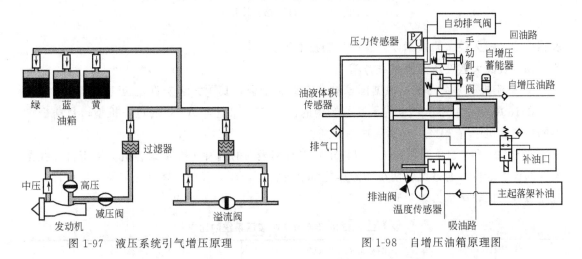

图 1-97　液压系统引气增压原理　　　　　图 1-98　自增压油箱原理图

④ 故障诊断与健康管理　故障诊断与健康管理（diagnostics prognostics and health management，DPHM）实现了从基于传感器的反应式事后维修到基于智能系统的先导式视情维修（CBM）的转变，使飞机能诊断自身健康状况，在事故发生前预测故障。飞机液压系统健康管理的主要难点是如何在有限传感器基础上对所检测的液压系统状况进行智能判别，例如，准确判断柱塞泵失效状况需要大量实验数据作为参数化依据，同时需要合理有效的数据处理方法。图 1-99 所示的 DPHM 系统结构主要由机载系统和地面系统组成。

⑤ 智能泵源系统　目前，飞机液压系统中的 EDP 和 EMP 大多为恒压变量柱塞泵，系统压力设定为负载的最大值，柱塞泵不能根据飞行负载变化输出不同压力值，由此带来了能量的浪费。如果采用带负载敏感的智能泵源系统，液压系统输出压力和流量随飞行负载的变化而实时调解，将大大降低液压系统能耗。

智能泵源系统可根据负载工况自动调节输出功率，使输出与输入最佳匹配，是解决飞机液压系统无效功耗和温升问题的有效途径，其关键技术主要涉及变压力/变流量技术、负载

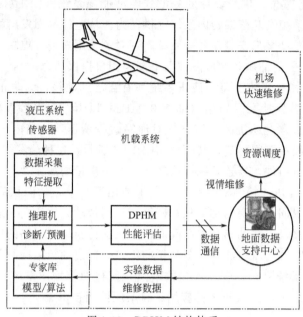

图 1-99　DPHM 结构体系

敏感技术、耐久性试验技术以及智能控制技术等。

(4) 我国大客液压能源系统方案

① 主流机型方案对比　根据国家立项与专家论证,我国大客机型定位 150 座级,座位规模在 130～200 个座位,也就是目前畅销的波音 737 和空客 A320 的竞争机型,目前全世界的在飞客机中有 70%～80% 是这一级别。

波音 737 和 A320 系列客机为目前市场占有率最高的两种 150 座级客机。鉴于目前我国大客的机型定位,通过比较两机型液压能源系统特点,能为我国大客液压能源系统设计提供有益参考。比较结果见表 1-12。

表 1-12　A320 和波音 737 液压系统的比较

比较项目	B737-300/400/500	A320
液压系统	A:EDP+EMP+PTU B:EDP+EMP+PTU C:EMP	绿:EDP+PTU 黄:EDP+EMP+PTU+手动泵 蓝:EMP+RAT
CSM/G	无	有
RAT	无	有
蓄能器个数	1	8
PTU	单向(A→B)	双向(G⇄Y)
方向舵	A/B/C	绿/黄/蓝/PTU
副翼	A/B	绿/蓝/PTU
升降舵	A/B	左:绿/蓝/PTU 右:黄/蓝/PTU
正常刹车	B/蓄能器	绿/PTU
备用刹车	A	绿/PTU/蓄能器

续表

比较项目	B737-300/400/500	A320
扰流板	10 个 0/1/4/5/8/9：A 3/6：A 2/7：B	5 对 1：绿/PTU 2：黄/PTU/蓄能器 3：蓝 4：黄/PTU/蓄能器 5：绿/PTU/蓄能器
起落架/前轮转弯	A/B/PTU	绿/PTU
反推力装置	左：A/C 右：B/C	左：绿/PTU 右：黄/PTU
襟翼	前缘襟翼：B/C/PTU	翼尖刹车：绿/蓝/PTU/蓄能器
襟翼	后缘襟翼：B	左：绿/PTU 右：黄/PTU
缝翼	前缘缝翼：B/C/PTU	翼尖刹车：绿/蓝/PTU/蓄能器 左：蓝/PTU 右：绿/PTU

从两者液压系统比较可发现，波音 737 液压系统相对 A320 液压系统简洁，可有效减轻飞机液压系统重量，但在系统功能结构、冗余度以及可靠性方面明显不足。波音 737 没有采用冲压空气涡轮（CRAT）作为备份系统能源，且主系统间 PTU 装置仅采用单向结构而非双向结构，减少了飞机液压能源供给途径，降低了飞机应对紧急情况的能源供给能力。同时备份系统对应的执行机构功能简单，紧急情况下对飞机的控制能力有限，降低了备份系统的有效性。故总体上讲，A320 飞机液压系统相比波音 737 飞机液压系统先进，拥有更高安全裕度，波音 737 机型液压系统配置则更为简洁、轻便。因此，在开发国产大飞机液压系统时，应着重借鉴空客 A320 机型的高冗余度设计与波音 737 机型的系统简洁性设计。

② 设计方案一　根据大客发展目标以及新老机型方案对比，在此提出 2 种飞机液压能源系统方案。第一种系统方案配置见图 1-100。液压系统压力采用 21MPa，系统由 3 套独立液压能源组成，分别标记为左、中、右系统。与 A320 相比，每套液压系统均采用自增压油箱技术，同时简化用户系统配置。左/右液压源为飞机主液压系统，分别由一个 EDP 和一个 EMP 提供动力；中系统为备用系统，由一个 EMP 和一个 RAT 提供动力。飞机启动时，由左/右液压系统中的 EDP 为飞机提供动力。当发动机或 EDP 发生故障以及大流量需求工况（如飞机起飞和降落阶段）时，左/右系统中的 EMP 为飞机补充动力。在系统失电情况下，可利用左系统中的手动泵对舱门进行操作。左/右系统失效情况下，启动中系统 EMP 作为应急能源提供系统压力；当电力丢失以及 2 台发动机全部失效时，由冲压空气涡轮 RAT 为系统提供压力；此外 RAT 还为恒速马达发电机（CSM/G）提供动力。在一个发动机或其对应的 EDP 失效时，双向 PTU 为故障系统或低压系统提供动力转换。

③ 设计方案二　第二种方案采用 28MPa 作为系统压力，这是因为 28MPa 能够被目前的机载设备和维护设备强度所接受，同时能够减轻飞机液压系统的重量。此外，系统中采用电液驱动技术来驱动部分飞行负载，采用分布式电液能源系统代替传统备份系统。系统功能布置见图 1-101。系统采用 2 套液压回路（2H）＋1 套电驱动回路（1E）的高可靠性方案。本方案中的每个液压能源系统由一个 EDP 和一个 EMP 提供动力。电驱动系统作为备份，在 2 套液压系统失效情况下为飞行控制提供应急动力；其中 EHA 用于驱动方向舵，EBHA

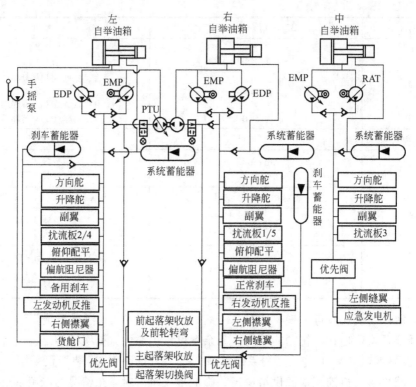

图 1-100　液压系统功能配置（方案一）

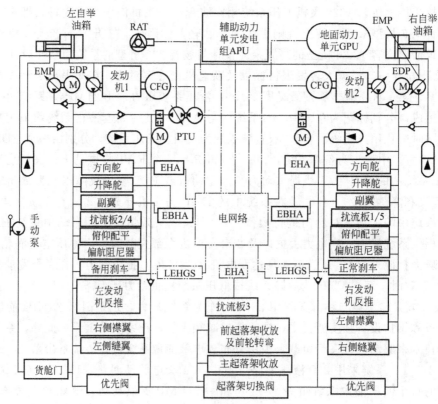

图 1-101　液压系统功能配置（方案二）

用于驱动升降舵、副翼和扰流板 3，局部电液能源系统（LEGHS）用于驱动刹车系统。发电设备包括恒频发电机 CFG、RAT、辅助动力单元（APU）及地面动力单元（GPU）等，其中 CFG 与发动机相连，当发动机运行时，CFG 自动为系统提供电源。

（5）液压能源系统关键技术

① 高可靠性液压系统　高可靠性液压系统设计包括液压源的余度配置、高可靠性液压元件、高可靠性传感器选择等。

液压系统余度配置不仅影响飞机的安全性，同时也影响液压系统的重量和飞机控制性能。在进行飞机液压系统设计时，要进行液压系统多余度配置的优化设计论证，找出最佳的系统冗余配置。

高可靠的液压元件主要指 EDP、EMP、液压控制阀及附件等，以上元件性能的好坏直接影响液压系统的可靠性。目前国内公司还不能生产高可靠性的航空液压元件，因此研制开发具有自主知识产权的高可靠性液压元件是实现大客飞机国产化、带动国内相关技术领域发展的关键。

此外，高可靠性传感器是飞机控制系统的重要环节。精确可靠的反馈信号是液压系统故障诊断与高精伺服控制的前提。目前飞机液压系统的各类传感器多为进口。

② 压力脉动抑制　压力脉动引起的管路振动是许多液压系统失效的主要原因。柱塞泵由于其优越的性能在飞机液压系统中得到广泛应用，但其固有的自然频率的流量脉动（不能完全消除）特性，也影响了液压系统性能。流量脉动造成压力脉动和管路振动，不仅带来了严重的噪声，而且能够造成管道系统在过载或疲劳载荷下发生灾难性事故。飞机液压系统的管路振动多年来一直困扰着飞机液压系统设计师，随着飞机液压系统的高压化，这一问题更加突出。因此在设计飞机液压系统时，必须采取有效的方法将管路振动限制在一定范围，尽可能减小压力峰值，并避免机械共振。尽管一些被动控制振动方法（如蓄能器、管夹、阻尼器和振动吸收材料等）证明是可行的，但是部分主动振动控制方法（需第二个能量源来抵消主能量源的振动）对进一步降低液压系统振动也起到了良好的作用。

③ 油液温度控制　飞机液压系统温度必须控制在一定范围内，否则直接影响飞机的控制性能、机载设备寿命及可靠性。飞机热负载主要来自于发动机热辐射、泵源容积损失与机械损失、液压长管道沿程损失、电液阀的节流损失、作动筒的容积损失以及反行程中气动力作用导致的系统温升等；液压系统高温使油液黏度降低、滑动面油膜破坏、磨损加快、密封件早期老化、油液泄漏增加；高温也使油液加速氧化变质、运动副间隙减小，产生的沉淀物质会堵塞液压元件。针对飞机液压系统温度影响，必须展开关于飞机液压系统温度控制技术的相关研究，从元件级、系统级、综合实验级分别对飞机液压系统温度特性进行热力学建模与仿真分析，同时以试验对比的方式验证飞机液压温控系统的合理性与有效性。

④ 油液污染度控制　液压系统很多故障均与液压油污染有关。飞机液压系统多采用伺服执行器，因此对油液污染度有严格的要求。油液污染定义为油液中出现对液压系统性能产生负面影响的其他物质，这些有害的物质主要包括水、金属、灰尘和其他固体颗粒等。油液污染使液压泵和其他元件的磨损加快，导致液压元件提前失效，影响液压系统的可靠性。因此合理的油液污染检测和控制方法，对保证飞机飞行安全是十分必要的。通常飞机液压油的污染由合理的过滤器来控制，在飞机降落后对液压油的污染度（主要包括颗粒大小、化学成分等）进行采样检测。目前一种轻型在线检测飞机油液污染度的技术正在发展中，可望在不久的将来应用到飞机上，将对飞机液压系统的监测起到很好的促进作用。

1.5　智能化的液压元件及应用

随着数字技术的飞速发展，以及 PLC、DCS 和 FCS 三大控制系统在工业自动化中的广泛应用，智能液压元件作为机电一体化的器件也随着电子技术及自动控制的进步得到不断发展。

1.5.1　DSV 数字智能阀

瑞士万福乐公司推出了 DSV——数字智能（digital smart valve），如图 1-102 与图 1-103 所示。之所以称它为数字智能阀，是因为此阀可在最小的允许空间内放置一块数字式控制器，这是迄今为止市场上能见到的结构最紧凑的控制模块，其结构尺寸只相当于普通电子控制器的一半。用户可以在不进行任何调整和设置的情况下直接安装使用，而且这种产品还具有自诊断及动作状态显示的功能。

图 1-102　型号：DNVPM22-25-24VA-1

图 1-103　型号：BVWS4Z41a-08-24A-1

这种液压阀具备的特点：
① 即插即用、简便的使用性能且易于更换。
② 便利实现设备的平稳精确控制。
③ 高质量，具有极高的操作可靠性能。
④ 自检测元部件操作状态诊断功能。

新型智能控制模块扩充了瑞士万福乐公司的产品系列，此模块可以适配万福乐的各种比例阀。这种智能电子控制器拥有许多优点，内置此种控制器的比例阀在出厂前经过统一设置和调整，使相同型号的产品具备完全相同的工作特性。由于这种控制器的结构紧凑，采用超薄设计，可与四通径阀结合，由此，万福乐即可为客户提供最为完美的微型液压元件。

另外，万福乐公司也是目前唯一一家可提供 M22 和 M33 内置数字放大器的螺纹插装式比例阀的生产厂商，此系列产品是专为固定式模块系统及移动液压系统而特殊设计。

DSV（数字智能阀）可适用于各种用途，例如，在林业设备或装载机械中控制比例换向阀，也可用于在液压电梯、升降平台或叉车的液压系统中，对升降运动进行平稳的控制；或者，在风力发电机的设备上控制叶轮的转角。板式结构的 DSV 阀还可为各种机床提供开环的比例方向控制、比例节流或比例流量控制。

另外，此阀应用在简单的位置控制系统中，外部控制器可以非常容易的操纵此阀。此阀还具有多种适配功能，比例阀操作状态诊断可通过简洁的基于 Windows 模式下的参数控制软件——PASO 轻松实现。

因为控制软件可以根据客户的特殊需求及实际工况条件任意进行修改，故万福乐的比例阀配合内置数字式控制器依然保留着灵活的特性。另外，此控制器还允许扩展传感器读值的功能，例如，在通风系统中做温度控制或对油缸的压力进行监控等特殊功能。

万福乐公司开发的数字智能阀使比例阀的发展和应用上升到一新的台阶。应用 DSV 数字智能阀的客户无需了解元件的详细原理，只需将其安装到系统上即可直接享有 DSV 提供的完美的功能。

1.5.2 分布智能的电子液压元件

Atos 公司研发了电子液压比例阀件配套一体化数字式的电子器件。这些产品能赋予传统控制体系新的功能，它的基本功能是使新型紧凑的机器带有更高技术含量数字电子器件，集成了多种逻辑和控制功能（分布智能），且使大部分现代现场总线通信系统变成可行和便宜。

（1）数字化的优势

一体化比例电子液压引入数字控制技术将带来一些立竿见影的进步：

能在狭小的空间内通过增加阀件的参数设置数量来实现更多功能，以适应各种应用中的特殊要求；

数字化的处理能保证这些设置的可重复性；由于有永久存储，数字设置能被自动保存；

数字化元件测试保证了所有功能参数设置的可重复性，新的控制技术提高了比例阀的静态和动态性能。

（2）PS 系列数字电子器件

基本型 PS 系列数字电子器件配备了一个标准 RS232 通信界面，并带有一个友好用户界面的电脑软件，软件名为 E-SW-PS，实现功能参数的管理。

PS 系列的一体化数字电子器件可提供不带传感器（E-RI-AES）、带位置传感器（E-RI-TES）或带压力传感器（E-RI-TERS）的阀，甚至带双级闭环控制的先导阀（E-RI-LES）。这些数字电子器件的主要特点是能同相应的模拟电子器件完全互换；参考和反馈信号为模拟量；而可编程的界面使诊断和设置管理成为可能，使其性能最优满足应用要求。

这个方法能使客户逐渐了解数字技术的优势，而不必变更整体的应用机器的结构。

主要的参数设置如下：

① 数字设置死区和比例；

② 调节曲线的线性度，随意获取线性和非线性的特性；

③ 数字设置的斜坡可从 0% 到 100% 的范围内进行调节。

除此而外，一系列详细的诊断信息能全面分析阀件及其可能的故障原因。

（3）现场总线系列

数字电子的面世使现场总线界面（图 1-104）成为现实。

现场总线技术具有下列显著优势：

避免电磁干扰；

信息协议的标准化；

降低配线成本；

系统的诊断和远程帮助。

所有 Atos 数字放大器都提供 2 种最常用标准：

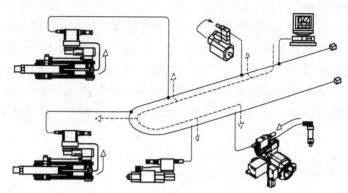

图 1-104　数字电子阀与现场总线

① C 版本，可连接 CANBus（Cannpen DS408 v1.5 协议）。

② BP 版本，可连接 PROFIBUS-DP（Fluid Power 技术协议）。

（4）伺服驱动器

放大器自身集成了多种控制功能，真正实现了紧凑的电子液压运动单元。

AZC 型伺服液压缸（图 1-105）的 E-RI-TEZ 放大器，不仅能控制相应的阀，而且放大器本身就能进行位置、速度和/或力的控制。用 AZC 型伺服液压缸组成的伺服系统主要优势如下：

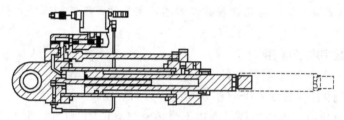

图 1-105　AZC 型伺服液压缸

自身能进行运动控制，无须再使用外部轴控制器；

方便放大器与外传感器直接连接，能减少配线数量；

现场总线系统能使连接的多个运动控制单元和各单元之间的通信的速度达到最佳性能。

总线系统能达到最佳性能的重要一点是分布智能能快速局部处理闭环控制要求的高速信号，从而避免不必要的在线信息超载。

（5）简便的伺服系统

作为最简单的方式，分布智能的概念被应用到 E-RI-A EG 型放大器（图 1-106 与图 1-107）。

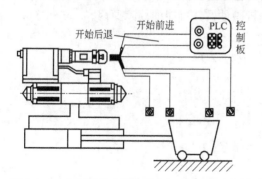

图 1-106　分布智能应用与 E-RI-A EG 型放大器

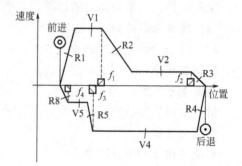

图 1-107　E-RI-A EG 型放大器运动控制性能曲线

这些数字电子器件能自发管理多达 5 个感应接近传感器和实现开环 "快-慢"位置循环。对于任何循环阶段都可设置速度和加速度(斜坡)。

(6) 新的功能

可设置控制参数并具有更紧凑尺寸的数字放大器能实现如下新功能: E-RI-TES 型放大器能在比例方向控制阀上实现压力和流量的复合控制; 对各种变量柱塞泵, E-RI-PES 型数字放大器集成了压力流量控制和功率限制。

将来要实现同步控制, 对动态性能进行最佳自适应控制, 在现场总线系统中预先处理的远程帮助。

1.5.3 数字阀 PCC 可编程智能调速器在水电站的应用

数字阀 PCC 可编程智能调速器用于水轮机调速, 电气部分以 PCC 可编程计算机控制器为核心, 软件采用高级语言。电气液压转换部件采用电磁球阀, 液压放大元件采用二通插装阀, 采用无杠杆、无明管路结构。该型调速器调试简单, 维护方便, 具有先进的技术性能和高可靠性。

(1) 数字阀 PCC 可编程智能调速器

结合水轮机调速器的特殊性, ZFST-100 型数字阀 PCC 可编程智能调速器, 选用不同于常规 PLC 的新一代可编程控制产品——PCC, 即从贝加莱公司(B&R)进口的可编程计算机控制器 B&R2003。它面向自动化过程, 而不是面向继电器逻辑电路仿真, 这就是 B&R2003 的理念。PCC 代表着一个全新的控制概念, 它集成了可编程逻辑控制器(PLC)的标准控制功能和工业计算机的分时多任务操作系统功能。它能方便地处理开关量、模拟量, 进行回路调节, 并能用高级语言编程, 具备大型机的分析运算能力。其硬件具有独特新颖的插拔式模块结构, 可使系统得到灵活多样的扩展和组合。软件也具备模块结构, 系统扩展时只需在原有基础上叠加运用软件模块。CPU 运行效率高, 用户存储器容量大。这些优越性都为智能式水轮机调速器提供了强有力的资源保证。

在电气-机械转换方面, 采用电磁球阀替代电液转换器; 在放大级采用二通插装阀替代主配压阀。调速器从总体上降低了对油质的要求, 从根本上避免了电液转换器发卡的弊病。由于数字阀技术是采用高速电磁球阀为先导阀, 以二通插装阀为主阀, 而且插装阀的密封形式为锥阀, 因此数字阀又具有液压锁的功能, 有效地避免了接力器的漂移, 因此主接力器无需机械反馈。所以数字阀调速器在漾头水电站的应用, 可以以最小的改动, 达到整机改造的目的。由于该系统的先导电磁球阀又具有手动阀及事故阀的功能, 减化了调速器内部结构, 从结构上减化了整个调速系统。所以该型调速器实现了真正意义上的无杠杆、无管路; 在结构上采用集成块的形式, 外形简洁明快, 可靠性极高, 性能优良。由于无需机械反馈, 该型调速器在机组的布置上可不受任何限制, 厂房整齐, 美观。

① 主要特点

a. 全新的控制理念。采用不同于常规 PLC 的新一代可编程计算机控制器——PCC, 面向控制过程, 能采用高级语言, 分析运算能力强, 在同一 CPU 中能同时运行不同程序。程序运行时仅扫描部分程序, 效率很高。

b. 全 PCC 化, 具有极高的可靠性。从输入到输出, 从测频到控制脉冲等各环节均实现了 PCC 化。PCC 的平均无故障时间 MTBF 高达 50 万小时, 即 57 年。常规 PLC 的平均无故障时间 MTBF 为 30 万小时。

c. 多任务的优点。在传统 PLC 中，并行处理是靠程序扫描来完成的。但事实上多任务才是并行处理的逻辑表达式，更简单直接的方法就是采用多任务技术。PCC 恰恰可以满足这种需求，当某一任务在等待时，其他任务仍可继续执行，非其他常规 PLC 可以比拟。

d. 智能型调速器。采用自适应式变结构，变参数并联 PID 调节。自动识别电网的性质，并自动适应电站的各种特殊运行方式，如孤网运行，及由大电网解列为小电网运行的突变负荷等特殊情况，均可保证机组稳定运行。人性化设计，具有很强的自诊断、防错、纠错及容错功能。

e. 采用 PCC 高速计数模块（HSC）测频。PCC 高达 6.3MHz 的计数频率，具有很高的测频精度和可靠性，从而使调速器的输入通道——测频环节的可靠性有了根本的保证。

f. 由 PCC 实现信号综合及控制脉冲的输出。调节器的电气开度（数字信号）和转换为数字信号的接力器实际位移由 PCC 内部进行综合比较，输出控制脉冲信号，经功率放大后，直接驱动先导电磁阀。充分发挥了 PCC 多任务的功能。

g. 联网方便。具有 RS232 或 RS485 通信接口，可以方便地实现人机对话及与上位机通信，提高电站的自动化水平。

h. 调节模式灵活。可实现频率调节、开度调节、功率调节，并可实现调节模式间的无扰动切换。

i. PCC 的大内存，为智能型调速器提供了资源保证。用户内存：1.5MBflashprom，远大于常规 PLC10KB 左右的内存。

j. 采用电磁球阀作为电液转换元件。彻底解决了常规调速器电液转换元件油污发卡的问题，使电站可以实现完全可靠的自动运行。

k. 具有故障锁定的功能。由于数字阀只有通/断两个状态，且数字阀采用锥阀密封可以保证在 31.5MPa 下无泄漏，所以，数字阀又具有液压锁的功能，因此该系列调速器在测频信号消失及断电等情况下，具有故障锁定的功能。

l. 无杠杆结构。该系列调速器采用了数字阀液压随动系统，自动时有电气反馈，手动无需反馈，因此取消了杠杆，消除了因为杠杆造成的死区，提高了调速系统的精度，而且无管路，结构简单，美观。

m. 友好的人机界面。采用触摸屏作为人机界面，画面美观逼真，全中文显示，操作方便，可以同时显示很多信息。

n. 维护简单调试方便。由于 PCC 的高度集成化和高可靠性，对于运行维护人员没有太高的特殊要求，调试只需设定有关数字，没有太多的电位器等可调元件。

o. 采用数字协联方式。桨叶随动系统准确度高。

p. 零扰动手/自动切换。由于自动运行时，电磁球阀每次动作后都处于失电状态；而切断电源即为手动运行。手动运行时，电子调节器跟踪接力器的实际开度。因此数字阀调速器实现了零扰动手/自动切换。

② 主要功能　ZFST-100 型数字阀 PCC 可编程智能调速器具有自动、电手动、手动三种操作方式，且可无条件无扰动切换。具有很多功能，实用性智能性很强，除常规功能外具有如下主要功能。

a. 空载运行时，能自动跟踪系统频率，实现快速并网。

b. 具有频率调节、开度调节、功率调节三种模式，并可实现调节模式间的无扰动切换。功率调节模式下，可接受上位机控制指令，实现发电自动控制功能（AGC）。

c. 具有很强的自诊断、防错、纠错及容错功能，并可将有关故障信息显示在屏幕上，或发出报警信号。

d. 与上位机通信的功能，接受上位机的控制命令，给上位机传送有关信息。

e. 开停机智能控制。

f. 具有参数记忆功能。当电源失电时，PCC 可保存数据存储器的内容，使运行人员可以方便地修改有关参数并被记忆。

g. 具有水位调节功能。

h. 多级密码保护功能。持有密码级别的高低，决定了对系统行使权力的大小。运行人员只能观察到常规显示画面并进行常规操作，检修人员或管理人员可对调节参数等进行修改。

i. 采用交直流双重供电，当交流电源故障时，直流电源自动投入，直流电源故障时，保持当前开度不变。

g. 空载运行，当机频信号消失时，自动将开度保持在空载开度以下，以防过速。并网运行，当机频信号消失时，自动切换为网频测量回路，保持正常发电运行，同时发出机频故障信号。

③ 调速器工作过程 数字阀 PCC 智能调速器的结构框图如图 1-108 所示。

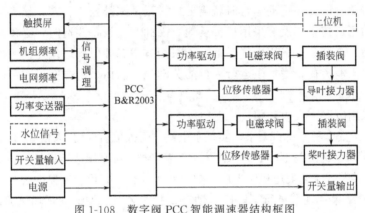

图 1-108 数字阀 PCC 智能调速器结构框图

调速器自动运行时，接收到开机令后，按照预先设定好的开机规律开机。当网频测量正常时，调速器自动选择频率调节模式，PCC 按照机频与网频的差值进行 PID 运算，为实现快速并网做好准备；当网频测量故障时，自动切换为开度调节模式，PCC 按照机频与频率给定的差值进行 PID 运算。PCC 根据电气开度和实际开度的差值输出脉宽调制（PWM）信号，经功率放大后驱动电磁球阀，调节导叶开度，使机组自动运行于空载工况。

并网后，如为并大电网运行，自动切换为开度调节模式。如为孤网运行，自动选择频率调节模式。通过上位机或触摸屏改变功率给定值，调节器经 PI 运算后，实现负荷调节。接到停机令后，调速器自动将机组关机，完成停机过程。

(2) 应用实例

① 系统概况 某水电站，装机容量为 $2 \times 8000 kW$，水轮机为轴流转桨式，设计水头为 18m。原调速器为某厂生产的模拟电液调速器，机械控制部分采用电液转换器，二级放大部分采用主配压阀，接力器与主配压阀开环无反馈；在电气上采用模拟电子调节器，抗干扰性能差；自动运行时，常误动作。自投入运行以来，随着长时间的运行，机械的磨损，电气分立元件的老化严重地影响机组的安全运行。

原调速器存在的主要问题是：

抗卡阻效果差。调速器对油质要求较高，常卡阻，不能保证长期自动运行；

运行操作不方便。由于机械磨损主配压阀渗漏造成接力器漂移，且手动运行时无反馈，运行人员总要不断地调整，劳动强度较大；

抗干扰能力差。任何电磁干扰都可能造成调速器误动作；

检修维护不方便。调整环节太多，每次检修后，仅调整各个节流阀就需要几天时间。

② 改造方案　针对水电站的具体情况，拟订如下改造方案：

方案一，用 ZFST-100 型数字阀 PCC 可编程智能调速器整机替换原调速器。采用机电合柜形式。

方案二，保留原调速器主配压阀，去掉原调速器中除主配压阀以外的其他部分，采用步进电机替代电液转换器，采用 PCC 可编程智能调节器替换原模拟电子调节器。采用机电合柜形式。

由于主配压阀的结构形式为滑阀，主配压阀活塞与衬套之间的间隙所造成的渗漏就不可避免，为了减少主配压阀活塞与衬套之间的渗漏，就要在主配压阀活塞阀盘与衬套与窗口之间加大搭叠量，而搭叠量加大了调速器机械死区。由于主配压阀活塞与衬套之间的间隙所造成的渗漏不可避免，因此在手动运行时就需要机械反馈来补偿，否则，接力器就要漂移。

由于水电站原调速系统没有采用机械反馈。因此，在设备改造时，必须采用无钢丝绳反馈（或杠杆反馈）结构，只采用电气反馈。如采用方案二即保留原调速器主配压阀，手动运行时溜负荷。由于溜负荷，增加了运行人员的劳动强度。而采用方案一数字阀调速器则能解决这一难题。

综上所述采用方案一最为理想。

为了适应机组安全稳定运行要求，实现水电站"无人值班"（少人值守），水电站经过调查研究，选用 ZFST-100 型数字阀 PCC 可编程智能调速器，对原调速器进行了整机更换改造，率先实现了在轴流转桨式水轮发电机组上应用数字阀可编程计算机控制器的智能调速器。

③ 现场试验结果　现场进行了静态、动态试验，第一台调速器现场试验结果如下：

a. 转速死区　静态特性试验记录如表 1-13 所示。

表 1-13　静态特性试验记录

F_j/Hz	50.0	49.7	49.4	49.1	48.8	48.5	48.2	47.9	47.6	47.3	47.0
Y/mm	0	39.3	81.5	120	158.9	200.5	239.6	278.6	319.5	358.8	400
Y/mm	0	39.5	81.5	120.7	159.8	201	240.6	278.9	320.4	359.2	
ΔY/mm	0	0.2	1	0.7	0.9	0.5	1	0.3	0.9	0.4	

转速死区：0.015%，优于国家标准转速死区不超过 0.04% 的要求。

b. 空载扰动试验　调速器自动运行，选择多组 PID 调节参数，选取频率摆动值和超调量较小、稳定快、调节次数少的一组调节参数，作为空载运行参数，如表 1-14 所示，即：$b_t = 45$，$T_d = 20$，$T_n = 0.5$；上扰：$48.00 \sim 52.00$Hz；下扰：$52.00 \sim 48.00$Hz。

表 1-14　空载扰动试验记录

PID 调节参数	上扰/下扰	最高(低)值/Hz	调节次数/次	调节时间/s
$b_t = 45$ $T_d = 20$ $T_n = 0.5$	上扰	52.03	1	8
	下扰	47.46	1	7

c. 空载频率摆动值

•手动空载摆动值。将调速器切至手动位置，操作电磁阀使机组处于额定转速下运行，稳定一段时间后观察机组频率摆动值，每次三分钟，共三次，取平均摆动值，如表 1-15 所示。

手动空载摆动值：±0.17％，优于国家标准手动空载摆动值不超过±0.2％的要求。

•自动空载频率摆动值。将调速器切至自动位置，PID 调节参数为上步试验优选出的空载运行参数，机组开至额定转速。机组运行稳定后观察机组频率摆动值，每次三分钟，共三次，取平均摆动值，如表 1-16 所示。

自动空载频率摆动值±0.06％，优于国家标准自动空载摆动值不超过±0.15％的要求。

<table>
<tr><td colspan="3">表 1-15 手动空载摆动试验记录表</td><td colspan="3">表 1-16 自动空载摆动试验记录表</td></tr>
<tr><td>项目</td><td>最大值</td><td>最小值</td><td>项目</td><td>最大值</td><td>最小值</td></tr>
<tr><td>F_j/Hz</td><td>50.11</td><td>49.96</td><td>F_j/Hz</td><td>50.03</td><td>49.98</td></tr>
<tr><td>F_j/Hz</td><td>50.14</td><td>49.97</td><td>F_j/Hz</td><td>50.02</td><td>49.96</td></tr>
<tr><td>F_j/Hz</td><td>50.02</td><td>49.85</td><td>F_j/Hz</td><td>50.04</td><td>49.99</td></tr>
</table>

d. 甩 25％额定负荷试验 自动工况运行，机组带 25％额定负荷即 2000kW，甩负荷试验的录波如图 1-109 所示。接力器不动时间为 0.18s，优于国家标准接力器不动时间不超过 0.2s 的要求。

e. 甩 100％额定负荷试验 自动工况运行，机组带 100％额定负荷即 8000kW，甩负荷试验的录波如图 1-110 所示。

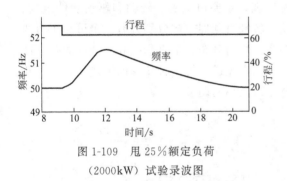

图 1-109 甩 25％额定负荷
（2000kW）试验录波图

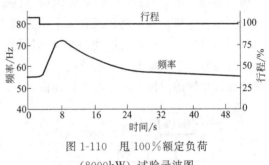

图 1-110 甩 100％额定负荷
（8000kW）试验录波图

转速最大上升为额定转速的 133.6％，超过 3％额定转速的波峰次数为 1 次，从接力器第一次向开启方向移动起，到机组转速摆动位不超过±0.5％为止，所经历的时间为 27s，优于国家标准的相应要求。

f. 突变负荷试验 突增、突减 25％额定负荷，非常迅速地稳定在新的工况，完全符合电站实际运行的要求。

(3) 小结

ZFST-100 型数字阀 PCC 可编程智能调速器的各项性能指标均优于国家标准《水轮机控制系统技术条件》（GB/T 9652.1—2007）。调速器故障率极低，运行人员操作简单，维护工作量很少，大大减轻了劳动强度，并减少了运行人员。该型调速器完全满足电站"无人值班"（少人值守）的要求。

1.5.4　新型与智能型伺服阀

电液伺服阀是电液伺服系统的核心，其性能在很大程度上决定了整个系统的性能。目前广泛应用的电液伺服阀以喷嘴挡板阀居多。与喷嘴挡板阀相比，射流管阀具有抗污染性能好、可靠性高等特点，越来越多的伺服阀生产厂商研制并推出了射流管式电液伺服阀。新型伺服阀主要体现在采用新驱动方式，使用新材料、新原理或新结构，应用数字控制技术，以及智能化等几个方面。

（1）新驱动方式

尽管射流管伺服阀比喷嘴挡板伺服阀在抗污染能力方面要好，但这两种类型的伺服阀存在的突出问题仍然是抗污染能力差，对介质的清洁度要求非常高，这给其使用和维护造成了诸多不便。因此，如何提高电液伺服阀的抗污染能力和提高可靠性，成为伺服阀未来的发展趋势。采用阀芯直接驱动技术省掉了喷嘴挡板或射流管等易污染的元部件，是近年来出现的一种新型驱动方式，如采用直线电机、步进电机、伺服电机、音圈电机等。这些新技术的应用不仅提高了伺服阀的性能，而且为伺服阀发展提供了新思路。

① 阀芯直线运动方式　这种伺服阀采用直线电机、步进电机、伺服电机或音圈电机作为驱动元件，直接驱动伺服阀阀芯。对于电机输出轴，可以通过偏心机构将旋转运动变成直线运动，如图 1-111 所示，也可通过其他高精度传动机构将旋转运动转换为直线运动。这种驱动方式一般都有位移传感器，可构成位置闭环系统精确定位开口度，保证伺服阀稳定工作。其特点在于结构简单、抗污染能力好、制造装配容易、伺服阀的频带主要由电机频响决定。

② 阀芯旋转运动方式　旋转式驱动是指通过主阀芯旋转实现伺服阀节流口大小的控制和机能切换，图 1-112 为一种旋转阀的油路结构原理，主要由阀套、转轴和驱动元件组成。转轴由步进电机、伺服电机或音圈电机直接驱动，转轴沿圆周方向分别开有 4 个可与压力油腔相通的油槽和 4 个可与回油腔相通的油槽。阀套上均匀分布 4 个进油孔和 4 个回油孔，油孔的直径略小于转轴上油槽的宽度，使进油和回油互不连通。另一种转阀的形式是阀芯上开有螺旋式结构的油槽，通过电机转动阀芯实现节流口大小的调节。

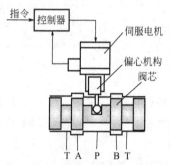

图 1-111　采用偏心机构的电机驱动伺服阀原理

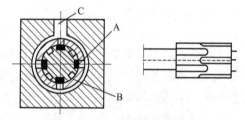

图 1-112　旋转阀的油路结构

由于伺服电机响应频率快，因此可以带动阀芯进行快速旋转，实现工作油口的快速切换和节流口的快速调节，从而保证了伺服阀的频带。

（2）新材料

由于一些新材料表现出较好的运动特性，许多研究机构尝试将它们应用于电液伺服阀的先导级驱动中，以代替原有的力矩马达驱动方式。与传统伺服阀相比，采用新型材料的伺服阀具有抗污染能力强、结构紧凑等优点。虽然目前还有一些关键技术问题没有得到解决（如滞环大、重复性差等），但新材料的应用和发展给电液伺服阀的技术发展注入了新的活力。

① 压电晶体材料　压电晶体材料在一定的电压作用下会产生外形尺寸变化，在一定范围内形变与电场强度成正比。压电晶体驱动的原理是将阀芯分别与两块压电晶体执行机构相连，通过两侧施加不同的驱动电压，可使阀芯产生移动，从而实现节流口控制。但是，压电晶体的滞环非常明显，导致阀芯与控制信号之间的非线性比较严重，给高精度控制带来一定的难度。

② 超磁致伸缩材料　超磁致伸缩材料在磁场的作用下能产生较大的尺寸变化，因此可利用这种材料直接驱动伺服阀阀芯。其原理是将磁致伸缩材料与阀芯直接相连，通过控制电流大小驱动材料的伸缩量，以带动阀芯运动。由于超磁致伸缩材料具有较高的动态响应特性，使这种伺服阀较传统伺服阀具有更高的频率响应。

③ 形状记忆合金材料　形状记忆合金的特点是具有形状记忆效应，将其在高温下定型后，冷却到低温状态并对其施加外力时，一般金属在超过其弹性变形后会发生永久塑性变形，而形状记忆合金却在加热到某一温度以上时，会恢复其原来高温下的形状。通过在阀芯上连接一组由形状记忆合金绕制的执行器，对其进行加热或冷却，就可使执行器的位移发生变化，从而驱动阀芯运动。形状记忆合金的位移比较大，但其响应速度慢，且变形不连续，因此不适合于高精度的应用场合。

（3）新原理和新结构

传统的伺服阀存在节流损失大、抗污染能力差等缺陷，为此，一些新原理或新结构的伺服阀被提出并得到应用。前面提到的旋转阀便是一种新结构的伺服阀，其他还包括以下几种。

① 高速开关阀　高速开关阀的原理如图 1-113所示，这种伺服阀具有较强的抗污染能力和较高的效率。其工作原理是根据一系列脉冲电信号控制高频电磁开关阀的通断，通过改变通断时间即可实现阀输出流量的调节。由于阀芯始终处于开、关高频运动状态，而不是传统的连续控制，因此这种阀具有抗污染能力强、能量损失小等特点。高速开关阀的研究主要体现在三个方面：一是电-机械转换器结构创新；二是阀芯和阀体新结构研

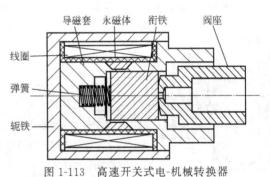

图 1-113　高速开关式电-机械转换器

制；三是新材料应用。国外研究高速开关阀有代表性的厂商和产品有：美国 Sturman Industries 公司设计的磁门阀、日本 Nachi 公司设计生产的高速开关阀、美国 CAT 公司开发的锥阀式高速开关阀等。国内主要有浙江大学研制的耐高压高速开关阀等。由于高速开关阀流量分辨率不够高，因此主要应用于对控制精度要求不高的场合。

② 压力伺服阀　常规的电液伺服阀一般为流量型伺服阀，其控制信号与流量成比例关系。在一些力控制系统中，采用压力伺服阀较为理想。压力伺服阀其控制信号与输出压力成比例关系。图 1-114 为压力伺服阀的结构原理，通过将两个负载口的压力反馈到衔铁组件上，与控制信号达到力平衡，实现压力控制。由于压力伺服阀对加工工艺要求较高，目前国内还没有相关成熟产品。

③ 多余度伺服阀　鉴于伺服阀容易出现故障，影响系统的可靠性，在一些要求高可靠性的场合（如航空航天），一般采用多余度伺服阀。大多数多余度伺服阀是在常规伺服阀的基础上进行结构改进并增加冗余，比如针对喷嘴挡板阀故障率较高的问题，将伺服阀力矩马达、反馈元件、滑阀副做成多套，发生故障随时切换，保证伺服阀正常工作。图 1-115 为一种双喷嘴挡板式余度伺服阀，通过一个电磁线圈带动两个喷嘴挡板转动，当其中一个喷嘴挡板卡滞后，另一个可以继续工作。

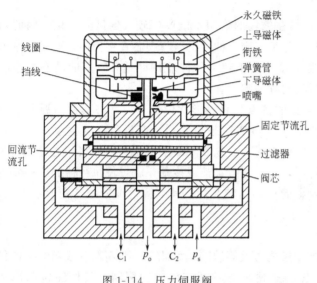

图 1-114　压力伺服阀

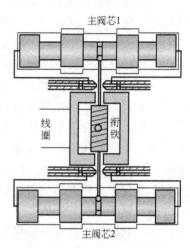

图 1-115　双喷嘴挡板式余度伺服阀

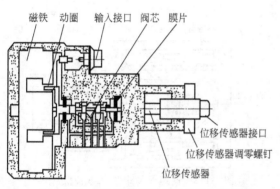

图 1-116　MK 两级阀中的先导级结构原理

④ 动圈式全电反馈大功率伺服阀（MK阀）　动圈式全电反馈伺服阀（MK 阀）可以分为直动式和两级先导式两种，其中两级阀中的先导级直接采用直动阀结构，功率级为滑阀结构。图 1-116 为动圈式全电反馈的直动式伺服阀结构原理，当线圈通电后（电流从几安培到十几安培），在电磁场作用下动圈产生位移，从而推动阀芯运动，通过位移传感器精确测量阀芯位移构成阀芯的位置闭环控制。

⑤ 非对称伺服阀　传统电液伺服阀阀芯是对称的，两个负载口的流量增益基本相同，但是用其控制非对称缸时，会使系统开环增益突变，从而影响系统的控制性能。为此，通过特殊阀芯结构设计研制的非对称电液伺服阀，可有效改善对非对称缸的控制性能。

（4）伺服阀的智能化发展趋势

随着数字控制及总线通信技术的发展，电液伺服阀朝着智能化方向发展，具体表现在以下几个方面。

① 伺服阀内集成数字驱动控制器　对于直驱式伺服阀或三级伺服阀，由于需要对主阀芯位移进行闭环控制以提高伺服阀的控制精度，因此在伺服阀内直接集成了驱动控制器，用户无需关心阀芯控制，只需要把重点放在液压系统整体性能方面。另外，在一些电液伺服阀

内还集成了阀控系统的数字控制器，这种控制器具有较强的通用性，可采集伺服阀控制腔压力、阀芯位移或执行机构位移等，通过控制算法实现位置、力闭环控制，而且控制器参数还可根据实际情况进行修改。

② 具有故障检测功能　伺服阀属于机、电、液高度集成的综合性精密部件，液压伺服系统的故障大部分集中在伺服阀上。因此，实时检测与诊断伺服阀故障，对于提高系统维修效率非常重要。目前可通过数字技术对伺服阀的故障（如线圈短路或断路、喷嘴堵塞、阀芯卡滞、力反馈杆折断等）进行监测。

③ 采用通信技术　传统的伺服阀控制指令均以模拟信号形式进行传输，对于干扰比较严重的场合，常会造成控制精度不高的问题。通过引入数字通信技术，上位机的控制指令可以通过数字通信形式发送给电液伺服阀的数字控制器，避免了模拟信号传输过程中的噪声干扰。目前，常见的通信方式包括 CAN 总线、PROFIBUS 现场总线等。

1.6　基于双阀芯控制技术的智能液压阀及应用

智能液压元件的一种发展思路是英国 Ultronics 公司的双阀芯控制系统。Ultronics 电子液压控制系统是一种广泛应用于工程机械的新型电液控制系统。该系统采用 CAN 总线通信、软件压力补偿、双阀芯控制技术，为增加系统稳定性、节约能源、功能多样化以及产品快速升级换代等方面提供了新的思路，并使得机电液一体化控制技术在工程机械上的广泛应用成为可能。该系统在国外已广泛应用于液压挖掘机、随车起重机、森林机械、伸缩臂叉装机、挖掘装载机等产品，并取得了良好的效果。

1.6.1　双阀芯控制技术

(1) Ultronics 双阀芯阀的原理

如图 1-117(a) 所示，传统单阀芯换向阀采用一个阀芯，其进出油口的位置关系在加工的时候就已经确定，在使用过程中不能修改，而且其进出油口的压力和流量不能独立调节。同时由于不同液压系统对换向阀进出油口开口位置关系的要求不一样，所以，针对不同的液压系统需要设计加工不同的阀芯，使得阀芯互换性较差。

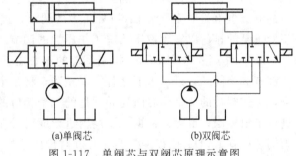

(a)单阀芯　　　　　　(b)双阀芯

图 1-117　单阀芯与双阀芯原理示意图

Ultronics 双阀芯阀的基本原理如图 1-117(b) 所示。双阀芯阀的每片阀内有两个阀芯，分别对应执行机构的进油口和出油口。两个阀芯既可以单独控制，也可以通过一定的逻辑和控制策略成对协调控制。

图 1-118 为 ZTS16 型双阀芯阀内部结构，在双阀芯阀的两个阀芯上都装有位置传感器，两个工作油口分别装有压力传感器，可以通过对传感器信号的闭环制方案，以满足液压系统的需要。

Ultronics 控制系统的关键在于其独特的双阀芯控制技术，每片阀有两个阀芯，相当于将一个三位四通阀变成两个三位四通阀的组合，两个阀芯既可以单独控制，也可以根据控制

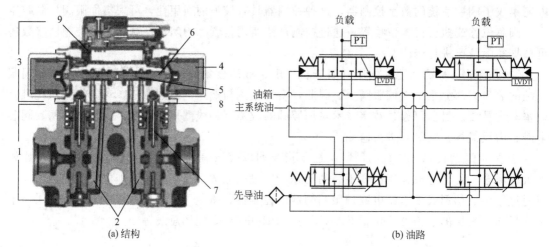

(a) 结构　　　　　　　　　　　　(b) 油路

图 1-118　双阀芯阀结构与油路

1—主阀块；2—主阀芯；3—先导阀块；4—激磁线圈；5—复位弹簧；
6—先导阀芯；7—位置传感器；8—压力传感器；9—集成电子系统

逻辑进行成对控制，并且两个工作油口都有压力传感器，每个阀芯都有位置传感器，通过对传感信号的闭环控制可以分别对两路液压油的压力或流量进行控制，从而具有很高的控制精度，而且通过不同的组合许多的控制方案使机器可以实现多种功能。

(2) 系统硬件

Ultronics 电子液压控制系统的系统硬件非常简单，执行机构所需要的功能都通过软件编程来实现。系统硬件主要是指系统调节阀片、工作阀片、控制装置 ECU、手柄以及 CAN 总线等。

① 系统调节阀片　系统调节阀片的主要功能是负责系统工作压力的调节。系统工作时，通过手柄指令控制输入比例阀电磁铁的电流大小来控制比例阀阀芯的开口，从而控制比例阀入口处的工作压力，该压力加上弹簧力构成变量泵 LS 口处的工作压力。对比例阀入口处压力的调节也就是对变量泵 LS 口处压力的调节，进而调节变量泵斜盘的摆角，从而调节恒功率变量泵的排量以实现液压系统工作压力的调节。

② 工作阀片　Ultronics 控制系统的核心在于其独特的双阀芯控制技术。其每一工作阀片都有 2 个阀芯，进、出油路各一，相当于将 1 个三位四通阀片变成 2 个三位三通阀片的组合，工作阀片的 2 个阀芯由先导阀片的 2 个相应的阀芯进行控制。工作阀片的 2 个阀芯可以进行单独控制，也可以根据控制逻辑进行成对控制。2 个工作油口都有压力传感器，2 个主阀阀芯都有 LVDT 位移传感器，通过对传感器所检测到的反馈信号进行控制，可以分别实现对 2 个工作油路压力或流量的控制，具有很高的控制精度；通过对 2 个工作油路进行压力、流量控制的不同组合，可以得到多种控制方案，从而满足不同液压系统的功能需求。

③ 控制装置 ECU　控制装置 ECU 有 25 路和 50 路 2 种，可以采用模拟方式或者数字方式与系统进行连接。它主要用于接收手柄所输入的信号，经过处理之后发出相应的控制指令以驱动相关的执行机构。同时，它还提供 CAN 卡接点，以便从 PC 机上下载编写好的应用程序，并对所编写的应用程序进行在线调试。

④ 手柄　手柄主要用于向控制装置 ECU 输入指令信号以驱动相关的执行机构，可以输出模拟、数字和 CAN 总线 3 种信号。手柄的瞬时延迟与输出曲线可以通过 JoyCal Can Edition 进行调节与校准。

⑤ CAN 总线　采用 CAN2.0B 无源两线式串行电缆将系统调节阀片、工作阀片、控制装置 ECU、手柄等连接起来；通过转接头还可以将 CAN 卡与 PC 机相连，以进行用户程序的下载与在线调试工作。其传输速度为 1Mb/s、最大传输长度为 30m、最大节点数为 100 个，最多可以 8 个节点进行同步通信。

（3）系统软件

与传统液压控制系统不同的是，Ultronics 控制系统的所有功能均在系统软件中进行开发，所以系统软件也是 Ultronics 控制系统的重要组成部分。系统软件主要是指程序编辑与编译环境 CodeWright、工具软件 CanTools 以及手柄调节与校准工具 JoyCal Can Edition。

① CodeWright　CodeWright 是一个 C 语言编辑与编译环境，用户可以在该环境中应用 C 语言开发自己的程序以实现所需要的功能。同时，该软件还可以将编译好的用户程序通过 CAN 卡下载到 ECU 中，从而实现应用程序所设计的功能。

② CanTools　CanTools 是 Ultronics 控制系统的工具软件。通过该软件可以对阀芯的工作模式、先导阀片的更换等进行管理，可以对阀芯的流量配置参数、零位指令时的阀芯位置、阀芯允许的最大流量、阀口的最大工作压力、阀口的溢流压力、连接设备两腔的面积比、铲斗振动掘削的频率、振幅以及输入波形等参数进行设置，还可以实现对压力控制器、流量控制器的 PID 参数进行调节，以及对系统调节阀片进行训练以生成前馈曲线等等。此外，还可以在该软件中开展阀片和手柄的模拟工作，以对所编写的应用程序进行离线调试。

③ JoyCal Can Edition　手柄的按钮开关、轴方向可以在该软件中进行校准，手柄的瞬时延迟与输出曲线也可以在该软件中进行调节。

1.6.2　双阀芯控制技术在挖掘机的应用

Ultronics 公司的双阀芯控制系统从一开始就是针对工程机械的单机控制系统来设计的，所以可以很方便地组成完整的控制系统，而且硬件网络很简洁，性能的升级也比较方便。目前采用这种技术来实现高性能挖掘机的单机控制系统是比较实用的方案。

（1）挖掘机执行机构控制策略

由于双阀芯换向阀两油口控制的灵活性，两油口可以分别采取流量控制、压力控制或者流量-压力组合控制。以下结合液压挖掘机的实际工况介绍动臂、斗杆及铲斗 3 个液压缸的控制策略。

① 负载方向保持不变时的控制策略　液压挖掘机动臂上升、斗杆挖掘、铲斗挖掘时的受力情况如图 1-119(a) 所示，动臂下降时的受力情况如图 1-119(b) 所示。其负载方向在整个工作过程中始终保持不变，因此可以采取"液压缸有杆腔采用压力控制、无杆腔采用流量控制"的控制策略。无杆腔侧采用流量控制，通过检测连接到无杆腔侧阀前后两侧的压差，再根据所需流入或流出流量的多少，计算出阀芯开口大小；有杆腔侧采用压力控制，使该侧维持一个较低的压力，不至于因压力过低而引起空穴现象，不至于因负载变化而引起液压冲击，因该侧压力较低，所以系统更加节能。

② 负载方向发生改变时的控制策略　液压挖掘机斗杆液压缸、铲斗液压缸在整个工作过程中负载方向会发生改变，例如当斗杆液压缸缩回、斗杆运动到垂直位置前后，负载方向与运动方向由相同变为相反，负载由超越负载变为被动负载，负载方向的变化可能会导致压

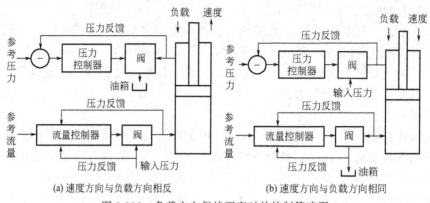

(a) 速度方向与负载方向相反　　　　　(b) 速度方向与负载方向相同

图 1-119　负载方向保持不变时的控制策略图

力突变，影响斗杆运动的稳定性。

在这种情况下，采取"进油侧压力控制、出油侧流量控制"的控制策略，如图 1-120 所示。液压缸有杆腔侧采用压力控制、无杆腔侧采用流量控制，通过检测无杆腔侧的压力来实现有杆腔侧的压力控制。进油侧用压力控制器维持一个较低的参考压力，一方面提高了系统的效率，另一方面保证了该侧不致因压力过低而发生空穴现象。

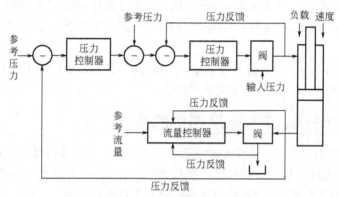

图 1-120　负载方向发生改变时的控制策略图

为了使负载方向变化的执行机构能够得到很好的控制，在有杆腔侧的压力控制器中使用了另外一个压力控制器。负载方向改变时，无杆腔的压力将减小；如果有杆腔仍维持一个很低的压力，当负载很大时，液压缸活塞杆将向相反的方向运动。此时可以用所增加的压力控制器监视无杆腔压力的变化，当压力控制器检测到无杆腔压力低于所设定的参考值时，提高有杆腔压力控制器设定的压力，从而保证系统的正常工作。

(2) 挖掘机液压系统

Ultronics 电子液压控制系统将液压技术、机械技术、计算机技术以及自动控制理论完美地结合在一起，其中，总线结构和液压系统构成了系统的硬件平台，而系统的功能则通过软件编程进行开发。

① 总线结构　Ultronics 电子式液压控制系统的控制指令由 Centuri 光电手柄通过 CAN 总线输入到控制装置 ECU 中，ECU 将控制指令转换成相应阀片或者阀组运动的应用编码，并通过 CAN 总线传输到相关阀片以驱动相关工作装置。运行于个人 PC 机中的系统软件 CodeWright、CanTools 以及 JoyCal Can Edition 可以通过 CAN 总线和 CAN 卡与 ECU 连

接，以开展应用程序的下载与调试工作。在网络的两端加接 120Ω 的电阻作为线路的匹配。

②　液压系统　由于 Ultronics 电子液压控制系统的功能都通过软件编程进行开发，所以由该系统所组成的挖掘机液压控制系统就变得非常简单。根据实际功能需求，设计出如图 1-121 所示的液压系统，该系统由 2 组 8 片阀组成，共同完成液压挖掘机动臂、斗杆、铲斗、回转以及左右行走的操作，每片阀组都有自己的减压阀片以向该组其他工作阀片提供先导控制油液，阀组 1 中的系统调节阀片则负责调整系统压力、检测系统压力及回油压力并对液压系统提供安全保护。

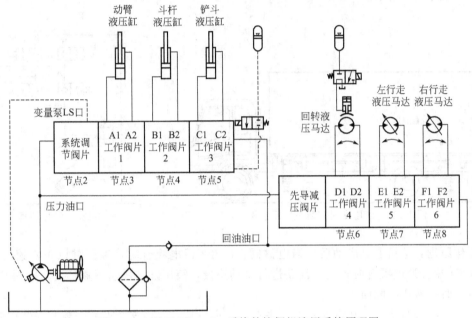

图 1-121　基于 Ultronics 系统的挖掘机液压系统原理图

采用 Ultronics 电子液压控制系统一般情况下仅需增加简单的附件，其功能的升级则通过应用程序实现，存储于阀中。与产品应用有关的参数，诸如最大流量、系统压力、控制模式等，都可通过工具软件 CanTools 进行设置或修改，因此产品的开发周期将大大缩短。

通过 CAN 总线通信、独特的双阀芯结构和压力、位移传感器的应用以及压力或流量的闭环控制技术，Ultronics 电子液压控制系统使工程机械控制系统在功能的多样性、实现的灵活性、较高的性价比以及控制理念、维修模式等诸多方面都发生变化。

1.7　智能控制器与液压元件集成系统及应用

智能控制器与液压元件集成，形成电液装置，能够完成液压设备控制、故障诊断、运行状态显示、参数设定等多项功能，具有积极的工程应用价值。这也是液压智能控制的发展方向之一。

1.7.1　汽车液压支腿集成式智能调平系统

(1) 汽车液压支腿调平系统

很多专用汽车，如大型采访车、流动舞台车以及重载车辆等都需要配备调平系统。智能调平系统通过水平传感器，控制液压支腿的伸出量，使车厢底面保持水平。目前，各种调平车辆上使用的支腿系统都是采用一个动力单元，以四点支撑系统为例：支腿液压系统控制采用一个油源分别为四个支腿供油。液压支腿在车辆上的一般安装位置，如图 1-122 所示。

（2）集成式液压支腿的组成

集成式液压支腿就是一个动力单元只控制一条支腿，利用微电脑控制电磁阀的开关。以四点支撑系统为例（以下均以四点支撑为例），四个支腿有四个动力单元，每个支腿由一个动力单元独自支撑，由电控单元控制四个电机的启动与停止。单条支腿的液压原理相对比较简单，如图 1-123 所示。

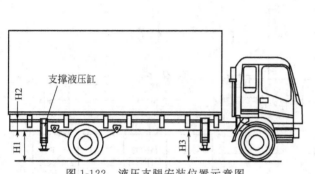

图 1-122　液压支腿安装位置示意图　　　　　图 1-123　液压原理图

工作原理：电机通电启动后，当电磁阀 F1、F2 通电吸合时，液压缸以正常速度伸出；电磁阀 F1 单独通电吸合时，由于油路进行差动连接，液压缸将快速下降；当电磁阀 F3、F4 通电吸合时，液压缸收回。

优点：结构简单，安装方便；对调平车辆来说可自由选择支撑点的个数及安装位置，适用范围较广。

（3）智能调平系统及调平策略

① 智能调平系统　智能调平系统主要组成部分有：双轴倾角传感器、单片机、控制电路、键盘显示板以及控制支腿行程的液压系统等。系统硬件组成如图 1-124 所示。

② 调平策略设计　平台系统的调平方法，从控制的误差量上来说，主要有位置误差控制调平法和角度误差控制调平法。其中，位置误差调平法又分为"最高点"不动调平、"最低点"不动调平、"中心点"不动调平和"任意点"不动调平法。在此调平方法选择位置误差调平法中的"最高点"不动调平法。平台经过预支撑后，一般是不水平的，这样在有倾角的情况下，平台肯定会有一个最高点，在调平时保持最高点不动，其他支撑点向上运动与之对齐，当各点达到最高点位置时平台即处于水平状态。其大致过程如图 1-125 所示。

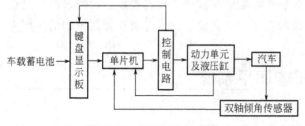

图 1-124　系统硬件组成图

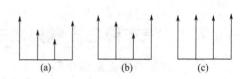

图 1-125　最高点调平过程图

这种只升不降调平方法可以避免由于平台自重和负载过大，在下降过程中产生较大的惯性力，而使平台出现剧烈抖动，以致无法调平的现象。

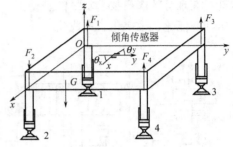

"最高点"调平法的具体实现方法是：根据倾角传感器的信号，确定平台的最高点，并计算各支撑点到最高点的位置误差；将这个误差值送给控制装置（单片机），控制装置通过调平程序驱动各支腿电机转过一定的角度，液压泵向支腿液压缸供油，使支腿上升给定的距离，从而各点处于同一个高度，平台达到水平状态。调平平台示意如图1-126所示。

图 1-126 调平平台示意图

（4）调平控制系统

新型集成式液压支腿智能调平系统调平控制流程如图 1-127 所示。

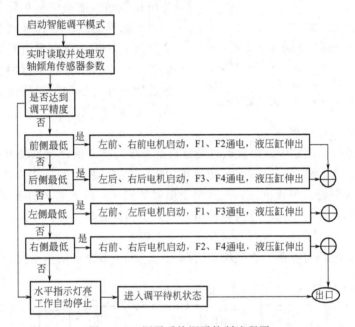

图 1-127 调平系统调平控制流程图

图中F1、F2、F3、F4是控制支腿液压缸的伸出与收回的电磁阀。调平过程：检测是否达到设定的水平状态，若没有达到，则比较前后（x轴）左右（y轴）中最低的一侧进行调平；重复第一步；两个调平方向均达到调平精度后，"水平"状态指示灯亮；智能调平工作结束。

系统采用"线"式控制方式，控制前、后、左、右侧的两只支腿联动，降低了控制系统的耦合强度，提高了调平精度，缩短了调平的时间。

1.7.2 阀门液压智能控制装置

阀门在流体控制设备中起到非常重要的作用，也是在机械设备中应用最为广泛的执行机构之一，因此，近年来与阀门结合的一些产品相继出现如智能化现场设备、数据通信、电力电子技术、网络化等开发研制得到了快速发展，使阀门实现智能化成为可能。智能化的阀门是在传感器计算机控制的技术上，充分结合机电液一体化技术实现对阀门的快速智能控制。笔者在现有的阀门技术水平的基础上，对液压阀门的智能控制进行改进与探索，使阀门控制达到智能化、数字化、集成化。

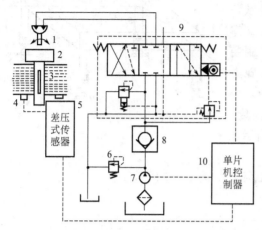

图 1-128　智能阀门的液压驱动装置

1—单叶片摆动缸；2—液压阀门；3—角位移传感器；
4,5—差压式传感器；6—溢流阀；7—液压泵；
8—单向阀；9—数字阀；10—单片机控制器

（1）智能阀门的液压驱动装置

图 1-128 为驱动装置原理。阀门是由经数字阀控制的单叶片摆动缸回转驱动，通过单叶片摆动缸的摆动转化为阀门轴的回转运动，能精确控制阀门的开合位置。单叶片摆动缸能输出大的力和力矩，具有速度快和稳定性好的特点，使阀门能快速精确地控制阀门前后安装的差压式传感器把差压信号经过处理后传给单片机控制器，同时控制阀上的角位移传感器把角位移信号经过处理后也传给单片机控制器，经计算就能得到管道中的实际流量，并与设定值进行比较，如超过设定值，单片机控制器发脉冲信号控制数字阀来控制单叶片摆动缸，从而控制阀门的开合度，最终调节管道中的流量。

（2）智能控制阀门的硬件

图 1-129 为系统控制原理框图。通过键盘设定系统的参考值，当系统开始工作时，角位移传感器把阀门的转角信号通过转化后传给单片机控制器，同时差压式传感器把压差信号转化后传给单片机控制器。单片机在得到这两个信号的同时，经过计算并和设定值进行比较。然后单片机发出信号给数字阀的步进电动机，使数字阀控制单叶片摆动缸进而控制执行元件阀门。在系统工作时，工作人员可通过显示屏来监视系统的工作情况，并可以通过键盘来对整个系统的工作情况进行控制。在系统出现压力远远大于系统可调范围时，可通过声光报警装置报警。

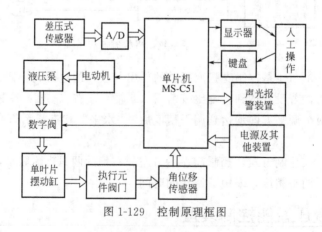

图 1-129　控制原理框图

（3）软件

① 液压阀门控制系统的软件　图 1-130 为单片机的控制流程，在系统工作时，通过传感器得到系统工作参数，经过单片机处理后并与设定数据进行比较判断。如果在设定值范围

内，则按照现在情况继续运行；如果远远大于设定值，则系统自动打开报警装置。当传感器检测到的值在可调范围内，则再次进行判断；当检测值小于设定参考值时，通过单片机设定程序计算，使单片式摆动缸正转增大开口面积来控制流量，使其在设定的范围内；当检测到的值大于设定值时，通过单片机设定程序计算使单片式摆动缸反转减小开口面积来控制流量，使其在设定的范围内。

② 系统的故障报警 当差压传感器检测到的信号远远大于单片机控制器可调范围时，调出报警子程序报警。报警以发出声音和屏幕报警（LCD）为报警信号，显示"输入信号故障"。此时单片机控制器运行中断子程序。单片机控制器发出脉冲信号，通过数字阀控制单叶片摆动缸使液压阀门全部打开，这时可以用角位移传感器反馈信号给单片机控制器，判断是否使控制阀门全部打开。当液压阀门全部打开后，单片机控制器发出脉冲信号使油泵和电动机停止工作。同时单片机也可通过差压式传感器随时检测管

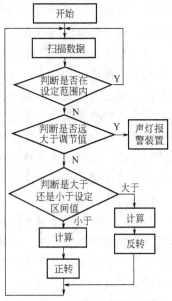

图1-130 单片机控制流程图

道中的压力变化，并把检测到的信息反馈回单片机控制器，使系统处于安全的运行状态，以方便操作者监视和处理。

（4）系统抗干扰措施

该系统最主要的干扰源有电磁感应、传输通道和电源装置，这3个干扰源发出的信号将很有可能影响系统正常的信号在设计时不可避免有其他的信号干扰，但是应该尽量减少不利信号的影响。在实践过程中可以采用以下方法：

① 选用功耗小、电流小的元器件；

② 将模拟信号转化为数字信号，并将数字信号和模拟量进行隔离；

③ 采用模块式方案及把每一部分都分割开设计；

④ 信号传输和功率放大用光电隔离技术，可以消除脉冲及噪声的干扰，并降低对控制系统和测试系统的影响；

⑤ 在设计软件时使用软件分块技术和程序块。

（5）小结

该系统不仅可以根据压力控制阀门的开度以适用于流量恒定的场合，还可以达到快速控制，并可以用于压力随时改变的场合。系统也首次采用了差压式传感器和角位移传感器同时把信号输送给单片机控制器，能快速达到控制要求，这样不仅可以保证系统的反应速度快，更能使整个控制系统更加稳定。系统只考虑用管道中的压力来控制流量，还可以在改变传感器的情况下，通过测试流量和开口面积来控制压力。

1.7.3 电液智能控制器在风洞控制的应用

2.4m跨声速风洞（简称2.4m风洞）控制系统采用电液伺服驱动系统实现迎角、栅指以及各个阀门等执行机构的驱动。其中，伺服控制器是将控制信号转换成伺服阀驱动电流的重要装置，在整个伺服控制系统中处于关键和核心地位。原有伺服控制器采用分离元件构成，存在功能简单（仅能实现电气信号转换）、控制参数调整困难、无法实现复杂控制算法

以及可靠性低等问题；因此，采用数字式智能控制器进行替换升级，以达到执行机构控制算法独立、提升可靠性的目的。

针对 2.4m 风洞主要选用美国 MOOG 公司的 072 系列伺服阀，线圈采用并联接法。根据控制电流范围－40～＋40mA 的实际情况，选用了德国力士乐公司生产的 HNC100-2 系列智能控制器进行替换。HNC100 智能控制器实际上是一个基于数字芯片的小型嵌入式系统，它采用改进的哈佛结构、独立的总线分别访问程序和数据存储空间，配合片内的硬件乘法器、流水线指令操作以及优化的指令集，可以较好地满足控制系统的实时性要求，实现复杂的控制算法，同时结合自身工程经验，集成和封装大量成熟控制算法供用户使用，可在恶劣的工业环境使用，是一款性能优良的电液伺服控制器。

（1）总体方案

2.4m 风洞现有 12 套电液伺服系统，按照是否需要同步功能，划分成 2 种类型：一类是单轴运行的电液伺服系统，包括主调、驻调、驻流、尾撑等系统；另一类是多轴同步的电液伺服系统，包括栅指、主排以及迎角机构。因此，采用"智能控制器＋数字总线"的总体技术方案，核心 PLC 系统通过数字总线或模拟通道向 HNC100 控制器下达控制命令，HNC100 控制器通过数字总线或模拟通道读取信息状态，HNC100 控制器内嵌位置闭环和同步控制程序块，实现整个系统的伺服控制。HNC100 智能控制器带 CANopen、PROFIBUS-DP 以及 Interbus-S 数字总线接口，根据 2.4m 风洞核心 90-70PLC 系统中配置 PROFIBUS 总线接口卡的实际情况，选用带 PROFIBUS-DP 接口的 HNC100 产品，型号为 VT-HNC100-2-21/W-16-P-0。总体方案见图 1-131。

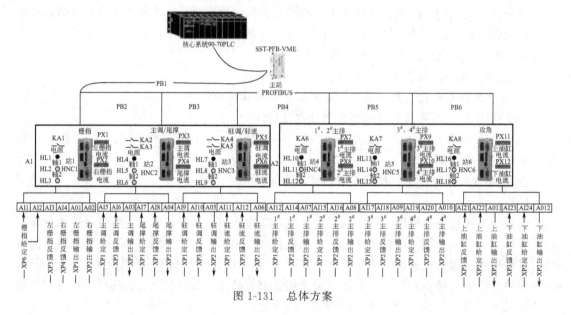

图 1-131　总体方案

（2）控制算法和策略

① 单轴位置闭环控制　在主调、驻调、驻流、尾撑等伺服系统中，需要实现单个液压轴的位置闭环控制。HNC100 控制器提供 2 种模式的位置闭环算法：一种是伺服控制模式（servo control，SC），即在整个运动过程始终保持位置闭环控制；另一种是取决于位置的减速控制模式（position-dependent braking，PDB），即在运动开始阶段采用开环控制模式，在接近目标位置时，切换到位置闭环模式。选用伺服控制模式，其原理框图见图 1-132，在

整个工作过程中，带前馈/后馈的 PDT1 控制器始终处于激活状态，其他的模块可以根据需要进行选择。一般的控制方式选用了 PDT1 控制器和位置精调模块。PDT1 是液压驱动位置控制的基本控制器，由比例项、时间常数、微分项以及前馈/后馈系数项组成。其中，前馈/后馈系数项适用于油缸进行不同方向运动时，调整控制器的比例增益。PDT1 控制器包括线性曲线模式、折线模式、线性/平方根模式以及线性/正弦模式，平方根和正弦信号校正可以补偿非线性的执行机构。为了消除静差，提高位置闭环的精度，引入位置精调，HNC100 提供了 4 种位置精调模式：积分原理、残余电压原理、重叠跳转以及积分＋重叠跳转。积分原理适用于伺服阀和高频响阀，而残余电压原理、重叠跳转以及积分＋重叠跳转适用于带正向重叠比例阀。根据 2.4m 风洞的实际情况，通过调试，PDT1 控制器采用线性曲线模式，位置精调采用积分原理方式，取得了较好的控制效果。

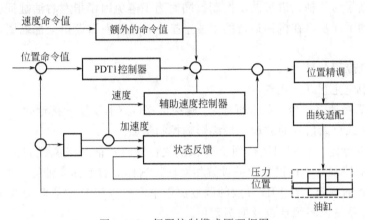

图 1-132　伺服控制模式原理框图

单轴位置闭环控制主要使用 NC 程序的 G01 命令，液压轴以给定的速度和加速度从当前位置移动到设定位置，当达到目标位置时，保持残余速度。

G01＜blank＞X＜Command position＞＜blank＞I＜Acceleration＞＜blank＞J＜Deceleration＞＜blank＞F＜Traversing velocity＞＜blank＞＜Residual velocity＞

其中，X＜Command position＞表示轴移动目标的位置。液压轴移动的范围限制由机器参数菜单命令 Edit＞Change＞Monitoring Pos. Ctrl 确定。当超过限制时，系统的监控函数将停止轴的移动；

I＜Acceleration＞表示液压轴加速到目标速度的值；

J＜Deceleration＞表示液压轴减速到残余速度的值；

F＜Traversing velocity＞表示液压轴的移动运行速度；

＜Residual velocity＞表示当到达设定位置时的速度。

由于 G01 命令是顺序执行命令，应使用状态检查函数 ST（G01）命令，确定运行过程是否完成，若命令仍在执行，函数值为 1，否则为 0。

② 双轴同步位置闭环控制　在栅指、主排以及迎角机构的伺服控制系统中，需要实现双轴或多轴同步控制。HNC100 提供了 2 种类型的同步方式：一种是主/从原理的同步控制；另一种是平均值原理的同步控制。在这 2 种情况下，只有一个位置命令值，且位置命令始终由主轴程序调用，从轴调用执行来自主轴的命令。在机器数据设置部分，选择相应的同步类型。系统提供的同步控制方式参数有：

"0"：禁止轴同步。在 NC 程序中所有激活的同步指令都被忽略。即使系统输入 E1.3（"Synchronism in the inching mode"）为真，也不起作用；

"1"：主/从原理的同步控制。指定相关的轴为主轴，同步控制器仅用于调节从轴；

"2"：平均值原理的同步控制。指定相关的轴为主轴，同步控制器对 2 个轴都有作用。

在完成机器参数设置后，仅需在主轴程序中，完成同步控制器的激活与关闭。当激活同步控制器时，仅需在主轴程序中使用 M35 命令激活同步控制器。从这一刻起，从轴接收来自主轴的命令位置，从轴当前正在处理的程序被中断。当关闭同步控制器时，仅需在主轴程序中使用 M36 命令关闭同步控制。若从轴有自己的程序且满足条件"系统输入'Automatic'、'Ext. enable'、'Stop'"时，从轴程序将重启，处理第一行程序命令。

在栅指同步调试中，根据栅指机构的特性，采用的是主/从原理的同步控制，即以左栅指为主轴，右栅指为从轴，进行同步控制。同时为了避免因栅指左右油缸伺服阀内泄漏造成在机构运行前的不同步，在机构运行的第一个指令就是将左右栅指全部缩回，然后才开始同步指令的控制。

（3）调试及应用效果

调试过程中应注意以下几点：

① 系统可靠接地（信号干扰和屏蔽）。确保位移传感器反馈的接地和 HNC100 控制器的地一致，以免导致反馈信号的波动，最终影响控制精度。

② 传感器的标定。将阀门运行到全开和全关位置时，记录该位置的位移反馈值，将反馈值与 HNC100 控制器中机器参数的设置相对应，这样能有效提高油缸的控制精度。

③ PID 参数的确定。在 PID 参数的调整过程中，不应将 P 增益调得太大，应逐步递增调节，以免导致系统的不稳定以及振荡现象。

④ 由于 G01 命令为顺序执行命令，为保证控制器随时响应来自核心系统的命令，在系统软件设计时考虑当前位置命令值与前一命令值不同时，应该停止先前的运动命令。

⑤ 当进行同步控制时，主/从轴要明确编码器类型和编码器精度，且必须是控制器设定为相同的控制类型，且不允许有压力限制。

通过静态调试和动态调试，主调等单轴位置闭环稳态误差小于 0.5mm，主调控制曲线见图 1-133。栅指同步运动的控制误差小于 1mm，稳态同步误差小于 0.5mm，栅指同步控制曲线见图 1-134。而且通过风洞动调试验可以看出，栅指的响应速度和控制精度也有了很大的提升。从整体使用效果来看，HNC100 智能控制器的使用大幅度提高了系统的可靠性，技术人员实现单轴位置闭环以及多轴之间同步控制算法简便、易行，其静、动态特性优于原有的伺服控制器，满足风洞的试验要求。

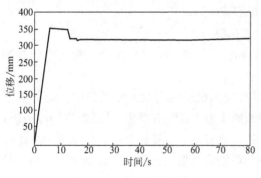

图 1-133　主调控制曲线

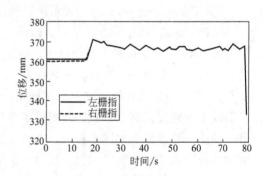

图 1-134　栅指控制曲线

（4）小结

HNC100 智能控制器自投入使用以来，完成了上千次型号试验任务，所有电液伺服系统运行稳定可靠。同时，HNC100 智能控制器的应用，大大改善了阀门和执行机构的运行特性和控制精度，使风洞的总压和马赫数控制精度提高。由于 HNC100 智能控制器具备压力控制以及速度控制模式，可以较好地应用于 2.4m 风洞中迎角等电液伺服系统的控制。

1.7.4 新型与智能型集成电液伺服控制系统

电液伺服系统包括阀控系统和泵控系统，阀控系统包括电液伺服阀、执行机构、控制器、反馈传感器和液压油源共五个部分。泵控系统则省掉了电液伺服阀，直接由电液伺服（比例）变量泵对执行机构进行控制。

（1）节能型伺服系统

① 伺服直驱泵控系统 伺服直驱泵控系统是利用伺服电机带动泵直接驱动执行机构的电液伺服系统。图 1-135 是一种伺服直驱泵控系统的原理框图，主要由伺服电机驱动定量泵组成，通过反馈与给定进行比较来控制伺服电机转速，从而控制执行机构带动负载运动。

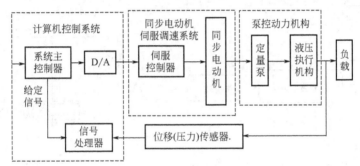

图 1-135 伺服直驱泵控系统

为减少能耗，完全一体化设计的电机泵动力组合是目前电液伺服技术研究的热点。作为机电一体化的一种具体表现形式，它不是一般电机加泵的简单整体结构连接，而是一种全新技术，这也反映出电液伺服技术的发展动向。对这种设计来说，如果电机转子、定子能借助泵的过油来冷却，不仅可取消电机风扇，降低能耗，而且冷却效果也比空气高数倍，可以在保证电机转子、定子不过热的前提下，提高输入电流（功率），获得两倍于原绕组产生的额定输出功率，从而提高原动机效率。应用这种伺服直驱泵控系统的效率比阀控系统能提高40% 以上，大大减少了系统发热，这将成为实现液压控制技术绿色化的理想途径之一。直驱泵控系统在注塑机中已得到了广泛应用。

② 泵阀协控双伺服系统 伺服阀控系统的特点是高精度、高频响，但效率低，而伺服直驱泵控系统的特点是高效节能，但控制精度低。因此，将伺服阀控系统和伺服直驱泵控系统结合在一起，形成泵阀协控双伺服系统。同时实现高精度、高频响和高效节能的控制成为一个研究热点，对于这种复合系统的建模分析、解耦优化控制等问题也是一个重要的研究课题。

以伺服恒压泵站和伺服阀控缸系统组成的双伺服系统为例，如图 1-136 所示。由伺服阀负载节流口的动态流量方程可知，液压能源对伺服阀控缸位置闭环系统的影响主要通过油源压力来体现，因此，必须保证控制过程中泵站能够提供恒定的压力油。然而，阀控缸系统所需的流量是实时变化的，要想保证节能，油源泵站提供的流量就要跟随其变化，而流量的变化又可能导致供油压力的波动，进而影响控制精度。也就是说，阀控缸位置闭环系统通过流量约束对伺服电机驱动的定量恒压泵站系统产生影响。这样，伺服阀控缸系统和伺服电机驱动泵系统彼此间相互依赖，又相互影响，形成了一个耦合的大系统，对其进行解耦与系统优化控制也需要进一步研究。

（2）主被动负载工况下的电液伺服系统

① 单腔控制 对于单向负载（如弹性负载、举升运动）系统，当油缸伸出（或缩回）时，需要克服阻力，就需要液压源提供高压油。而当油缸缩回（或伸出）时，外力作用使其运动，则不需要提供高压油。因此，对这种负载工况下的电液伺服系统，可以采用单腔控制油路，如图 1-137 所示原理，只需要用伺服阀的一个负载口控制油缸无杆腔，有杆腔连接经过减压阀输出的低压油，溢流阀和蓄能器保证油缸工作时有杆腔的低压压力保持恒定。

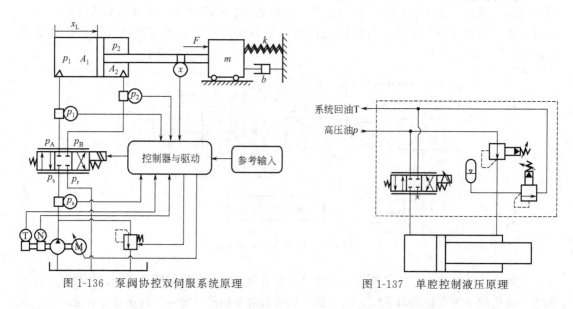

图 1-136 泵阀协控双伺服系统原理   图 1-137 单腔控制液压原理

② 负载口独立控制系统 对于同时存在主、被动负载的电液伺服系统，采用如图 1-138 所示的负载口独立控制的双伺服阀控缸位置闭环控制系统。由于对称阀控制非对称缸，或者存在被动负载的电液伺服系统的控制效果较差，而负载口独立控制的双伺服阀系统的出现，打破了传统电液伺服阀控系统的进出油口节流面积关联调节的约束，增加了伺服阀的控制自由度，提高了系统的性能和节能效果。因此，负载口独立控制系统得到了学者们的关注。

负载口独立控制油路通过两个伺服阀分别控制油缸两腔，每个伺服阀都可以控制其进、出口的流量和压力，共有四种控制模式，如何选择一种高效节能的控制方式并相互平滑切换是此种控制油路的研究重点。四种工作模式主要是进口流量、出口压力控制，这种控制方式适用于主动负载；进口压力、出口流量控制，这种控制方式适合于被动负载；进、出口流量控制，这种控制方式适用于系统静态稳定时的位置调节；进、出口压力控制，这种控制方式更适合于阀控缸力伺服系统。

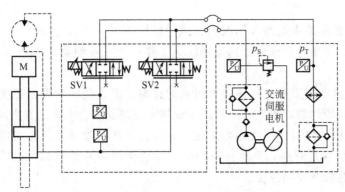

图 1-138 负载口独立控制的双伺服阀控系统原理

图 1-139 为组合阀形式的负载口独立控制系统，集成了多个二位二通比例阀。通过对各个阀工作状态进行组合，可实现负载口独立控制。美国普渡大学的 Bin Yao 教授等在这方面进行了大量的研究工作，目前已有公司进行了专利申请和产品试应用。

（3）多阀并联式电液伺服系统

在一些电液伺服系统中，要求执行机构能以大速度跟踪给定信号，这就要求系统必须使用大流量伺服阀，但大流量伺服阀频带和分辨率又比较低，为解决"大流量"和"低频响""低分辨率"之间的矛盾，提出了双伺服阀并联控制方式。在系统快速跟踪阶段采用双伺服阀同时工作的大流量特性，精确定位时采用单阀的高精度和高频响特性。其中多伺服阀控制的好坏，将直接影响整个系统的动态性能，并且还影响切换过程是否能平滑过渡。因为关闭其中一个伺服阀，系统的增益会突然下降，产生流量的不连续和对被控对象的冲击。针对这些问题，有学者开展了多阀并联控制技术的相关研究和应用。

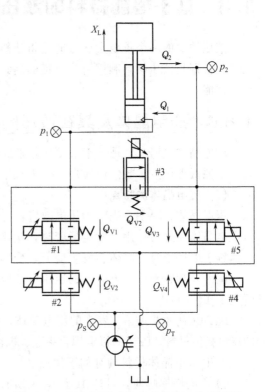

图 1-139 组合阀形式的负载口独立控制原理

（4）高度集成的一体化智能电液伺服系统

为了便于系统的使用、安装及维护维修，高度集成的一体化设计已成为电液伺服系统的发展趋势。这种设计理念可实现电液伺服系统的柔性化、智能化和高可靠性。比较理想的设计是将油箱、电机、泵、伺服阀、执行机构、传感器等高度集成在一起。其优点是：无需管路连接，结构更加紧凑，减小了泄漏和二次污染等。同时由于各部件都是直接相连，可减小容腔体积，更有利于提高系统固有频率。但也存在一定缺陷，如散热面积过小会导致快速发热，加注油液时难以排出密闭容腔内的空气等。

（5）高性能电液伺服系统

随着工业应用的发展，对电液伺服系统的性能也提出了越来越高的要求。主要体现在以下几个方面：

① 超高压　通过提高液压能源和伺服阀、执行机构的工作压力等级，可大大减小系统的流量和系统的体积、重量。目前电液伺服系统的工作压力正在朝着 35MPa 或者以上的超高压级别发展。

② 高频响　某些电液伺服系统往往要求很高的频响。而系统的频带主要受执行机构固有频率、电液伺服阀频带制约。因此，要提高系统频响，需要综合考虑二者之间的匹配。

③ 高精度执行机构的控制　精度主要体现在定位精度和跟踪精度。要实现高精度控制的前提是传感器的精度要足够高，而执行机构的摩擦也会影响其低速运行时的平稳性。另外，伺服阀分辨率也会影响控制精度。

1.8　基于智能材料的液压元件

液压技术的一个重要发展方向是将智能材料（smart materials）作为执行器应用到液压元件，特别是液压阀，利用智能材料的高频响、高能量密度、结构紧凑等优点，来提高液压阀的性能。

1.8.1　压电晶体及其在液压阀的应用

压电晶体（PZT）是近年来发展起来的一种新型微位移驱动器件，具有响应快、输出力大、功耗低等优点，被广泛应用于航天航空、机械制造等工业领域。

（1）压电晶体的特点

压电晶体材料主要表现为压电效应，主要反映晶体弹性性能和介电性能间的耦合关系。当压电晶体在外力作用下发生形变时，晶体内产生电极化的现象称为正压电效应。当将压电晶体置于电场中时，晶体会发生变形，变形大小与电场强度成正比，这种现象称为逆压电效应。国内外学者利用压电晶体的逆压电效应及其特殊特性，正在积极开展压电晶体液压阀的研究工作。

$BaTiO_3$ 陶瓷是最早被发现的压电晶体，锆钛酸铅 $PbZr_{1-x}Ti_xO_3$（PZT）是目前广泛使用的压电晶体材料。PZT 的机电耦合系数、机械品质因素都比 $BaTiO_3$ 高，稳定性优于 $BaTiO_3$。

PZT 压电晶体材料具有如下优点：

① 高的频率响应，可达 1GHz，是所有智能材料中响应频率最高的；

② 输出力大，可达数千牛以上，而电磁驱动器输出力通常在 100N 左右；

③ 电压直接驱动，无需线圈来产生磁场；

④ 位移与电压保持近似的线形关系；

⑤ 功耗低，比电磁式驱动器低一个数量级；

⑥ 价格低，约为超磁致伸缩材料的 1/5；

⑦ 体积小、结构紧凑。

然而，压电晶体材料也存在如下缺点：

① 压电晶体的输出位移是所有智能材料中最小的，其应变约为 0.1%；

② 需要高电压来驱动，单层压电晶体需要 $1.0 \sim 2.0$kV 的电压驱动；

③ 稳定性受温度影响大；

④ 由于压电晶体是一种铁电体材料，具有高的磁滞和蠕变现象；

⑤ 价格较电磁执行器高许多。

（2）位移及力特性

图 1-140 显示了单层压电晶体在电压下的形变情况，其位移公式为：

$$\Delta l = E d_{ij} l_0 \tag{1-26}$$

式中，E 为电场强度，V/m；d_{ij} 为材料的压电系数，m/V，d_{33} 为平行于压电陶瓷极化向量的应变系数，常用来计算压电堆的位移，d_{31} 为垂直于压电陶瓷极化向量的应变系数；l_0 为陶瓷的长度，m。

从式(1-26) 可以看出，压电晶体输出位移与电场强度、压电晶体氏度及压电系数有关。一般情况下，压电晶体材料的 d_{ij} 为定位，因此通常通过改变电场强度和长度来调节其输出长度。

电场强度 E 与电压 U 成正比，图 1-141 显示了压电晶体在无外负载下，输出位移 Δl 与 U 之间的关系。可以看出 Δl 尽管随着 U 的增加而增大，但其二者之间并不具有严格意义的线形关系。此外，压电晶体在相同工作电压下，输出和回缩位移并不相同，存在较大的磁滞现象，这是由压电晶体材料本身的性质决定的。

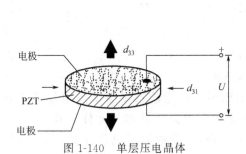

图 1-140　单层压电晶体

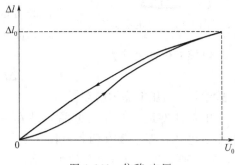

图 1-141　位移-电压

设无外负载情况下，压电晶体最大位移为 Δl_0，其输出力 F 与 Δl 可近似表示为：

$$F = K_T \Delta l_0 - K_T \Delta l \tag{1-27}$$

式中，K_T 为压电晶体刚度，N/m。

可以看出：当压电晶体输出位移为 0 时，其输出力 F 最大，$F_0 = K_T \Delta l_0$；当 Δl 为最大位 Δl_0 时，输出力为 0。由于 Δl 随 U 的增加而增大，U 越高，F 越大。

在刚度为 K_s 的外负载作用下，压电晶体实际输出位移 Δl_p 为：

$$\Delta l_p = \Delta l_0 \frac{K_T}{K_T + K_S} \tag{1-28}$$

其输出位移损失为 $\Delta l_L = \Delta l_0 - \Delta l_p$，见图 1-142。刚度为 K_S 的外加负载，作用力与位移间的关系为：

$$F = K_S \Delta l \tag{1-29}$$

由式(1-28) 和式(1-29) 得到压电晶体在负载作用下的有效输出力为：

$$F_{eff} = \frac{K_T K_S}{K_T + K_S} \Delta l_0 \tag{1-30}$$

图 1-143 显示了压电晶体有效输出位移/力与负载、工作电压之间的关系。

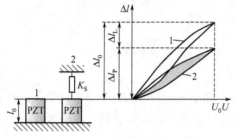

图 1-142　压电晶体实际输出位移

1—无负载；2—有负载

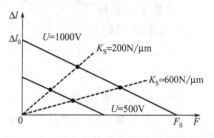

图 1-143　压电晶体输出位移/力与负载、
工作电压之间的关系

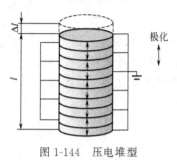

图 1-144　压电堆型

(3) 执行器类型

压电晶体主要有两种执行器：压电堆（stack）型和压电弯曲（bender）型。压电驱动器虽然具有很好的性能，但是如果采用单层压电晶体 PZT，要想得到 $10\mu m$ 左右的输出位移，需施加 $1kV$ 以上的电压。若多层压电晶体采用机械上串联、电路上并联的方式，烧结在一起制成压电堆，既可增加输出位移，又可降低其工作电压到 $100V$ 以下，如图 1-144 所示。

压电堆的位移公式为：

$$\Delta l = d_{33} n U \tag{1-31}$$

式中，n 为压电晶体层数。

压电弯曲型是将两片压电晶体贴在一起烧结而成，产生的形变与所加电场成正比。弯曲型压电执行器主要有两种（图 1-145）：一种是串行双压电晶体片元件（具有 2 个电极），另一种是并行双压电晶体片元件（具有 3 个电极）。弯曲型压电晶体执行器一般在低电压下（0～60V）工作。

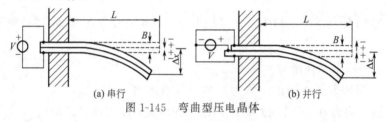

(a) 串行　　　　　　　　　　(b) 并行

图 1-145　弯曲型压电晶体

串行弯曲型压电晶体的位移公式为：

$$\Delta x = \frac{3L^2 d_{31}}{2B^2} U \tag{1-32}$$

并行弯曲型压电晶体的位移公式为：

$$\Delta x = \frac{3L^2 d_{31}}{B^2} U \tag{1-33}$$

式中，L、B 分别为弯曲型压电晶体长度和厚度。

表 1-17 列出了 PI 公司两种压电晶体的比较，从中可以看出：压电堆型具有高的输出力和快的响应时间，但是输出位移量小、高电压操作；而弯曲型压电具有较大的输出位移，但是输出力和响应时间都很小、低电压操作。

表 1-17　PI 公司两种压电执行器

型号	类型	$\Delta l_0 / \mu m$	F_{max} / N	f / Hz	U / V	尺寸/mm	$t / °C$
P-855.90	压电堆	32	950	40×10^3	$-20 \sim 120$	$5 \times 5 \times 36$	$-40 \sim 150$
PL127.10	弯曲型	900	1	380	$0 \sim 60$	$31 \times 9.6 \times 0.65$	$-60 \sim 150$

(4) 关键技术

将压电晶体应用于液压阀中，必须解决以下关键技术问题。

① 微位移放大　由于压电晶体输出位移很小，直接作为执行器驱动阀芯，将产生很小的阀芯位移。需要将压电执行器输出位移进行放大。压电堆的输出位移通常通过机械杠杆或液体位移来放大。近年来杠杆和柔性铰链相结合开发出一种新型位移放大机构，能较有效地放大压电晶体输出位移，但其输出力很小。

② 温度补偿　压电晶体输出位移一般随着温度的升高而减小。因此，必须采用一定的方式对压电晶体损失的位移进行补偿。通常采用的方式有：

a. 采用几倍于压电晶体热膨胀系数的金属板作为补偿器，随着温度的升高，压电晶体丢失的位移可以利用金属板增加的位移来补偿；选择具有合适的热膨胀系数补偿金属板，可有效地减小阀的尺寸。

b. 采用位移传感器，对压电晶体输出位移进行反馈控制，减小的位移可以通过增加压电晶体工作电压的方式来补偿。

c. 加大压电晶体与外部环境的接触面积，利用热传递，对压电晶体执行器进行自然冷却。

③ 驱动电源　在 100V 以上的直流外电压作用下，压电晶体实际上为电容性负载，它与驱动电路的输出电阻构成 RC 回路，直接影响压电晶体的动态特性。因此需研制适合 PZT 动态控制的直流放大驱动电源，实现对压电驱动器的动作控制。

④ 控制器　由于受温度、磁滞等的影响，电压控制器限制了压电执行器输出位移的精度；在开环控制下压电执行器输出位移并不与驱动电压成线性关系，见图 1-141。因此，对于线性度和稳定性要求高、重复度和精确度好的位置控制，压电执行器开环控制已不能实现其功能，需选择合适的控制器和闭环控制，才能实现上述的要求。

由于电压与电荷、电容有如下的关系：

$$U = Q / C \tag{1-34}$$

压电晶体输出位移与工作电压之间的关系可以用电荷来表示：

$$\Delta l = \frac{\Delta l_0}{U_{max} C} Q = KQ \tag{1-35}$$

式中，K 为系数，$K = \Delta l_0 / (U_{max} C)$。

输出位移的变化率为：

$$\frac{d \Delta l}{dt} = K \frac{dQ}{dt} = KI \tag{1-36}$$

在动态、高精度位置控制中，通常通过控制执行器速度、加速度，而不是位置来实现。由公式(1-35) 和公式(1-36) 可知，压电晶体输出位移可以由控制电荷或电流来实现。图 1-146给出了开环控制下电荷与位移间的关系；表 1-18 对电压控制器和电荷/电流控制器的控制性能进行了比较。可以看出，电荷/电流控制器的控制性能明显优于电压控制器。

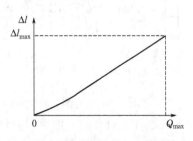

图 1-146　压电晶体位移与电荷控制

表 1-18　控制器性能比较

控制类型	线性度/%	磁滞/%	蠕变	刚度
电压	约 20	10	随时间而增加	降低
电荷/电流	1	1	无	提高

(5) 压电液压阀

国内外学者利用压电晶体的特殊性能，将其应用在液压阀中，并对主要几种类型的阀进行了研究。

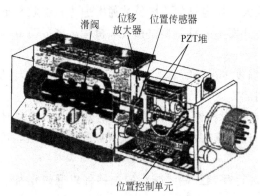

图 1-147　杠杆位移放大型直动压电阀

① 自动型　Hydraulik-Ring 公司将压电晶体直接用于液压阀中，见图 1-147。图中压电晶体堆输出的位移由机械杠杆来放大，并推动液压滑阀运动。单级阀的性能为 9L/min，工作压力为 3.5MPa，在 $-3dB$ 下频率可达 1050Hz。由于压电堆和位移放大器的结合并没有得到较大位移，这种阀在市场上没有推广应用。

Linden 公司采用硅树脂作为压力传递介质，利用液体位移放大原理开发了一种直动型压电阀。该设计原理使得位移放大器结构紧凑，同时避免了传统液体位移放大器的油液泄漏。样机在 $-3dB$ 下的频率为 324Hz。

② 先导型　Hagemeister 等研制了一种先导伺服阀（图 1-148），先导部分由活动喷嘴组成，并由弯曲型压电晶体控制实现可变的节流口。由于弯曲型压电晶体只能产生很小的力，弯曲压电晶体需配备柱塞来补偿静态执行压力。伺服阀在 $-3dB$ 下的频率可达 550Hz。

亚琛 Aachen 大学设计的另一种先导压电阀，见图 1-149，该阀由传统的主阀部分和新的先导阀部分组成。先导阀部分主要由 4 个可变的液阻组成，每个液阻由 1 个压电晶体驱动的二位二通的锥阀来控制，先导压力 p_{av} 和 p_{bv} 由压电执行器输出的位移来调节，并推动主阀芯运动。

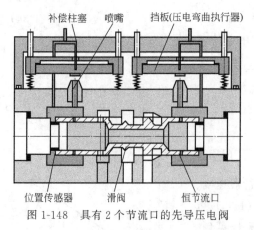

图 1-148　具有 2 个节流口的先导压电阀

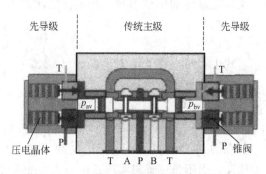

图 1-149　具有 4 个可调液阻的先导压电阀

③ 混合型　美国 Caterpillar 公司开发了一种电磁与压电混合驱动的液压阀，见图 1-150。阀在刚开始打开时，液压阻力比较大，因此由压电驱动器（40）产生的瞬时高输出力来打开液压阀，一旦阀口被打开，液压阀的运动阻力迅速降低，由电磁驱动器（30）继续驱动

阀芯（20）运动，直到阀口完全打开。这里巧妙地运用了压电晶体输出力大而位移小的特点；同时利用变压器（42）从电磁驱动器（30）的线圈（32）直接获得驱动电压。不仅阀的开关性能得到了提高，而且结构紧凑。

Aachen大学开发的另一种高动态液压伺服阀，动态性能是目前传统伺服阀的3倍。利用高动态的压电晶体来驱动阀套，同时以传统的驱动方式来驱动滑阀。因此，两个执行元件，可以相互调节而更快地改变油液流过的横截面积，见图1-151。

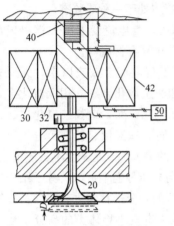

图1-150　混合型压电阀

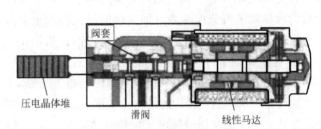

图1-151　混合控制直动式压电阀

④ 冲击型　浙江大学流体传动及控制国家重点实验室利用压电执行器高频响、高输出力的冲击特性，设计出一种新型的压电数字阀。该阀利用压电执行器的冲击力来打开和关闭阀芯，同时借助相应的液压力来保证阀芯达到较大的开度。该阀的特点是无需对压电执行器的微输出位移进行放大，设计目标可达200Hz、20MPa、10L/min。

此外，德国BWM、美国Caterpillar等公司已经将压电执行器应用于燃油喷射系统的数字阀控制，研制出的高速高压压电数字阀，可灵活控制燃油的喷射量，显著提高了汽车燃油的燃烧质量，降低尾气排量，取得了比电磁高速阀更好的控制效果。

1.8.2　电流变液技术在液压控制中的应用

电流变液（electro rheological fluid，ERF）是一种流变特性可受外加电场控制的智能材料。由于在外电场的作用下，其表观黏度和抗剪屈服应力能随电场强度的增大而增大，当电场强度增大到某一值时，电流变液将实现由液态向类固态的转换，且这种转换是快速（一般为毫秒级）可逆的，具有响应快、连续可调、能耗低等优良特性。电流变液在工程机械、液压系统、航空航天、机器人、配备液压运动平台的飞行模拟器等众多领域具有广泛的应用前景。

(1) 电流变液材料的组成

电流变液材料通常由低介电常数的绝缘基础液、电敏物质添加剂和可在电场中产生极化的固体粒子三部分组成。

① 绝缘基础液　绝缘基础液主要影响电流变液的沉降性和其零电场下的黏度，目前，常用的基础液有硅油、食用油、煤油、矿物油和氯化石蜡等。

对绝缘基础液的要求是：高的电阻和低的电导率，即绝缘性良好的液体，能耐高压；高的沸点和低的凝固点，在一般工作温度下不挥发；低的黏度，以便使电流变流体在无电场作用时有良好的流动性；密度尽可能大，并与分散相的固体粒子相匹配，以避免沉淀；具有高的化学稳定性；显著的疏水性；无毒，价廉。

② 添加剂　常用的添加剂有水、酸、碱、盐类物质和表面活性剂等。在很多情况下，水的存在能促进和加强 ER 流体的电流变效应。除水以外，其他的极性液体对电流变效应也有很强的促进作用，如乙醇、乙二醇、二甲基胺等。添加剂中常用的还有表面活性剂，表面活性剂具有增溶、润湿、渗透以及分散和絮凝作用。表面活性剂除了对电流变效应有促进作用外，还能增强悬浮液的稳定性。添加剂中的另一类为稳定剂，稳定剂的作用是增加悬浮粒子的稳定性或产生粒子间胶态的分子团桥，能使粒子不沉淀又不絮凝，使流体处于一种凝胶态。

③ 固体粒子　固体粒子材料的性能决定电流变性能的强弱，是电流变液的关键组成部分，常用的固体粒子材料有无机化合物材料、有机高分子材料和复合材料等。

a. 无机化合物材料　自从 Window（温斯洛）在 1947 年发现电流变效应以来，无机材料一直是研究较多的一类。无机材料基本上是离子型的金属和非金属化合物。用无机化合物做成的固体粒子可分作两类，即金属的氧化物和金属盐类的无机化合物，包括二氧化硅、二氧化锡、二氧化钛、氯化亚铁、三氧化二铝、氧化亚铜、石灰石、钛酸钡、钛酸钙等。

b. 有机高分子材料　有机高分子材料近几年发展较快。它的最大优点是密度小、质地软，可有效解决电流变液的沉降和材料对器件的磨损问题。同时，高分子种类丰富，其分子结构容易改性设计，从而能获得理想的电流变液。目前，用于电流变液的高分子材料主要有两类：第一类是具有大 π 键共轭型的电子结构，这类高分子材料大多数为有机半导体类的高分子化合物；第二类是在大分子长链上含有极易被极化的极性基团，主要是电解质高分子材料。

c. 复合材料　复合材料粒子一般由两种或两种以上不同性质的材料组成。其典型结构为核/壳结构：以导电或半导电材料做成的内核——导电层，以绝缘材料做成的外壳——绝缘层或控制层。导电层的作用主要是使复合粒子有良好的极化能力，即应使粒子在电场作用下能够迅速地极化。一般导电层均由导电性能良好的材料做成，如铜、银、铝、石墨、硅和锗等。绝缘层或控制层是覆盖在导电层外的一层薄膜，其功能是控制和束缚导电层极化后的电荷不致逸散，同时控制两相邻复合粒子极化后电荷的相互作用。此外，也控制着粒子与基础之间的相互作用。作为一种绝缘体，绝缘层的材料要有高的电阻和高的电击穿强度，或低的电导率。用于电流变液的绝缘材料有二氧化钛、二氧化硅、四甲基正硅氧烷、四乙基正硅氧烷等。

对固体粒子的普遍要求是：有较高的相对介电常数和较强的极性；与基础液相适应的密度，以防止沉淀；适当的粒子大小，一般为 $1\sim100\mu m$；合理的粒子形状，目前粒子可以是圆形、椭圆形、针状或纤维状；无毒、耐磨、性能稳定。

（2）电流变液材料的特性

电流变液材料在电场作用下，将发生电流变效应，即液体的流动阻力或剪切应力将随电场的变化逐步发生变化。这一过程可以用以下的公式来描述，即：

$$\tau = u_0 \frac{dv}{dh} + \tau_R(E)$$

式中　τ——液体流动时所产生的剪切应力；

τ_R——ER 液体在电场作用下的电致屈服应力；

u_0——基液的黏度；

dv/dh——液体在与流动垂直方向上，单位距离的剪切速率。

在零电场下，$\tau_R = 0$，此时的电流变液体具有牛顿流体的性质，即 u_0 保持为常数，τ 随 dv/dh 的增大而增大。当施加电场后，$\tau_R(E)$ 逐步增大，此后的 τ 由两部分组成，流体具有

Gingham（宾汉）流体的性质。当电场足够大时，$\tau_R(E)$ 趋向无穷大，液体固化，液流截止。

电流变效应具有以下几个重要特点：

① 在电场作用下，电流变液体的表观黏度可随场强的增大而增大（或变稠），甚至在某一种电场强度下，达到停止或固化。电场消除后，电流变液体又可恢复到原始的黏度。

② 可控性：在电场作用下，电流变液的表观黏度的变化以及液固间属性的转换是可控的，这种控制可以是人为的或自动的。

③ 可逆性：在电场作用下，电流变液体的属性由液态至固态的转换是可逆的。

④ 频响时间短：单相电流变液正、逆向变化一次性态所需时间在 3～10s 以下。

⑤ 能耗小：一般只需几瓦到几十瓦功率的直流电源，就能满足工程应用的需要。

（3）电流变液的作用机理

目前对于电流变液的作用机理主要有以下几种理论。

① 静电极化模型　在高电压的作用下电流变液中的粒子由于极化发生电荷分离，正电荷向靠近负电极的一端（接地电极）移动，负电荷向靠近正电极的一端（高电压输入端）移动，结果粒子两端富含正、负电荷，由于静电吸引相互连接，形成链状结构进而粗化形成粒子柱。电流变液极化示意见图 1-152。

② "水桥" 模型　在电场的作用下，粒子极化后自由粒子迁移，水由于电渗透作用随自由离子到达粒子两端，相邻粒子表面的水分子通过毛

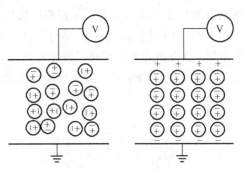

(a) 未加高电压极化前　　(b) 加高电压极化后

图 1-152　电流变液极化示意图

细管作用在粒子间形成 "水桥"，促使水分子紧密联系在一起，宏观上呈凝胶态。

③ 逾渗理论　逾渗理论认为，电流变固体粒子之间的相互吸引作用及作用范围对电流变行为有很大的影响，如果作用范围很小，则计算出的电流变体的体积分率高达 64%；当作用范围为粒子尺寸的 3/8 时临界体积分率仅为 32%，表面作用能越大，临界体积分率还可以进一步降低。

（4）电流变液技术在液压控制系统中的应用

电流变液在液压控制系统中的研究和应用主要集中在各种电流变液阀的设计和应用方面，目前研究与开发的电流变液阀主要有电流变液比例控制阀、电流变液可控阀门、电流变液换向阀和电流变液溢流阀等。电流变液阀具备结构简单、可控性好、响应速度快、功耗低等优点，因此应用市场前景广阔。

① 电流变液的应用模式　根据应用的电流变液力学性能可将电流变效应的应用分为基本的三类：剪切模式、挤压模式和流动模式。

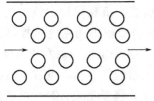

图 1-153　电流变液的流动
模式示意图

流动模式的原理是将电流变液作为回路的工作介质，外加电场控制通过电流变元件的电流变液的流动状态，从而控制回路的压差和通断。图 1-153 给出了电流变液的流动模式示意图，图中两极板固定不动，电流变液体在极板间运动（调节 ER 的压力梯度）。流动模式主要应用在液压技术领域中。

② 电流变液应用

a. 电流变液阀　电流变液阀的基本工作原理是：工作介质

为电流变液，在阀中设计一电极流动场；由于通过阀的电流变液，其表观黏度可在电场的控制下在一定的条件和范围内实现无级调节，因而在恒流量时，可实现通过阀时进出口间压力差的无级调节，或在定压差下，实现流量的无级调节。

电流变液阀主体是由接地电极、中心高电极、隔热网、进出油口所组成，电流变液阀结构如图 1-154 所示。

电流变液阀的传动介质是电流变液。电流变液阀为同心圆筒形，外圆筒为接地电极，其外径为 D，内圆柱为中心高电极，其直径为 d，外圆筒与内圆柱之间的间隙为 h，电流变液阀总长度为 l。这种电流变液阀的工作原理是：当高电极与接地电极之间形成电场时，使得从进出油口流入且流经高电极与接地电极之间间隙的电流变液在瞬间由液态向类固态转变，从而实现进出油口流量的控制；而当去除电场时，电流变液又由类固态向液态转变。

b. 电流变液可控阀门　电流变液可控阀门主要利用电流变液的固-液相的可逆变化所表现出来的黏性（剪切应力）来控制液压回路的通断，从而控制整个液压系统。阀门工作原理简图如图 1-155 所示，主要由液压缸 1、电流变液 2、活塞杆 3、电流变液可控阀门 4 和活塞 5 组成，当电流变液可控阀无外加电场时，电流变液的黏度小，对活塞杆的阻力比较小，活塞可以在液压缸内往复运动。当加外电场较强时，电流变液固化，产生较大的阻力，使活塞停止运动。

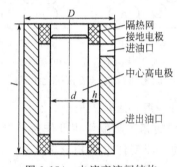

图 1-154　电流变液阀结构

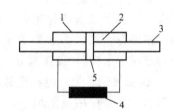

图 1-155　电流变液可控阀门工作原理简图

c. 电流变液控制回路　电流变技术在液压控制系统中的应用主要是利用电流变液的特有优点，开发各种电流变液体阀代替传统的液压阀，以实现无移动件或少移动件的液压控制系统，提高液压控制系统的动态响应特性。

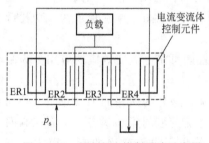

图 1-156　电流变液控制回路示意图

图 1-156 为一电流变液控制回路示意图，电流变流体控制元件 ER1、ER2、ER3、ER4 是电流变液阀，p_s 为进油口，负载是液压缸。其工作过程为：当控制信号 $\Delta E = 0$ 时，电信号控制器输出零位电压（E_0）到电流变流体控制元件的两对桥臂，两桥臂输出等量、等压的电流变液到负载的左、右控制腔，负载保持中位。当控制信号 $\Delta E \neq 0$ 时，电信号控制器输出两路电压控制信号（$E_0 + \Delta E$ 和 $E_0 - \Delta E$）到 ER1、ER3 和 ER2、ER4，在负载的两端产生压力差，使负载（液压缸）产生运动。控制信号增大，电流变液的黏度变大，流量减小，反之，控制信号减小，电流变液的黏度变小，流量增大；改变电场信号的方向，就可改变进入负载的流体的方向，即可改变负载（如液压缸活塞）的运动方向。

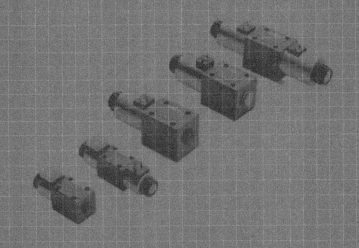

02

第2章
智能传感器及其在液压系统中的应用

2.1 智能传感器概述

智能传感器（intelligent sensor）的概念最初是由美国宇航局在研发宇宙飞船过程中提出并形成的，1978 年研发出产品。宇宙飞船上需要用大量的传感器不断向地面发送温度、位置、速度和姿态等数据信息，用一台大型计算机很难同时处理如此庞杂的数据，于是提出把 CPU 分散化，从而产生出智能化传感器。经过几十年的发展，智能传感器已成为传感器技术的一个主要发展方向。

2.1.1 智能传感器的定义与结构

（1）智能传感器的定义

传感器（sensor）一词来自拉丁语 sentire，意思是觉察、领悟。其作用是对于诸如热、光、力、声、运动等物理或化学的刺激作出反应，感受被测刺激后定量地将其转化为电信号，信号调理电路对该信号进行放大、调制等处理，再由变送器转化成适于记录和显示的形式输出。

智能传感器（smart sensor）指具有信息检测、信息处理、信息记忆、逻辑思维和判断功能的传感器。相对于仅提供表征待测物理量的模拟电压信号的传统传感器，智能传感器充分利用集成技术和微处理器技术，集感知、信息处理、通信于一体，能提供以数字量方式传播的具有一定知识级别的信息。智能传感器可分两大部分：基本传感器和信息处理单元。基本传感器是构成智能传感器的基础，其性能很大程度上决定着智能传感器的性能，由于微机械加工工艺的逐步成熟以及微处理器的补偿作用，基本传感器的某些缺陷（如：输入输出的非线性）得到较大程度的改善；信息处理单元以微处理器为核心，接受基本传感器的输出，并对该输出信号进行处理，如标度变换、线性化补偿、数字调零、数字滤波等，处理工作大部分由软件完成。智能传感器的两大部分可以集成在一起设置成为一个整体，封装在一个表壳内；也可分开设置，以利用电子元器件和微处理器的保护，尤其在测试环境较恶劣时更应该分开设置。

在智能化时代，传感器的重要性更加凸显，不仅在《中国制造 2025》、《德国 2020 高技术战略》及欧盟、美国、韩国、新加坡等推进的智慧城市等战略方面发挥着重要的支撑作用，而且也在物联网、虚拟现实（VR）、机器人、智能家居、自动驾驶汽车等产业发展中发挥着关键作用。高性能、高可靠性的多功能复杂自动、测控系统以及基于射频识别技术的物联网的兴起与发展，愈发凸显了具有感知、认知能力的智能传感器的重要性及其大力、快速发展的迫切性。随着与 CMOS 兼容的 MEMS 技术的发展，微型智能传感器的发展得到了有力的技术支撑，智能传感器产业面临着一个非常重要的历史发展契机。

（2）智能传感器的结构

最初的智能传感器设计主要集中在输出端数字处理上，旨在获得高精度的温度补偿和校正。后来的设计包括增强数字特性（如远距离通信和可寻址能力）等，但研制工作还未涉及制造过程所用的测试系统接口，这种接口可实现传感器的批量生产，从而大大降低传感器成本。

智能传感器主要设计结构有两种：一种是数字传感器信号处理（DSSP），另一种是数字控制的模拟信号处理（DCASP）。如图 2-1 所示。

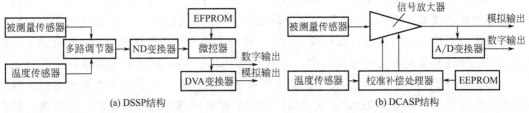

图 2-1 DSSP 和 DCASP 智能传感器结构比较

最精确的设计都采用 DSSP 结构，通常包括两个传感器：被测量传感器（例如压力）和温度（补偿）传感器。在硅器件中，温度信号可直接从被测量传感器提取出来，传感器信号经多路调制器送到 A/D 变换器，然后再送到微控器进行信号的补偿和校正。

校正时可用传感器输出的算法趋近或多表面逼近法进行信号处理，每个给定传感器的校正系数都被单独储存在永久性寄存器中。如果需要模拟输出，可另外加一个 D/A 变换器。

DSSP 结构的分辨率受输入 A/D 变换器的分辨率和补偿/校正处理分辨率的限制。响应时间受 A/D 变换时间和补偿时间限制。而基本的 DCASP 结构在传感器和模拟输出之间直接提供了一个模拟通道，因此，被测量分辨率和响应时间不受影响。温度补偿和校正都在并联回路实现，并联回路能改变信号放大器的失调和增益。要获得数字输出信号，可加一个A/D 变换器。

2.1.2 智能传感器的功能

一个智能传感器应具有如下功能：自校准、自标定和自动补偿功能；自动采集数据、逻辑判断和数据处理功能；自调整、自适应功能；一定程度的存储、识别和信息处理功能；双向通信、标准数字化输出或者符号输出功能；算法判断、决策处理的功能。

（1）自补偿和计算

智能传感器的自补偿和计算功能为传感器的温度漂移和非线性补偿开辟了新道路，即使传感器的加工不太精密，只要能保证其重复性好，通过传感器的计算功能也能获得较精确的测量结果。另外还可进行统计处理，能够重新标定某个敏感元件，使它重新有效。

（2）自诊断功能

带微控器的智能传感器还具有先进的自诊断功能，包括两个方面：外部环境条件引起的工作不可靠；传感器内部故障造成的性能下降。其直观的指示方式，可持续显示诊断结果和工作状态。无论内外因素，诊断信息都能使系统在故障出现之前报警，从而减少系统停机时间，提高生产效率。

（3）复合敏感功能

智能传感器能够同时测量多种物理量和化学量，具有复合敏感功能，能够给出全面反映物质变化规律的信息，如光强、波长、相位和偏振度等参数可反映光的运动特性；压力、真空度、温度梯度、热量和熵、浓度、pH 值等分别反映物质的力、热、化学特性。

（4）强大的通信接口功能

由于用了微型机使其接口标准化，所以能够与上一级微型机进行接口的标准化，智能传感器输出的数据通过总线控制，为与其他数字控制仪表的直接通信提供了方便，使智能传感器可作为集散控制系统的组成单元受中央计算机的控制。

IEEE 1451 系列标准是智能传感器通用通信标准，该标准支持多种现场总线、以太网等现有的各种网络技术。IEEE 1451 第七部分则规定了智能传感器与目前正蓬勃兴起的物联网间的通信接口标准。人们在这方面开展了大量工作并取得了丰硕成果。例如：研究出了一种基于 IEEE 1451 标准的智能传感器结构，提出了即插即用 Web 智能传感器的一种基于 Web 服务方法，实现了一种基于 CAN 协议的温度智能传感器，探索出了一种智能传感器无线网络组织结构协议和一种基于 Zig Bee 无线通信技术的智能传感器无线接口设计方案等。通信模块以软件硬件方式实现，它一般与智能传感器的信号处理模块集成在一起。

（5）现场学习功能

利用嵌入智能和先进的编程特性相结合，工程师们已设计出了新一代具有学习功能的传感器，它能为各种场合快速而方便地设置最佳灵敏度。学习模式的程序设计使光电传感器能对被检测过程取样，计算出光信号阈值，自动编程最佳设置，并且能在工作过程中自动调整其设置，以补偿环境条件的变化。这种能力可以补偿部件老化造成的参数漂移，从而延长器件或装置的使用寿命和扩大其应用范围。

（6）提供模拟和数字输出

许多带微控制器的传感器能通过编程提供模拟输出、数字输出或同时提供两种输出，并且各自具有独立的检测窗口。最新的智能传感器都能提供两个互不影响的输出通道，具有独立的组态设备点。

（7）数值处理功能

传感器可根据内部的程序自动处理数据，例如进行统计处理、剔出异常数值等。

（8）掉电保护功能

由于微型计算机的 RAM 的内部数据在掉电时会自动消失，这给仪器的使用带来很大的不便。为此在智能仪器内装有备用电源，当系统掉电时，能自动把后备电源接入 RAM，以保证数据不丢失。

2.1.3　智能传感器的实现途径

目前，智能传感器的实现是沿着传感器技术发展的三条途径进行的。

（1）非集成化实现

非集成化智能传感器是将传统的基本传感器、信号调理电路、带数字总线接口的微处理器组合为一个整体而构成的智能传感器系统。

这种非集成化智能传感器是在现场总线控制系统发展形势的推动下迅速发展起来的。自动化仪表生产厂家原有的一套生产工艺设备基本不变，附加一块带数字总线接口的微处理器插板组装而成，并配备能进行通信、控制、自校正、自补偿、自诊断等智能化软件，从而实现智能传感器功能。这是一种最经济、最快速建立智能传感器的途径。

（2）集成化实现

这种智能传感器系统是采用微机械加工技术和大规模集成电路工艺技术，利用硅作为基本材料来制作敏感元件、信号调理电路以及微处理器单元，并把它们集成在一块芯片上构成的。集成化实现使智能传感器达到了微型化、结构一体化，从而提高了精度和稳定性。敏感元件构成阵列后，配合相应图像处理软件，可以实现图形成像且构成多维图像传感器，这时的智能传感器就达到了它的最高级形式。

(3) 混合实现

要在一块芯片上实现智能传感器系统存在着许多棘手的难题。根据需要与可能，可将系统各个集成化环节（如敏感单元、信号调理电路、微处理器单元、数字总线接口）以不同的组合方式集成在两块或三块芯片上，并装在一个外壳里。

2.1.4 机电控制系统智能传感器技术的发展

(1) 智能温度传感器

温度传感器的发展大致经历了以下 3 个阶段：传统分立式温度传感器、模拟集成温度传感器和智能温度传感器。进入 21 世纪后，智能温度传感器正朝着高精度、多功能、总线标准化、高可靠性及安全性、开发虚拟传感器和网络传感器、研制单片测温系统等方向迅速发展。目前的智能温度传感器包含温度传感器、A/D 转换器、信号处理器、存储器和接口电路，有的产品还带有多路选择器、中央控制器、随机存取储存器和只读存储器。智能温度传感器的特点是能输出温度数据及相关的温度控制量，适配各种微控制器，并且是在硬件的基础上通过软件实现测试功能，其智能化程度取决于软件开发水平。

① 提高测量精度和分辨率　最早的智能温度传感器始于 20 世纪 90 年代中期，采用 8 位 A/D 转换器，其测温精度较低，分辨率只能达到 1。目前，国外已相继推出多种高精度、高分辨率的智能温度传感器，使用 9～12 位 A/D 转换器，分辨率可以达到 0.5～0.625。由美国 Dallas 半导体公司新研制的 DS1624 型高分辨率智能温度传感器，能输出 13 位二进制数据，分辨率高达 0.03，测温精度为 ±0.2。

为了提高多通道智能温度传感器的转换速率，也有的芯片采用高速逐次逼近式 A/D 转换器。以 AD7817 型 5 通道智能温度传感器为例，它对本地传感器、每一路远程传感器的转换时间分别仅为 27ms、9ms。在高精密温度测量方面，有学者设计了高性能数字温度传感器，该传感器由石英音叉谐振器、数字接口电路和基于现场可编程门阵列的传感器重置控制算法构成，传感器的灵敏度可以达到 10～6 的数量，即测温分辨率为 0.001，响应时间 1s，测量精度为 0.01。

② 增强测试功能　新型智能温度传感器的测试功能不断增强。智能温度传感器都具有多种工作模式可供选择，主要包括单次转换模式、连续转换模式、待机模式，有的还增加了低温极限扩展模式。对于某些智能温度传感器，主机（外部微处理器或单片机）还可通过相应的寄存器设定其 A/D 转换速率、分辨率及最大转换时间。另外，智能温度传感器正从单通道向多通道方向发展，这就为研发多路温度测控系统创造了良好条件。

③ 总线技术的标准化与规范化　目前，智能温度传感器的总线技术也实现了标准化、规范化，所采用的总线主要有单线（-Wire）总线、I2C 总线、SMBus 总线和 SPI 总线。

④ 可靠性及安全性　为了避免在温控系统受到噪声干扰时产生误动作，在一些智能温度传感器的内部，设置了一个可编程的故障排队计数器，专用于设定允许被测温度值超过上下限的次数。仅当被测温度连续超过上限或低于下限的次数达到所设定的次数才能触发中断端口，避免了偶然噪声干扰对温控系统的影响。

为了防止因人体静电放电而损坏芯片，一些智能温度传感器还增加了静电保护电路，一般可以承受 1～4kV 的静电放电电压。例如 TCN75 型智能温度传感器的串行接口端、中断/比较信号输出端和地址输入端均可承受 1kV 的静电放电电压。LM83 型智能温度传感器则可承受 4kV 的静电放电电压。

(2) 智能压力传感器

智能压力传感器是微处理器与压力传感器的结合，因此它们的实现途径可以分为：非集成化智能压力传感器、集成化智能压力传感器和混合式智能压力传感器。

非集成化的智能压力传感器是把传统的压力传感器、信号调理电路、带数字总线接口的微处理器组合成一体的智能压力传感器系统。这种非集成化的压力传感器实际上是传统压力传感器系统上增加了微处理器的连接。因此，这是一种实现智能压力传感器系统最快的途径和方式。

集成化智能压力传感器是将压力敏感元件与信号处理、校准、补偿、微控制器等进行单片集成，主要采用微机电系统（MEMS）技术和大规模集成电路工艺技术，利用硅作为基体材料制作敏感元件、信号调理电路、微处理单元，并集成在一块芯片上。随着微电子技术的飞速发展以及微纳米技术的应用，由此制成的智能压力传感器具有微型化、结构一体化、精度高、多功能、阵列式、全数字化、使用方便、操作简单等特点。

混合式智能压力传感器是根据需要与可能，将系统各个集成化环节，如敏感单元、信号调理电路、微处理器单元、数字总线接口，以不同组合方式集成在 2～3 块芯片上，并封装在一个外壳中。混合集成实现智能化是一种非常适合当前技术发展的智能化途径。

在智能压力传感器系统中，微处理器能够按照给定的程序对传感器实现软件控制，把传感器从单一功能变为多功能。智能压力传感器一般具有以下基本功能。

① 数据处理功能。智能压力传感器不仅对各个被测参数进行测量，而且根据已知被测量参数，能够自动调零、自动平衡、自动补偿等。

② 自动诊断功能。这是智能压力传感器的主要功能，智能压力传感器通过其故障诊断软件和自检测软件，自动对传感器和系统工作状态进行定期和不定期的检测、测试，及时发现故障，协助诊断发生故障的原因、位置，并给予操作提示。

③ 软件组态功能。智能压力传感器由于采用了微处理器，所以不仅有必要的硬件组成，例如检测、放大、A/D、D/A、通信接口等，而且还有软件资源用于控制和处理数据。在智能压力传感器中，设置有多模块化的硬件和软件，用户可以通过微处理器发送命令，完成不同的功能，增加了传感器的灵活性和可靠性。

2.2 智能传感器液压系统典型应用

2.2.1 基于集成技术的智能液压传感器

液压系统的工作状态通常取决于几个主要工作参数，即压力、流量、系统温度和泵组功率等工作参数的正常与否。因此进行液压系统状态监测和故障诊断，最关键的就是流量、压力、温度、功率参数的可靠获取。而传统的测量方法，由于传感器在物理安装上始终存在位置差别，所测出的压力、流量、温度实际上并不是同一测点的数值，达不到同点、同时、实时测量的要求。并且由于多个传感器的同时接入还会造成液压系统的过多泄漏，影响测试准确性，增加了测试的复杂性。在此，基于压力、流量和温度 3 种传感器三位一体集成设计的思路，在同一传感器主体上同时安装 3 个传感器的主要构件，使 3 个参数的实测值集中在一点，实现了液压系统压力、流量和温度等参数的同点、同时可靠提取。

（1）传感器

① 三位一体集成传感器　为克服将 3 种传感器分别接入液压系统管路而造成泄漏、工作效率和测试精度低的现象，将 3 种传感器设计成一体，即在涡轮传感器主体上预留压力传感器和温度传感器的接入口，实现 3 个传感器的位置一体化，其基本结构如图 2-2 所示。

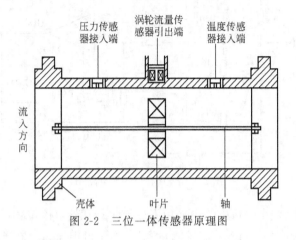

图 2-2　三位一体传感器原理图

② 温度测量电路　为实现温度的测量，选用铂热电阻温度传感器 Pt100。该传感器稳定性好、精度高（5‰），温度测量范围为 0～150℃。图 2-3 是温度信号的调理电路，电路的核心 LM358 运放模块，该模块集成了仪器放大器、缓冲器和可调激励源等电路，可对输入传感器的非线性进行调整最后输出转换后的信号至 AD 变换电路。

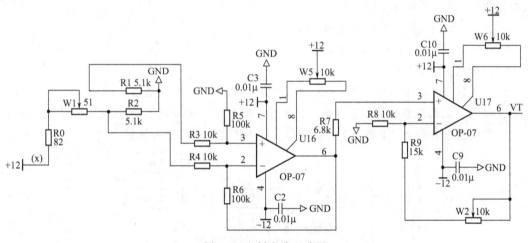

图 2-3　电桥变换电路图

③ 压力测量电路　压力传感器采用 BP100 硅压力传感器，其压力测量范围为 0～4.0MPa，传感器精度 0.2‰，变送器综合精度 1‰。工作时流体压力通过不锈钢隔离膜片和密封硅油作用到扩散硅膜片上，同时参考端的压力作用于膜片的另一侧，膜片两侧的压差导致膜片的变形，使膜片的一侧拉伸而另一侧压缩，在拉伸一侧的 2 个应变片受拉应变，而膜片另一侧的 2 个应变片应变相反，在电气接线中，将处于同侧的 2 个应变片接为电桥的对臂，这样构成的动态电桥有效地扩大了输出信号。压力传感器输出的信号为 4～20mA 电流，经 I/V 变换后，进入 A/D 转换，变换电路如图 2-4 所示。

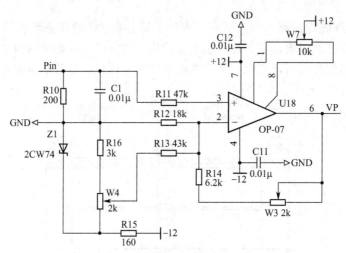

图 2-4　压力 I/V 变换电路图

④ 流量测量电路　流量测量电路中采用涡轮流量传感器，该传感器响应速度快，精度高（5‰），承受工作压力可达 40MPa，流量测量范围 12～350L/min。根据该传感器的工作原理知，所测系统流量与传感器的输出频率成正比，因此将流量变送器的输出信号经隔离整形后输出，由后级电路对输入脉冲进行计数，求出流量计的输出频率，然后利用公式(2-1)求出所测流量。

$$Q = af + b \qquad (2-1)$$

式中　Q——液压系统流量值，L/min；

　　　f——流量变送器的输出频率，Hz；

　　a，b——流量变送器的标定参数。

(2) 传感器信号处理

传感器数据处理采用单片机系统。设计时将温度、压力信号处理由调理电路通过数据锁存器、译码与驱动器来处理，系统运行速度快。流量信号的处理、温度和压力信号的选通以及功率参数的运算由 AT-F39C52 运算处理。硬件框图如图 2-5 所示。

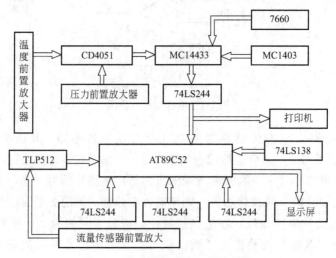

图 2-5　传感器信号处理电路框图

① 电路工作原理　流量传感器、压力传感器和温度传感器的信号经前置放大后，压力信号、温度信号经 CD40S1 多路通道传输器送入双积分 A/D 转换器 MC14433。MC1403 是精密电源，作为 MC14433 的基准电源。流量传感器信号经前置放大后，再通过光耦器件 TLP512 送入 AT89C52 的 P3 口。压力、温度信号经 AT89C52 P0、P3 口进行读操作时，由 74LS138 译码器选址后允许外部数据通过 74LS244 数据缓冲器读入 CPU，经单片机处理后送显示屏直接显示流量、压力、温度和功率值，同时可以根据需要即时打印上述参数。

温度、压力信号处理由双积分 A/D 转换器 MC14433 完成。该电路采用了具有高性能、低功耗的 3.5 位 A/D 转换器，是一个外接元件少、自动调零和极性转换的双积分 A/D 转换器，其转换速度为 10 次/s。

模拟电路部分由基准电压、模拟电压输入部分组成。模拟电压输入量程为 199.9V，基准电压相应为 200mV 或 2V。

数字电路部分由逻辑控制、BCD 码及输出锁存器、多路开关、时钟以及极性判别、溢出检测等电路组成。MC14433 采用了动态扫描 BCD 码输出方式，即千、百、十、个各位 BCD 码轮流地在 Q0～Q3 端输出。同时，在 DS1～DS4 端出现同步字位选通信号，由于 MC14433 输出结果是动态分时轮流输出 BCD 码，而且 Q0～Q3 和 DS1～DS4 都是非总线形式，因此必须通过并行 I/O 或扩展 I/O 口与之相连，本系统 MC14433 的 Q0～Q3、DS1～DS4 通过缓冲器接至 AT89C S2 中的 P0 口。当 MC14433 上电后即对外部模拟电路输入电压信号进行 A/D 转换，每次转换完毕都有相应的 BCD 码及相应的选通信号出现在 Q0～Q3 和 DS1～DS4 上。当 AT89C52 中断，允许 INT1 中断申请，并置外部中断为边沿触发方式，每次 A/D 转换结束时，都将把 A/D 转换结果数据送入片内 RAM 中，以供 CPU 处理。

② 信号处理软件　传统的传感器如压力或流量传感器，其输入和输出特性大都存在非线性，且易受工作介质温度的改变而变化，其表现是当被测的目标参量值为零或保持恒定时，若工作介质的温度 T 发生改变，则传感器的零点或输出电压（电流）值均发生变化，这将引起目标参量的测量误差。因此，设计了多传感器数据融合温度补偿系统，程序根据温度传感器信号的变化情况可对压力和流量传感器的输出进行温度补偿。软件设计中也应用了数字滤波算法和分频软件算法校正等措施，确保数据采集的精度和各个信号的同步采样，软件主要包括监控程序、系统测控处理程序和传感器的数据融合程序。图 2-6 为其流程。

a. 监控程序　监控程序完成系统操作前的准备工作：

初始化将系统中所有的命令、状态以及有关的存储器单元置位成初始状态；

系统测试利用测试程序检查程序存储器、数据存储器以及硬件功能是否正常；

提示符显示当完成初始化和系统测试正常后，显示器上显示正常标记。

b. 系统测控处理程序　测控功能程序系统进行流量、压力、温度等的测量与处理，传感器的非线性校正和温度补偿，以及数据的存储记忆等工作。

外设功能程序外部设备的控制程序、显示和打印等。

c. 数据补偿程序　设计了多传感器数据融合温度补偿系统，程序根据温度传感器输出信号的变化情况对压力和流量传感器的输出进行温度补偿。

（3）小结

在流量传感器的主体上同时安装 3 种传感器，既方便了测量，又减轻了系统负担，并避

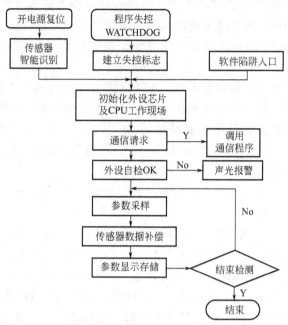

图 2-6　系统软件框图

免了泄漏。通过对传感器的可靠性分析和电路的优化设计以及测试参数的优化组合，充分利用单片机智能化的特点，用软硬件结合的办法增加测试系统的抗干扰能力，提高了传感器的温度稳定性。同时，利用多传感器数据融合技术实现了对传感器进行非线性补偿和温度补偿。

2.2.2　智能传感器在电液伺服同步控制中的应用

在电液伺服系统中，同步控制的应用非常重要。随着液压技术在工程领域中的应用日益扩大以及大型设备负载能力增加或因布局的关系，需要多个执行元件同时驱动一个工作部件，同步运动就显得更为突出。电液伺服系统常常采用闭环控制，其中所使用的传感器对于整个系统控制精度的提高有着重要作用。一般电液伺服系统中所用的传感器仅仅用于信号、位移的检测，对于整个系统同步精度的提高意义不大。随着传感器技术的不断发展，出现了新型智能传感器。这种新型智能传感器不但具有传统传感器所具有的基本功能，而且信息处理、抗干扰能力以及稳定性、可靠性有了很大提高。目前这种智能传感器在液压系统中的应用还处于起步阶段，因此对其研究很有必要。

本例对传统的电液伺服同步控制系统进行了改造，把普通的位置传感器改为智能传感器，并将智能传感器应用于系统中，用于改善液压举升系统的同步运动精度。两个液压缸的同步运动通过智能传感器反馈控制，当两缸位置不同步时，智能传感器发出相应的调节信号。智能传感器协调两个缸体运动，以减小同步误差。通过实验分析证明智能传感器具有实现位置跟踪与减小同步运动误差的性能。

(1) 系统概况

电液伺服阀控液压缸同步回路中，两液压缸 C1、C2 要求运动时的位置保持同步，系统结构如图 2-7 所示。其中 F1、F2 为两液压缸的传感器，主要由位置传感器与压力传感器组成，它们与微处理器组成了智能传感器。两位置传感器反映了两液压缸的实际位置信号 u_1、

u_2，压力传感器反映了负载变化及环境干扰引起的位置变化的信号 u_1 与 u_2。当两液压缸有位置偏差，即不同步时，位置信号 u_1 与 u_2、压力信号 z_1 与 z_2 传入微处理器。信号在微处理器中进行分析比较处理后，产生偏差电流 $\pm i$，将其输给电液阀 SV，向位置落后的液压缸多供油，向位置超前的液压缸少供油以保持两液压缸的同步精度。

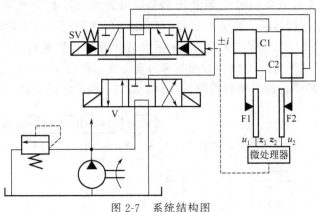

图 2-7　系统结构图

（2）智能传感器

① 智能传感器的基本结构及特点　从结构上来讲，智能传感器主要由经典传感器和微处理器单元两个中心部分构成。图 2-8 给出了一个智能传感器系统构成框图。其中有信号预处理和模拟信号数字化输入接口；包含 MP、ROM、RAM、PROM 信息处理及校正软件的微处理器，它就好像人的大脑，可以是单片机、单板机，也可以是微型计算机系统；含有D/A 转换及驱动电路的输出接口。

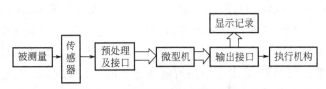

图 2-8　智能传感器系统构成框图

a. 数据输出接口电路　智能传感器输出的数字信号，具有远程通信能力。传感器挂在数据总线上，通过总线进行数据传输。采用工业标准电压 $0\sim5\mathrm{V}$，电流 $4\sim20\mathrm{mA}$。为了解决分布式控制与检测问题，采用新型现场总线控制技术，并通过智能传感器通信协议HART 使它与现有的（$4\sim20\mathrm{mA}$）模拟系统兼容，从而实现协议模拟信号和数字信号同时通信。采用通用传感器接口芯片 USIC 以及信号调节电路 SCA2095。

b. 微处理器　微处理器是智能传感器的心脏，能控制测量过程并进行数据处理。它的设计和选用要考虑传感器的测量速度、精度、分辨率以及数据处理能力。微处理器既要考虑产品质量和可靠性，又要考虑降低成本，简化结构，满足芯片尺寸要求以及应用的广泛性。本实验中选用单片机 8031 进行处理工作。

c. 智能传感器的功能　智能传感器的自补偿和计算功能为传感器的位置与非线性补偿开辟了新道路。即使传感器的加工不太精密，只要能保证其重复性好，通过传感器的计算功能也能获得较精确的测量结果。并且智能传感器的自检、自诊断和自校正等功能也为传感器的高精度高适应性奠定了基础。

② 智能传感器的工作原理　智能传感器原理如图 2-9 所示,图中包括检测和变送两部分。被测的位置通过隔离的膜片作用在扩散电阻上,引起阻值的变化。扩散电阻接在惠斯通电桥中,电桥的输出代表被测位置情况。在硅片上制成一个辅助传感器用于检测干扰带来的影响。在同一个芯片上检测出位置、干扰,两个信号经多路开关分时地接送到 A/D 转换器中进行模数转换,变成数字信号送到变送部分,由微处理器负责处理这些数字。存储在 ROM 中的主程序控制传感器工作的全过程,PROM 负责进行干扰引起的误差补偿,RAM 中存储设定的数据,EEPROM 作为 ROM 的后备存储器。现场通信器发出的通信脉冲叠加在传输器输出的电流信号上。I/O 一方面将来自现场通信器的脉冲从信号中分离出来,送到 CPU 中,另一方面将设定的传感器数据、自诊断结果、测量结果送到现场通信器中显示。

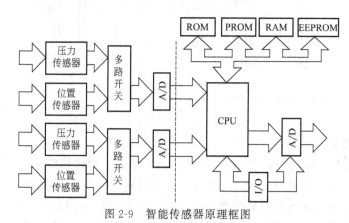

图 2-9　智能传感器原理框图

(3) 仿真实验分析

将智能传感器应用于电液伺服同步控制中,并使用 Matlab/Simulink 仿真可以得出系统仿真曲线图。由于采用相同负载时,不能有效比较传感器变化对系统运动同步精度的影响,因此本实验中采用不同负载 20kg/100kg。图 2-10 显示了当采用普通传感器时,1 号缸与 2 号缸的位置同步误差。图 2-11 显示了采用智能传感器时,1 号缸与 2 号缸的位置同步误差。通过比较可知,采用智能传感器时系统的同步误差明显小于采用普通传感器时的同步误差,从而可知应用智能传感器可以得到较好的控制效果。

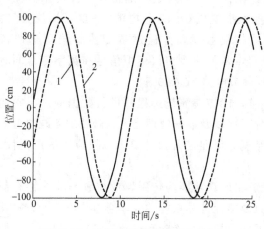

图 2-10　采用普通传感器时 1 号缸
与 2 号缸的位置同步误差

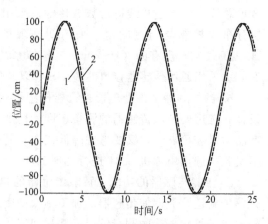

图 2-11　采用智能传感器时 1 号缸
与 2 号缸的位置同步误差

智能传感器较其他传感器在同步控制的应用上有较大优势，能够有效提高液压同步系统的同步精度。并且在负载变化、外界干扰等情况下，智能传感器在稳定性、精确性方面表现良好。

2.2.3 基于 IEEE1451.2 标准的智能液压传感器模块

由于液压工作元件的复杂性及液压系统的封闭特性和网络特性，单一的状态检测并不能全面地反映液压系统的运行情况。同时，现场有各种模拟和数字传感器，各种接口标准都互不兼容，这会给监测系统的维护、扩展和升级带来了许多麻烦。基于 IEEE1451.2 标准的智能传感器能实现对多个液压设备的压力、流量和温度等状态特征量的实时监控功能。

(1) 智能液压传感模块的硬件

智能液压传感模块（STIM）可分为传感器采集模块、基于 DSP 的数据处理单元和 NCAP 通信接口模块等。STIM 通过 TII 智能传感器接口可以与任意的网络适配器（NCAP）通信，向远程监控终端发送检测数据。具体的硬件原理如图 2-12 所示。

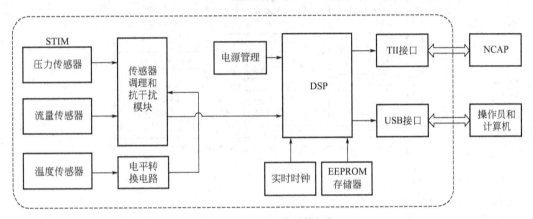

图 2-12 STIM 的硬件框架

① 信号采集模块　液压系统运行状态的特征量包括了压力、流量、温度及泄漏量，STIM 将集成这四类传感器，能精确地得到液压系统中某一测点的数值。

a. 压力传感器　压力是衡量液压系统运行状态的一个重要特征量。为了能精确测量液体压力，选用南京宏沐的 HM24 压力传感器。该传感器的测量范围是 0～70MPa，测量精度可达±0.5%FS，灵敏度温度系数为±0.04%FS，适用在较恶劣的介质中测量液压，并具有较好的长期稳定性。

b. 流量传感器　采用 LWGT 型涡轮传感器，该流量计具有高精度（±0.50%R）、重复性好（±0.05%）的特点，可应用于测量水、石油、化学液体等的流量。

c. 温度传感器　温度传感器是采用德州仪器的 TMP108。这是一款数字型传感器。测量精度达±1，输出信号为 IIC 或 SMBus，具有方便灵活的特点。

② 电子数据表格　TEDS 是 IEEE1451.2 自定义的一种电子表格，存储传感器的类型、属性、行为特点等参数。如表 2-1 所示，TEDS 分为 7 大类，描述了传感器生产商的名称、通道的函数模型、通道地址、通道的校准信息等，从而使传感器具有了自我描述与识别的能力，增强了不同传感器之间的通信能力，实现即插即用。

表 2-1　TEDS 的具体内容与功能

TEDS 名称	内容与功能
Meta-TEDS	描述任何一个通道所有信息及所有通道的共同信息
Channel-TEDS	描述每个通道的具体信息，如函数模型、校正模型、物理单位等
Calibration-TEDS	存放通道的校准参数
Channel-ID TEDS	用于识别每个被赋予地址的通道
Calibration ID TEDS	提供描述 STIM 中每个通道的校准信息
End-Users Application Specific TEDS	存放最终用户的特定信息
Industry Extensions TEDS	TEDS 的扩展

在本智能传感器中，电子数据表格中的 Meta-TEDS、Channel-TEDS 和 Calibration-TEDS 存放在 STIM 的 Flash 中，当 STIM 连接 NCAP 后，NCAP 通过 TII 接口读取 TEDS 中的传感器信息。图 2-13 是电子数据表格 TEDS 框图。

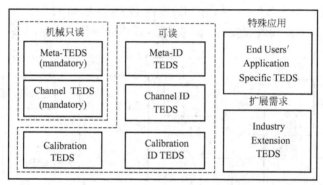

图 2-13　电子数据表格 TEDS 框图

（2）STIM 的软件实现

STIM 的总体软件结构主要包含了 IEEE1451.2 协议栈、数据采集模块、电子数据表格、HMI 和底层驱动，如图 2-14 所示。下面将分析 STIM 的关键软件模块的软件设计原理。

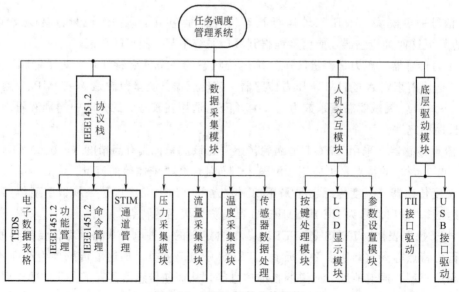

图 2-14　STIM 软件总体结构

① 任务调度管理模块 基于 uCOS 实时操作系统设计任务调度管理系统，负责整个 STIM 中各软件模块的调度，优化系统管理，使整个软件系统运行更加高效。

② IEEE1451.2 协议栈 IEEE1451.2 协议是 STIM 的设计核心。因此设计协议栈对该协议进行解析与封装。在协议栈下，包含了电子数据表格、功能和命令管理模块以及 STIM 通道管理模块。电子数据表格用来存放传感器的各种信息，方便系统的调用。

③ TII 接口驱动 TII 接口定义的传输协议规范了 STIM 与 NCAP 之间的数据通信，主要包括了触发和传输两部分。下面以通过 TII 接口读取数据为例，说明数据传输的主要过程。首先 NCAP 使能 NIOE，等 STIM 将 NACK 置为有效后，NCAP 写入执行和地址命令，然后读取 STIM 的数据，最后将 NIOE 禁止使能，并将 NACK 置为无效。图 2-15 是 TII 数据传输时序。

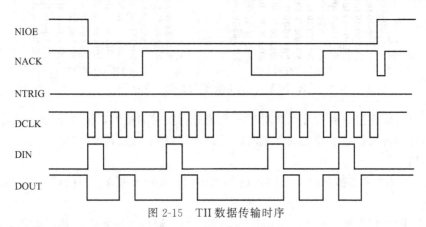

图 2-15　TII 数据传输时序

④ 电子数据表格 电子数据表格中定义各传感器通道中的结构体，在读写不同通道时，只需调用和初始化通道结构体。结构体定义如下：

```
Tyhedef struct channel_ desc
{
unsigned char channel_ n; //定义通道号
unsigned short TEDS_ add; //通道 TEDS 所在地址
unsigned short TEDS_ len; //通道 TEDS 长度
unsigned short CAL_ add; //校正 TEDS 所在地址
unsigned short CAL_ len; //校正 TEDS 的长度
unsigned char* buffer; //定义一个数据区
unsigned char valid_ flg; //数据区标志位
unsigned char C_ type; //通道类型
unsigned short status; //通道的状态寄存器
unsigned short int mask; //中断屏蔽寄存器
}
```

（3）智能液压传感器的运行测试

STIM 采集数据后，通过 TII 接口与 NCAP 通信，由 NCAP 经 GPRS 网络将数据传输至后台管理系统。图 2-16 是由 STIM 和 NCAP 组成的实验平台，图 2-17 是压力和流量的数据示意图。

图 2-16　由 STIM 和 NCAP
组成的实验平台

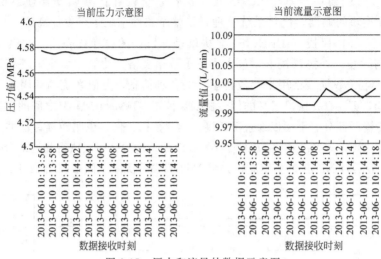

图 2-17　压力和流量的数据示意图

管理用户可以通过后台管理系统对液压系统进行实时的检测，记录压力、流量和温度的变化。当压力和流量超过了预设的阀值时，后台管理系统将进行预警。

(4) 小结

IEEE1451.2 系列标准能统一不同传感器的接口，提高传感器的兼容性，实现"即插即用"的功能。

基于 IEEE1451.2 标准的智能液压传感器能应用于液压系统状态的远程监测，实现了多参量实时检测、无线网络控制和传感器即插即用的功能。

2.3　基于智能传感器的火炮姿态调整平台设计实例

2.3.1　整体设计

根据验收标准，火炮能在一定倾斜度的地面上实现正常瞄准和发射，在出厂前要对这一重要功能进行全面检验。为解决这一技术难题，必须开展火炮姿态调整平台相关技术的研究，研发适用于火炮姿态调整的试验装置，在 X 方向及 Y 方向产生一定范围的任意倾斜角度，使得火炮可以在车间内完成与姿态调整相关的所有检验项目。

(1) 主要技术要求

① 火炮姿态调整平台可实现火炮的可靠定位及支撑。

② 可承载火炮最大重量：25t（可根据需要增减以形成系列产品）。

③ 平台可产生 X、Y 两个方向上规定角度的倾斜。

④ 具有侧倾角适时数字显示装置。

⑤ 可实现火炮的精确水平调整。

⑥ 具有双重倾斜超限报警保护装置。

⑦ 具备设定角度自动侧倾功能。

(2) 系统组成

火炮姿态调整平台由机械系统、电气控制系统、液压系统和计算机测控系统构成，系统组成见图 2-18。系统具有手动调整及自动调整姿态平台两种功能，以满足不同倾斜条件下的测试要求。系统工作原理如下：

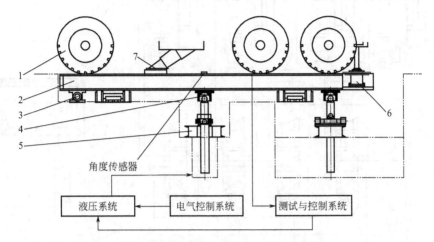

图 2-18　火炮姿态调整平台机电液系统

1—火炮；2—支撑平台；3—转轴；4—球头支撑；5—液压缸支撑组件；6—圆盘支撑；7—触角支撑

　　火炮驶入到支撑平台 2 的指定位置，火炮自身控制将两侧触角及后端圆盘运动到与圆盘支撑和触角支撑接触为止，3 个支撑处分别安装了 1 个机械千斤顶，通过调整机械千斤顶使火炮初始水平角度达到规定要求，角度的检测通过双向高精度角度传感器满足测试要求。火炮具有前倾、后倾、左倾与右倾四个功能，角度运动范围在 ±8°。当需要指定方向运动时，控制手自一体多路阀操作对应方向的油缸，活塞杆在液压油的作用下推动支撑平台在规定的方向绕转轴运动，满足倾斜要求。考虑到运动的灵活性及组件之间的运动干扰，四个方向的液压缸组件分别独立作用，互不干扰。液压缸前端与平台接触零件采用球形结构，使液压缸活塞杆的受力始终保持无弯矩作用，液压缸组件支撑位置采用万向铰接结构，保证油缸受力的均匀性及稳定性。电气控制系统通过各个按钮的控制及操纵，实现液压系统的方向控制。测试及控制系统通过 A/D 卡完成角度的测试，平台的自动操作通过电液比例阀控制，只需在系统软件界面输入规定方向的角度，即可自动完成角度的倾斜及测量。

2.3.2　液压控制系统设计

　　液压控制系统由液压泵站、手动-电液比例多路换向阀和 4 个液压油缸组成，液压泵站由高压柱塞泵供油，经 4 联多路换向阀控制 4 支液压缸动作。

　　多路换向阀选用电液比例控制和手动控制两用型，可实现平台倾角的计算机控制或手动控制。

　　当输入所期望的倾角后，在自动控制挡，由计算机控制比例电磁铁驱动对应的多路阀换向，控制油缸动作，达到设定的角度时自动停止。在手动控制挡，输入所需的倾角，手动操纵对应的换向阀手柄，达到设定的倾角时计算机发出指令切断油路，液压缸停止动作。4 个液压缸均装有平衡阀，保证平台回落运动不会失速，支撑平台受力时保持位置。

　　液压泵站和液压缸选用长江液压有限公司的产品。手动-电液比例多路换向阀（含比例放大器）选用美国的 TDV-4/3 型比例伺服直动式多路换向阀。

　　电液控制系统原理如图 2-19 所示。

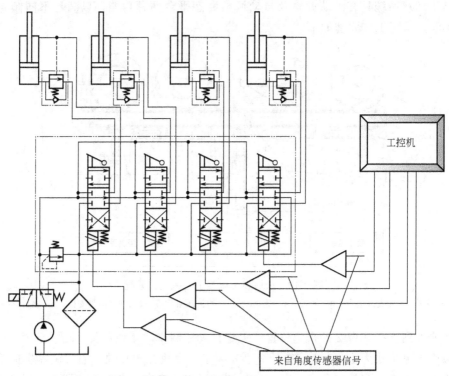

图 2-19　电液控制系统原理

2.3.3　智能倾角传感器设计

（1）智能倾角传感器技术要求及功能

① 智能倾角传感器的设计要求

a. 倾角测量范围：$\pm 10°$；

b. 倾角测量方向：X 向和 Y 向；

c. 倾角测试精度：1%FSR；

d. 倾角测试分辨率：$<5'$；

e. 倾角输出：数字量；

f. 通信接口：R232。

② 智能倾角传感器的功能　智能倾角传感器的主要功能是测量平台的倾斜角度。为了能在工业现场中适用，还应具备数据存储、数据显示、报警和数据通信等功能。基于这些要求，智能倾角传感器应由高精度倾角传感器、微处理器、数据存储、显示器、复位及报警模块、数据通信模块等组成。具体各项功能如下：

a. 倾角传感器能及时准确地将测量的角度信号转换成数字电信号。

b. 当采集得到的角度值超过设定值时，系统能及时作出报警提示。

c. 智能倾角传感器应能实时地记录现场数据，供历史查询用。

d. 测量到的角度值应能实时在显示器上显示出来。

e. 智能倾角传感器测量到的角度信息应能通过 RS-232 总线及时上传到上位机，方便进行数据监测和控制。

（2）智能倾角传感器总体设计

在此以高精度双轴倾角传感器为测量模块核心来设计基于 RS-232 总线的智能传感器的总体结构，整体方案采用智能传感器的模块式结构，如图 2-20 所示。其硬件电路由微控制器 AT89S52 单片机、SCA100T-D01 倾角传感器、电压变换电路、声音报警电路、4 位 LED 数码管显示电路、MAX232 串行接口电路等组成。该智能传感器以 AT89S52 单片机为核心，采集 SCA100T 倾角传感器输出的 11 位数字信号，将采集到的数字信号存储到以 AT24C64 为核心的存储模块，并送到 4 位 LED 数码管上动态显示。最后，单片机还负责将采集到的角度信号通过 RS-232 总线上传到 PC 机。

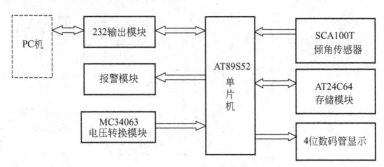

图 2-20　系统组成结构框图

（3）AT89S52 单片机系统设计

AT89S52 是低功耗、高性能 CMOSB 位微控制器的一种，拥有 8K 在系统可编程 Flash 存储器。Atmel 公司高密度非易失性存储器技术被使用在制造中，完全兼容工业 80C51 产品指令和引脚。片上 Flash 允许程序存储器在系统可编程，也适于常规编程器。在单芯片上，具有在系统可编程 Flash 和灵巧的 8 位 CPU 使其为很多嵌入式控制应用系统提供了高灵活和超有效的解决方案。此外，它可降至 0Hz 静态逻辑操作，还支持两种软件可选择节电模式。在空闲模式下，CPU 虽停止工作，但允许 RAM、定时器/计数器、串口和中断继续工作。在掉电保护方式中，RAM 内容被保存，冻结振荡器，一切工作停止，一直到下一个硬件复位或中断为止。主要性能如下：

兼容 MCS-51 单片机产品；

8K 字节在系统可编程 Flash 存储器；

1000 次擦写周期；

全静态操作：0～33Hz；

三级加密程序存储器；

32 个可编程 I/O 口线；

16 位定时器/计数器三个；

八个中断源；

全双工 DART 串行通道；

低功耗空闲和掉电模式；

掉电后中断可唤醒；

看门狗定时器；

双数据指针；

掉电标识符。

图 2-21 为 AT89S52 结构框图。

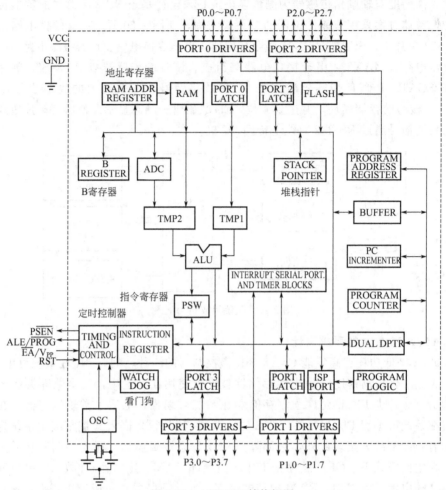

图 2-21   AT89S52 结构框图

(4) SCA100T 倾角传感器及连接

倾角传感器采用芬兰 VTI 公司的 SCA100T 系列。SCA100T 是一款双轴加速度传感器，采用微机电系统（MEMS）制造。MEMS 是 21 世纪的前沿技术，采用 MEMS 技术可以在硅芯片上加工出完整的微型电子机械系统，包含了微型传感器、机械结构以及信号处理及控制电路、通信接口等，将信息系统的微型、多功能、智能和可靠性水平提高到新高度。该器件内部包含了硅敏感微电容传感器、ASIC 专用集成电路，ASIC 电路集成了 EEPROM 存储器、温度传感器、信号放大器、AD 转换器和 SPI 串行通信接口，组成完整的数字化传感器。SCA100T 单轴最大输出范围为 ±40°，有效输出范围为 ±30°。在采样频率 8Hz 及以下时，可获得 0.002° 的输出分辨率。

① SCA100T-D01 传感器的特点：

双轴倾角的测量（X，Y）；

测量范围 ±0.5g（±30°）；

敏感元件控制过阻尼频率响应（-3dB-18Hz）；

0.003° 分辨率（10Hz 频带宽度，模拟量输出）；

稳健的设计，抗高冲击持久（2000g）；

数字激活静电敏感元件自检；

连续内存奇偶校验；

单极 5V 供电，比例电压输出；

兼容 SPI 接口（串行外围接口）；

无铅回流焊接的无铅元件。

② SCA100T-D01 传感器的优势：

长期可靠性和稳定性好，温度特性优良；

仪器级性能；

高分辨率，低噪声；

使用温度范围宽；

耐冲击和抗过载能力强。

③ SCA100T 与单片机的连接电路 SCA100T 引脚说明如表 2-2 所示，SCA100T 与单片机的连接电路如图 2-22 所示。

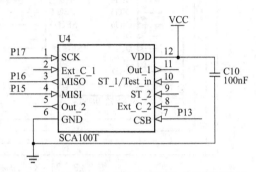

图 2-22　SCA100T 在单片机系统中各管脚连线

表 2-2　SCA100T 倾角传感器引脚说明

引脚	引脚名字	I/O	描述
1	SCK	Input	串行时钟
2	Ext_C_1	Input	浮空
3	MISO	Output	主进从出,数据输出
4	MISI	Input	主出从进,数据输入
5	Out_2	Output	Y 轴输出(Ch2)
6	VSS	Power	接地
7	CSB	Input	芯片选择(低电平触发)
8	Ext_C_2	Input	浮空
9	ST_2	Input	Ch2 自测试输入
10	ST_1/Test_in	Input	Ch1 自测试输入
11	Out_1	Output	X 轴输出(Ch1)
12	VDD	Power	+5V 直流电压

（5）人机接口及报警电路设计

① 数码管显示模块　本设计采用的是 4 位数码管，采用 MAX7219 共阴极数码管驱动芯片来驱动。MAX7219 和 4 位共阴数码管的连线如图 2-23 所示。

数码管的 A～DP 脚和 MAX7219 的 A～DP 脚分别对应相连。MAX7219 的 DIG0～DIG3 分别控制 4 位数码管的 4 位。MAX7219 的 4 脚和 9 脚一定要连接在一起同时接地。18 脚和 19 脚之间要加一个上拉电阻，数码管各段驱动峰电流约为上拉电阻中电流的 100 倍。当数码显示处于最亮状态时，上拉电阻的阻值为 9.53kΩ，所以在实际应用中，其阻值应该大于 9.53kΩ。当然，如果把上拉电阻改成电位器，可以方便地用手动的方法调节数码管的亮度。

② 声光报警模块　系统在实际应用中显示次数较多，频繁地查看数码管显示的数据对

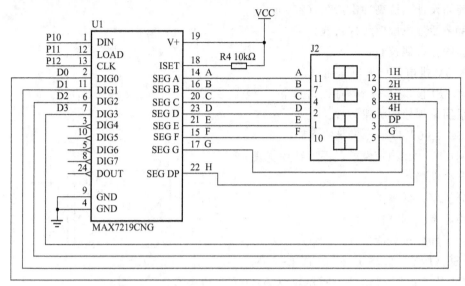

图 2-23　MAX7219 和 4 位共阴数码管的连线

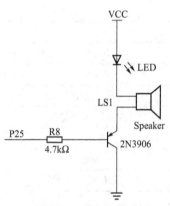

图 2-24　声光报警单元

于现场工作人员来说是一种负担。为能简单而有效地查找出检测对象的故障点，设计了声光报警电路。SCA100T-D01 倾角传感器的测量范围±30°，设计要求测量范围是±10°，所以当测量的角度超过±10°时，测量的结果是没有意义的，此时就需要报警来提醒现场工作人员。声光报警电路如图 2-24 所示，当其与单片机的引脚端为低电平时发光二极管发光，同时蜂鸣器响起。电路选用发光二极管时应注意其击穿电压，选用 4.7kΩ 的电阻 R8 只是为分压，保护 2N3906 不被烧毁。

（6）数据通信电路设计

① 单片机通信系统复位模块　AT89S 系列单片机的复位信号，从 RST 脚输入至片内施密特触发器的复位电路，当系统处在正常工作状态，而且振荡器工作稳定以后，如果在 RST 脚上有从低电平上升至高电平，并且维持 2 个机器周期（24 个振荡周期）以上，CPU 就响应并将系统复位。

复位（RST）是使主机有关部件恢复为初始状态。主机提供的一个外部复位信号的输入端口是 RST 引脚。在时钟振荡器已正常运行后，加在 RST 端口上的正电平信号应至少保持两个机器周期，以实现一次复位操作。CPU 响应复位信号并进行内部初始化操作，将 ALE 和 PSEN 两引脚置成输入方式（高电平）。

在 RST 有效（高电平）后的第二个机器周期，主机开始执行内部复位操作，并重复执行内部复位，在 RST 变为低电平前的每个机器周期。复位不影响内部 RAM 和 SBUF，对于部分寄存器复位后的初始值具有重要意义。

常用复位方式有按键手动复位和上电自动复位两种方式。上电自动复位时通过外部复位电路的电容充电来实现。只要电源 VCC 电压上升时间不超过 1ms，通过在 VCC 与 RST 之间加一个 10μF 的电容，RST 与 GND 之间加一个 10kΩ 的电阻，就可以实现上电自动复位。本系统采用上电自动复位和按键手动复位到一个足够导致单片机复位的高电平，即在上电自动复位的基础上增加一个电阻 R 和按键。它不仅具有上电自动复位的功能，在按下按键后，电容 C 通过 R 放电，同时电源 VCC 通过 R9 和 R5 分压。而 R5 比 R9 要大很多，大部分电压落在 R5 上，从而使 RST 端得到一个足够导致单片机复位的高电平。图 2-25 为复位电路原理。

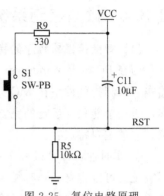

图 2-25 复位电路原理

② AT89S52 单片机与 PC 机通信模块　使用 AT89S52 和 PC 机进行通信时，通信的双方一定要预先制定通信协议。

比如数据传输的格式、速率及各自的工作方式。本文通信约定：传输速率为 4800 波特，传输格式为一位起始位，十一位数据位，一位校验位，一位终止位，共十四位组成一帧信息，判断 PC 机收到的数据是否正确采用奇偶校验的方法，如不正确，通知单片机重新传送，但如果连续三次传输都出错，就放弃此数据的传输，转而准备传输下一个数据。AT89S52 工作在查询方式，串行口采用方式一工作。在单片机内部 ROM 中存放通信程序。当单片机收到一组字符的时候，启动串行通信程序，按先后次序把放在数据缓存区中的 1～10 个字符送 PC 机。PC 机在传输过程中检测传输的正确性，如果错误，则要求单片机重新传送，如果连续三次都出错，就放弃传输这个数据。

IBM-PC 系列机拥有以 8250 为核心的串行异步通信适配器，通过它，完成接收时的串/并转换和发送时的并/串转换及与转换相关的控制工作。而且适配器中还配置了电平转换的接收器和发送器电路及其他控制电路。接收器将 RS-2320 电平转换为 TTL 电平，发送器将 TTL 电平转换为 RS-232C 电平。

PC 机控制 RS-232C 接口方法有 3 种：直接对 8250 的端口编程（端口地址为 3F8H1～3FFH）、DOS 功能调用和 BIOS 功能调用。其中，BIOS 功能调用方法最好，用它编程时既不必涉及 8250 的端口，又有比较完善的功能，因而简单、方便，易于实现。

③ 数据存储模块　24 系列串行 EEPROM 拥有单字节及多字节页面写方式，是和 I^2C 总线兼容的二总线串行接口器件，具有一百万次的典型擦/写周期，数据保持有效时间达 100 年之久，在标准的 100kHz 和快速的 400kHz 模式下工作。另外，现在单片机系统中较多使用的 EEPROM 芯片就是 24 系列串行 EEPROM。其具有体积小、功耗低、允许工作电压范围宽等特点，而且其型号多、容量大、支持 I^2C 总线协议、占用单片机 I/O 端口少、芯片扩展方便、读写简单等。当前技术应用开发中，所用的 24 系列串行 EEPROM 主要是由美国 ATMEL、MICROCHIP、XICOR、NATIONAL 等几家公司提供，生产工艺为 CMOS 工艺，工作电压在 1.8～5.5V，存储容量从 1～64KB；封装形式通常有 8 脚 PDIP 封装、8 脚 SOIL 封装和 14 脚 SOIC 封装。

AT24C64 是一个 64K 的串行 CMOS E^2PROM。内部包含 8192 个字节，每字节为 8 位。AT24C64 有一个 32 字节页写缓冲器，该器件通过 I-C 总线接口进行操作并支持 I^2C 总线数据传送协议。芯片和单片机的连线如图 2-26 所示。

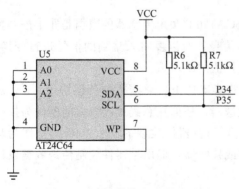

图 2-26 存储模块电路原理图

2.3.4 倾角控制系统软件设计

(1) 智能传感器程序的特点

与在 PC 机上 Windows 平台下、其他操作系统平台下高级软件的开发不同，智能传感器嵌入式测控软件是在 MCU 裸机条件下进行开发设计的。与系统硬件紧密配合且相互依存，是一个能独立运行的完整的监控程序。不能独立于硬件设计，而是软硬件结合的综合系统。它的主要特点有：

① 实时性：计算机程序一大类应用是数值计算。对于程序运行时间的实时性、连续性不敏感或可以容忍，具有相对稳定的运行环境。单片机主要应用场合不是数值计算，而是控制逻辑。需要实现和外界环境的交互，对外部事件的请求及时响应，并且在许可的限制时间内完成处理。

② 面向 I/O：嵌入式测控系统主要运用于智能仪器和生产过程自动化，必然要与 I/O 设备、外部测控对象交换信息，从而完成信息的采集、存储、显示和处理，并依据处理结果，具体的操作控制现场 I/O 设备。

③ 多任务：嵌入式测控系统是一个完整的计算机系统，包括操作、控制、显示和通信等于一体，往往有多个相对独立的任务要完成，如人机交互、回路控制、数据采集与处理、控制参数设定、通信和故障处理等任务。

④ 数据量少，简单的数据结构，有限的程序存储器容量，要求程序简短。

⑤ 专用性：嵌入式测控系统属专用计算机系统。开发通常是针对用户的特定要求，软件要与特定的硬件系统相互配合。

⑥ 智能性：位于控制现场的智能节点需具有一定的自治能力，能够实现基本的控制功能。

(2) 系统软件总体设计

本系统通信实时性要求很高，软件要求又要简洁易懂，所以采用了 C 语言和汇编语言混合编程的思想。在实时性强的通信部分采用汇编语言编写，以保证数据传输的准确性，在软件主程序上采用 C 语言编写，使流程图简单明了。

在确定了基于 RS-232 总线的智能倾角传感器的功能要求和软件设计的基本后，图 2-27 给出了本系统软件的总体框架。软件调试也采用模块化思想，先把各个模块的程序单独烧入单片机。每个模块实现后再将各个模块的程序融合到整个程序中。

(3) 数据采集及存储程序设计

① 数据采集模块程序设计　由于系统采集的 SCA100T 倾角传感器的数据是非十进制数字信号，而显示模块显示的是用十进制显示的角度信号，所以要将采集到的信号进行变换。考虑到实际使用的环境，显示的角度值均为实际测量值的绝对值。

② 数据存储模块程序设计　AT24C64 数据存储器支持 I^2C 总线数据传送协议。I^2C 总线协议规定：任何将数据传送到总线的器件作为发送器，任何从总线接收数据的器件为接收器；数据传送是由产生串行时钟和所有起始停止信号的主器件控制的，AT24C64 是作为从器件被操作的；主器件和从器件都可以作为发送器或接收器，但由主器件控制传送数据发送或接收的模式。

存储模块的程序流程如图 2-28 所示。

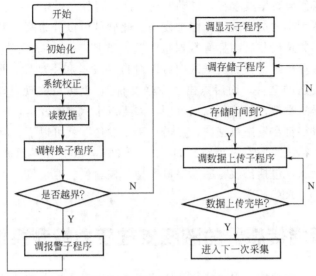

图 2-27　系统软件总体框架

（4）人机接口程序设计

硬件系统部分没有设置按键，人机接口部分就是 4 位数码管的显示。由于数码管是由 MAX7219 芯片驱动，所以单片机对数码管显示的驱动就是单片机对 MAX7219 芯片的驱动。单片机在使用 MAX7219 显示 4 位数码管时应该先设置 MAX7219 的工作方式。程序流程见图 2-29。

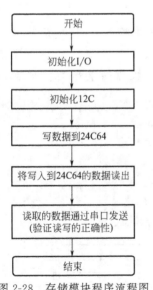

图 2-28　存储模块程序流程图

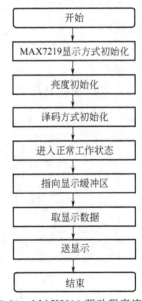

图 2-29　MAX7219 驱动程序流程图

（5）数据通信程序设计

通信程序主要体现在 RS-232 和 PC 机的通信上。数据从存储器读取出来后要保存到计算机。为了简化软件设计，在 PC 机上采用串口调试软件来接受单片机上传的数据。软件支持经常采用的 300～115200bps 波特率，能够设置校验、停止位和数据位，能以十六进制或

ASCII 码接收或发送任何数据或字符，自动发送周期可以任意设定，并能将接收数据，并保存成文本文件，任意大小的文本文件都能被发送。此软件可以分为两个主要的区域：数据发送区和数据接收区。数据接收区内拥有数据接收框、波特率、串口类型、校验位、停止位、数据位、显示方式选择区等。数据发送区中可以对自动发送和手动发送形式选择做出选择，在电脑内，选择要发送的文件，而后点击"发送文件"，就可以实现自动发送；手动发送，则需要选择发送数据的类型，默认是以二进制，如要以十六进制发送，需选中"十六进制"。填写要发送的数据或字符在发送数据区，点击"手动发送"就可以了。但是如果选择了十六进制发送，每两个字符之间应有一个空，如：01 23 00 34 45。在界面最下方，则可以观测数据接收或发送的状态，包括：波特率、串口类型、校验位、停止位、数据位，以及发送或接收文件的大小（bit）RX、TX。

2.4 基于智能传感器的液压支柱压力检测系统设计实例

我国煤矿地下开采支护技术主要使用单体液压支柱作为顶板支护设备。单体液压支柱密封质量和保持压力的性能，直接影响安全生产。因此对单体液压支柱的密封质量检测非常重要。单体液压支柱压力检测系统就是专门用于检测其密封性能的仪器，通过检测单体支柱的压力在规定时间内的变化情况评价其密封质量的好坏。单体液压支柱压力检测系统是单体液压支柱生产厂家、维修中心和各煤矿维修车间必备仪器。对保证单体支柱密封性能、提高工作效率，提供了有效的和切实可行的检测方法。

2.4.1 系统整体设计

(1) 系统概况

单体液压支柱压力检测系统由智能压力传感器（压力检测）、压力显示分机、通信接口、监控计算机构成，见图 2-30。压力检测时，对应每个单体支柱有一个智能压力传感器和显示分机。可以根据总线驱动能力和用户的需求，设置智能压力传感器和显示分机的数量。

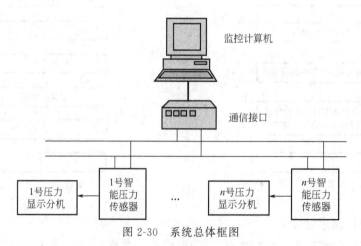

图 2-30　系统总体框图

系统采用总线形式进行通信，计算机没有总线形式的接口，要通过一个通信接口完成计算机与智能压力传感器的通信任务。智能压力传感器完成压力信号的采集、压力值的计算、输出等工作。压力显示分机一方面能够实时显示单体支柱动态的压力值，为工作现场的人员提供观察方便，另一方面通过指示灯，显示通信状况是否正常、指示合格与不合格。监控计算机完成数据处理、发出各种控制指令、显示、打印报表等工作。

（2）计算机与通信接口

计算机在整个系统中处于主导地位，系统的运行由计算机统一协调。计算机都有一个或者多个 RS232 串行接口，智能传感器的通信采用 CAN 总线形式，而计算机本身并不带有 CAN 总线形式的接口，因此要把计算机的 RS232 信号转变成 CAN 总线形式的信号再发送到总线上去。接口设计方面，CAN 总线与单片机采用 8 位数据并行传输，因此可不占用单片机的串口，这样可以利用单片机的串口与计算机通信，单片机再将串口接收到的计算机指令或数据转变为 CAN 总线帧格式发送出去。AT89C52 单片机功能强，市场货源好，是一款性价比较高的单片机，可作为通信接口的核心部件，实现 RS232 和 CAN 总线的信号转换。

（3）智能压力传感器

① 智能传感器的定义　智能型传感器受到越来越广泛的重视，据 Honeywell 工业测量与控制部产品经理 Tom Griffiths 的定义："一个良好的'智能传感器'是由微处理器驱动的传感器与仪表套装，并且具有通信与诊断等功能，为监控系统和/或操作员提供相关信息，以提高工作效率及减少维护成本。"由此可以看出，一个智能传感器硬件方面要有传感器、微处理器、通信接口电路，软件方面要能够自诊断、提供信息、提高工作效率。对一个具体的智能传感器要根据需要完成的任务，合理的选择硬件和功能。

② 智能传感器实现形式　有三种实现传感器智能化的途径，非集成化、集成化和混合实现。这里采用非集成化实现形式。图 2-31 是非集成式传感器框图。图中经典传感器是采用非集成化工艺制作的传感器，仅具有获取信号的功能，在本系统中是电阻应变压力传感器。信号调理电路用来将传感器的输出信号进行放大，并转换成数字信号后送入微处理器。本系统中采用 AD7705 作为信号调理电路的芯片，它同时具有放大和 A/D 转换功能。微处理器通过数字总线接口挂接在现场数字总线上，与上位机进行通信联系，PHILIPS 公司生产的 P89LPC932 单片机集成了许多系统级的功能，非常适合于作为智能传感器的微处理器。总线接口有很多种形式的总线形式可以采用，本系统中采用 CAN 总线。SJA1000 是一种独立的 CAN 控制器，支持两种 CAN 通信协议，是理想的 CAN 总线通信接口芯片。

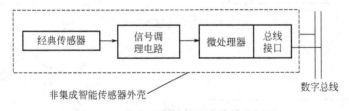

图 2-31　非集成式智能压力传感器框图

③ 智能压力传感器的功能　有了基本的硬件，通过编制软件就可以实现对智能化的需求。本系统中的智能压力传感器要求可实现以下功能：

压力检测：压力检测范围 0～40MPa。

自校准：实现包含传感器在内的自校准。

　　自标定：计算高压和低压的常数，由智能传感器按照计算机发出的命令自动完成。

　　自校零：自动校准零点，保证压力为零时显示为零。

　　缸径自动转换：可以检测不同缸径单体液压支柱的压力值。

　　数据通信：通过 CAN 总线与监控计算机实现远程数据通信。

　　低功耗：内部器件尽量选用低电压、低功耗器件。

　　掉电保护：掉电后能有效保护内部存储的数据，防止数据的丢失。

（4）显示分机

　　考虑到工作现场观察的需要，将显示部分单独分离出来，作为显示分机。为现场观察的方便采用三位 8 段数码管，显示动态压力值。另外通过通信指示灯的亮灭，还可以看到通信状况，智能传感器向监控计算机发送数据时上行通信信号灯闪烁，由计算机发出命令到智能传感器时下行通信信号灯闪烁。还有两个指示灯作为合格和不合格的指示，检测结束后，经过判定单体支柱的密封性能合格，合格指示灯亮。否则，不合格指示灯亮。这样，现场操作人员可以根据显示分机上的指示知道检测结果。

2.4.2　电阻应变压力传感器设计

　　电阻应变式压力传感器（图 2-32）是由电阻应变片（图 2-33）组成的测量电路（图 2-34）和弹性敏感元件组合起来的传感器。用特殊胶水将电阻应变片粘贴在弹性敏感元件上。当弹性敏感元件受到压力作用时，将产生应变，粘贴在表面的电阻应变片也会产生应变，表现为电阻值的变化。这样弹性体的变形转化为电阻应变片阻值的变化。把四个电阻应变片按照桥路方式连接（图 2-34），两输入端施加一定的电压值，两输出端输出的共模电压随着桥路上电阻阻值的变化增加或者减小。一般这种变化的对应关系具有近似线性的关系。如果找到压力变化和输出共模电压变化的对应关系，就可以通过测量共模电压得到压力值。

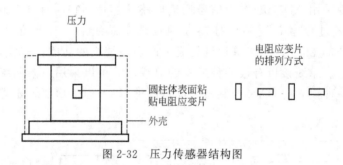

图 2-32　压力传感器结构图

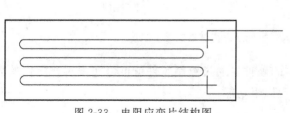

图 2-33　电阻应变片结构图

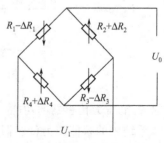

图 2-34　直流电桥原理图

用四个电阻应变片组成全桥差动电路。其中两个横向粘贴，另两个竖向粘贴，横向粘贴的两个电阻应变片在弹性体受压变形时，电阻丝受到拉力而变长，导致阻值增大。竖向粘贴的两个电阻应变片的电阻丝变短，导致电阻值减小。将两个应变符号相同的接入相对臂上如图 2-34 所示。这样保证压力增加输出电压正向增加。

电阻应变片传感器由粘贴了电阻应变敏感元件的弹性元件和变换测量电路组成。被测力学量作用在一定形状的弹性元件上使之产生变形。这时，粘贴在其上的电阻应变敏感元件将力学量引起的形变转化为自身电阻值的变化，再由变换测量电路将电阻的变化转化为电压变化后输出。

2.4.3　A/D 转换通道设计

电阻应变压力传感器能将压力的变化转化为电桥输出电压的变化，通过测量电桥输出电压的大小，就可以知道传感器上施加压力的大小。由于电桥输出的电压是毫伏级的，因此要经过放大。有各种各样的放大电路可供选用（包括运算放大电路、仪表放大器）。

考虑放大的稳定性和精度，可选用仪表放大器。用三个运算放大器配合若干电阻组成仪表放大器（例如用三个 OP07），效果也很好。对放大后的电压信号的处理有很多方法，如采用V/F 变化，即将电压信号转换为频率信号，比如最常用的 LM331 电路。单片机处理频率信号相对简单，因此被广泛采用。这里采用 A/D 转换的方式，将电压这一模拟量转化为数字量，再输入到单片机，由单片机对数字信号进行处理。考虑到尽量减少芯片的使用数量，选用将放大器和 A/D 转换器集成在一起的芯片 AD7705。

（1）AD7705 工作原理

AD7705 是应用于低频测量的 2 通道的模拟前端。该器件可以接受直接来自传感器的低电平的输入信号，然后产生串行的数字输出。利用 Σ−△ 转换技术实现了 16 位无丢失代码性能。选定的输入信号被送到一个基于模拟调制器的增益可编程专用前端。片内数字滤波器处理调制器的输出信号。通过片内控制寄存器可调节滤波器的截止点和输出更新速率，从而对数字滤波器的第一个陷波进行编程。图 2-35 是 AD7705 的引脚，图 2-36 是 AD7705 的功能框图。

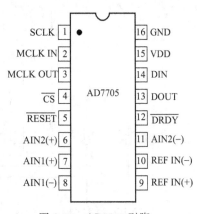

图 2-35　AD7705 引脚

（2）AD7705 与单片机硬件设计

① 电路　AD7705 与 P89LPC932 单片机接口电路如图 2-37 所示。AD7705 的 5 脚（复位）接高电平，4 脚（片选）接低电平。查询方法由 P2.3 监控 DRDY 输出线。P2.0 与串行时钟输入端相连，AD7705 的 DATAOUT 和 DATAIN 引脚连接单片机 P2.1 和 P2.2。电阻应变传感器的输出信号直接输入到 AD7705 的通道 1，2.5V 基准电压由 MC1403 产生，实测电压精度可达 0.1%，温度系数也仅 10PPM。基准输出端并接的滤波电容应选用钽电容和 CBB 电容，以确保稳定度和噪声方面的要求。为适应 50Hz 工频的特点，提高 A/D 转换对其的抗干扰能力，AD7705 的晶振为 2.4567MHz，输出频率为 50Hz。

② P89LPC932 单片机　P89LPC932 是单片封装的高性能、低功耗的带片内 8KB flash的微控制器，其指令执行时间只需 2～4 个时钟周期，6 倍于标准 80C51 器件。P89LPC932

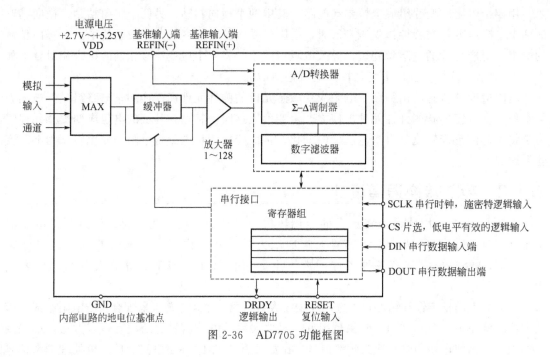

图 2-36　AD7705 功能框图

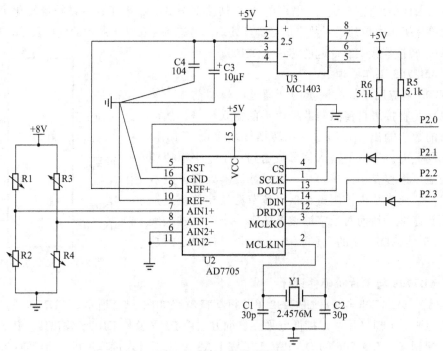

图 2-37　A/D 转换原理图

内部主要集成了字节方式的 I2C 总线、SPI 接口、UART 通信接口、实时时钟、EEPROM、
A/D 转换器、ISP/IAP 在线编程和远程编程方式等一系列有特色的功能部件；其可用 I/O
口数目为 24～26。微控制器在低电压（3V）下工作，可以很好地工作在要求低功耗的系统
中。其集成了许多系统级的功能，适合于许多要求高集成度、低成本的场合；可以大大减少
元件的数目和电路板面积，满足多方面的性能要求。特性如下：

当操作频率为 12MHz 时除乘法和除法指令外，高速 80C51CPU 的指令执行时间为 167~333ns。同一时钟频率下，其速度为标准 80C51 器件的 6 倍。只需要较低的时钟频率，即这样无疑降低了功耗和 EMI。

操作电压为 2.4~3.6V，I/O 口可承受 5V 可上拉或驱动到 5.5V。

8kB Flash 程序存储器具有 1KB 可擦除扇区和 64B 可擦除页规格。

256B RAM 数据存储器 512B 附加片内 RAM。

512B 片内用户数据 EEPROM 存储区，可用来存放器件序列码及设置参数。

2 个 16 位定时/计数器，每个定时器均可设置为溢出时触发相应端口输出或实时时钟，可作为系统定时器。

捕获/比较单元 CCU 提供 PWM 输入捕获和输出比较功能。

2 个模拟比较器可选择输入和参考源。

增强型 UART 具有波特率发生器间隔检测、帧错误检测、自动地址识别。

400kHz 字节方式 I^2C 通信端口。

SPI 通信端口。

8 个键盘中断输入，另加 2 路外部中断输入。

4 个中断优先级。

低电平复位，使用片内上电复位时不需要外接元件，复位计数器和复位干扰和不完全的复位，另外还提供软件复位功能。

低电压复位、掉电检测、可在电源故障时使系统安全关闭，该功能也可配置。

振荡器失效检测、看门狗定时器具有独立的片内振荡器，因此它可用于振荡。

可配置的片内振荡器及其频率范围和 RC 振荡器选项，通过用户可编程 Flash 存储器。

RC 振荡器时不需要外接振荡器件，振荡器选项支持的频率范围为 20kHz~12MHz。

振荡器选项并且其频率可进行很好的调节。

可编程 I/O 口输出模式，除了准双向口，还有开漏输出、推挽和仅为输入 3 种功能。

输入模式匹配检测：当 P0 口引脚的值与一个可编程的模式匹配或者不匹配时，可产生一个中断。

双数据指针 DPTR。

施密特触发端口输入。

所有口线均有 20mA 的 LED 驱动能力。

可控制口线输出斜率以降低 EMI 输出最小跳变时间约为 10ns。

最少 23 个 I/O 口 28 脚封装，选择片内振荡和片内复位时可多达 26 个 I/O。

当选择片内振荡及复位时 LPC932 只需连接电源和地。

串行 Flash 编程可实现简单的在电路编程，Flash 保密位可防止程序被读出。

Flash 程序存储器可实现在应用中编程，这允许在程序运行时改变代码。

空闲和两种不同的掉电节电模式，提供从掉电模式中唤醒功能（低电平中断输入唤醒）。

掉电电流为 1mA 比较器关闭时的完全掉电状态。

28 脚 TSSOP 和 PLCC 封装。

仿真支持。

(3) A/D 转换软件设计

① AD7705 初始化子程序设计　对 AD7705 初始化其实质是按照初始化的要求将有关参数写入 AD7705 的相应寄存器，包括通信寄存器、设置寄存器和时钟寄存器。通信寄存器用于通道选择和启动对设置寄存器和启动对设置寄存器与时钟寄存器的读写操作，时钟寄存器用于设置 AD7705 的数据更新频率，设置寄存器用于设置 AD7705 的单双极性、增益、校准方式及滤波方式。AD7705 的初始化流程如图 2-38 所示。

② 读取 AD7705 结果的程序设计　AD7705 结果读取程序的设计要严格按照读/写时序进行。时钟是上升沿有效。数据由输出端从高位到低位输出，共 16 位。数据的读取的具体流程见图 2-39。

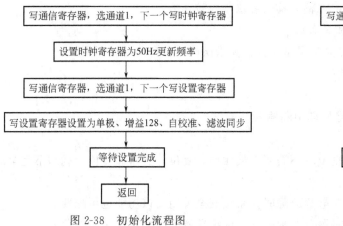

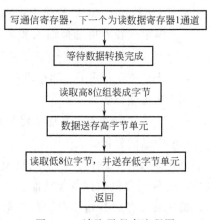

图 2-38　初始化流程图　　　　　图 2-39　读取子程序流程图

2.4.4　CAN 总线通信网络设计

(1) 硬件连接

图 2-40 为智能控制器 CAN 总线硬件电路原理图，电路主要由单片机 P89LPC932、独立 CAN 控制器 SJA1000、CAN 总线驱动器 82C250 和高速光电耦合器 CN137 组成。通信

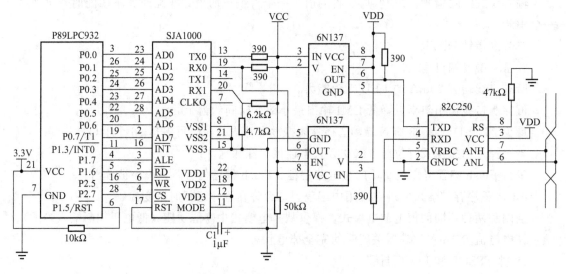

图 2-40　CAN 总线电路原理图

时，由单片机 P89LPC932 完成 SJA1000 的初始化，通过控制 SJA1000 实现数据的接收和发送等通信任务。

SJA1000 是独立的 CAN 通信控制器，它支持 CAN2.0A、CAN2.0B，与 PCA82C200 CAN 控制器兼容，并可替代 PCA82C200；而且新增了一种工作模式（PeiiCAN），使得 SJA1000 支持具有很多新特性的 CAN2.0B 协议。SJA1000 集成了 CAN 协议的物理层和数据链路层功能，可完成对通信数据的成帧处理，该控制器具有多主结构、总线访问优先权、硬件滤波等特点。

PC82C250 为 CAN 总线收发器，是 CAN 控制器和物理总线间的接口，提供对总线的驱动发送能力、对 CAN 控制器的差动发送能力和对 CAN 控制器的差动接收能力。它有很强的抗瞬间干扰和保护总线的能力；有 3 种不同的工作方式即高速、斜率控制和待机。总线上的某节点掉电不会影响总线，在 40m 内实现高速应用可达 1Mb/s，最多可挂 110 个节点。

SJA1000 与微处理器的接口非常简单，微处理器以访问外部存储器的方式来访问 SJA1000。由于 SJA1000 的内部寄存器分布在连续的地址内，完全可以把 SJA1000 当作外部 RAM。在设计接口电路时，SJA1000 的片选地址应与其他外部存储器的片选在逻辑上无冲突。硬件结构如图 2-40 中所示，SJA1000 的 AD0～AD7 连接到 P89LPC932 的 P0 口，单片机的 P2.7 口与 SJA1000 的 CS 连接，SJA1000 中的寄存器地址可设为 7F00H～7F1FH，通过这些地址完成对 SJA1000 相应寄存器的读/写操作。SJA1000 的 AD0～AD7 连接到 P89LPC932 的 P0 口。INT 接 P89LPC932 的 INT0、RD、WR、ALE 分别与单片机的对应引脚相连。

为增强 CAN 总线节点的抗干扰能力，SJA1000 的 TX0 和 RX0 并不是直接与 82C250 的 TXD 和 RXD 相连，而是通过高速光耦 6N137 后与 82C250 上各 CAN 节点的电气隔离。要特别说明的一点是，VCC 和 VDD 必须完全隔离，否则采用光耦就失去了意义相连。这样就很好地实现了总线光耦部分电路所采用的两个电源 82C250 作为 CAN 总线驱动器，在 Rs 脚上接 47kΩ 电阻，以降低射频干扰。

（2）SJA1000 软件设计

CAN 总线的软件设计包括初始化子程序、报文接收子程序和发送子程序。此处采用汇编语言编程。

① 初始化子程序　首先要进入复位模式，才能进行初始化工作。初始化主要完成对 SJA1000 各相关寄存器内容的定义，主要包括方式寄存器、时钟方式寄存器、接收屏蔽寄存器（AMR）和接收代码寄存器（ACR）、总线定时寄存器 0 和 1、中断允许寄存器、接收缓冲器起始地址寄存器、发送错误寄存器、错误代码捕捉寄存器。设置好这些寄存器，才能保证数据通信的正确和畅通。图 2-41 为初始化程序框图。

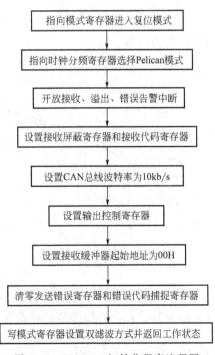

图 2-41　SJA1000 初始化程序流程图

② 报文接收子程序　为提高报文接收的实时性，接受报文采用了中断法。当 CAN 总线控制器 SJA1000 接收到一帧有效报文时，其 INT 引脚跳变为低电平触发单片机的外部中断 0，通过中断子程序将报文读入微处理器。图 2-42 为中断接收子程序。

③ 报文发送子程序　报文的发送是主动发送的，发送时只需将待发送的数据按特定格式组合成一帧报文，送入 SJA1000 发送缓冲区中，然后启动 SJA1000 发送即可，当然在往 SJA1000 发送缓冲区送报文之前，必须先做一些判断。发送子程序如图 2-43 所示。

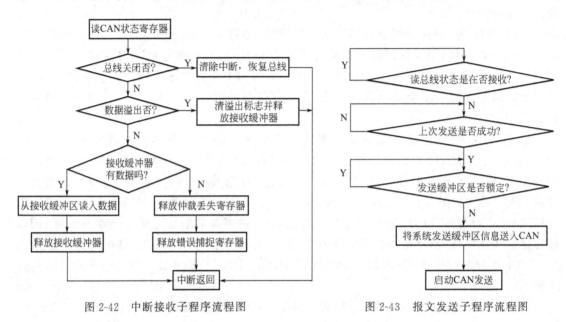

图 2-42　中断接收子程序流程图　　　　　图 2-43　报文发送子程序流程图

2.2.5　智能化的实现

(1) 压力计算公式

要计算出压力值，首先要有计算公式。如果电阻应变压力传感器输出电压随着压力的增加是线性变化的，这样 A/D 转换出来的数值也是线性增加的。但实际情况并非如此，通过试验得出，压力-电压关系并不是线性关系。而是如图 2-44 所示。

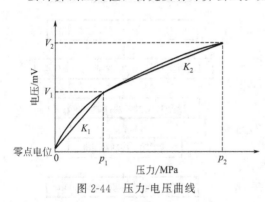

图 2-44　压力-电压曲线

采用分段拟合的方式，在低压段和高压段用两段直线拟合整条曲线。这样计算压力时就要有两个常数。

可以初步地建立这样的数学模型 $p = K(D_P - D_0)$，式中 p 为压力、K 为常数、D_P 为 A/D 转换后的数字量、D_0 为分段直线起始点 A/D 转换的数字量。单片机可以通过读 AD7705 得到 D_P 和 D_0，常数 K 就成为计算压力 p 的未知因素。而传感器的标定也就是要得到常数 K。

在低压段，由于电桥的不平衡导致压力为零时总有一定的电压输出，使得此时有一定的 A/D 转换数值。只要测得压力为零时的初始 A/D 转换的数字量 D_0（得到初始 A/D 转换的

数字量 D_0 可以看做是调零），再测得 p_1 压力下 A/D 转换出的数字量。常数 K_1 可以定义为 $p_1/(D_{P_1}-D_0)$，低压段为 $0\sim8\mathrm{MPa}$，常数 $K_1=8/(D_8-D_0)$，其中 D_8 为压力 $8\mathrm{MPa}$ 时 A/D 转换出来的数字量，D_0 为压力 $0\mathrm{MPa}$ 时 A/D 转换出来的数字量。

在高压段计算常数 K_2 是相似的，只是将 D_8 和 D_0 分别由 D_{40} 和 D_8 代替。分子 8 替换为 32。

（2）自校零

首先智能传感器与计算机进行连接，上电后，在零压力时，计算机发出自校零命令，单片机读一次 A/D 转换的数字量，并存入 EEPROM 相应单元中，以后单片机每次上电时，要把存储的结果读出来放到 RAM 中去，供计算压力使用。如果智能传感器是第一次使用，因为没有常数 K，此时压力显示为随机数。如果在使用中计算机发出自校零命令，不管此时压力是多少，压力显示会变为零。因此，智能传感器自校零时，一定要保证压力为零，否则会引起压力显示的混乱。为消除零点漂移带来的误差，实际使用过程中，要求每天开机后，检测压力前，操作人员要通过计算机发送一次自校零命令。这样可以有效消除温度的变化带来的漂移误差。

（3）自标定

在压力机上将智能传感器加压到 $8\mathrm{MPa}$，此时通过计算机发出低压自标定命令，单片机读入此时 AD7705 转换出来的数字值，然后通过公式 $K_1=8/(D_8-D_0)$ 计算出压力常数 K_1，并且存入 $\mathrm{E}^2\mathrm{PROM}$ 相应单元中。然后继续加压到 $40\mathrm{MPa}$，此时通过计算机发出高压自标定命令，单片机读入此时 AD7705 转换出来的数字值，然后通过公式 $K_2=32/(D_{40}-D_8)$ 计算出压力常数 K_2，并且存入 $\mathrm{E}^2\mathrm{PROM}$ 相应单元中。以后每次单片机开始工作时，先把常数 K_1 这个数据读出来放到 RAM 单元中去。也就是计算压力时先从低压开始，当压力超出低压范围时，再转换为高压常数计算。

（4）自校准

自校准是通过向 AD7705 的设置寄存器写入相应的命令进行的。通过向 AD7705 的设置寄存器的 MD1 和 MD0 写入相应值（0，1），器件开始自校准。

在单极性输入信号范围内，用来确定校准系数的零标度点是用差分输入对的输入端在器件内部短路 ［即 AD7705 的 AIN（+）=AIN（-）=内部偏置电压］，增益可编程放大器 (PGA) 设置为用于零标度校准转换时选定的增益（由通信寄存器内的 G1 和 G0 位设置）。

满标度标准转换是在一个内部产生的 VREF 电压和选定增益的条件下完成的。校准持续时间是 6×1/输出速率。它是由零标度和满标度校准的 3×1/输出速率时间的总和。校准完成后，MD1 和 MD0 自动返回初始值（0，0），这是校准过程结束的最早的提示。校准开始时，DRDY 处于高电平，直到数据寄存器中有新的有效数据，DRDY 才回到低电平，DRDY 从高电平到低电平这个过程的持续时间是 9×1/输出速率，其中，零标度校准时间、满标度校准时间和设置校准系数时间各为 3×1/输出速率。所以，从时间上来说，MD1 和 MD0 给出的校准完成提示要比 DRDY 位给出的提示早 3×1/输出速率。如果 DRDY 在校准指令写入设置寄存器之前处于低电平，可能需要一个额外的调制周期的时间，DRDY 才能变为高电平，由此显示校准已经开始，因此，在最后一个字节写入设置寄存器之后，可以对 DRDY 不予理会。

对于双极性输入范围的自校准，整个过程与上述过程相似，零标度和满标度点几乎与单极性输入的一样，但由于 AD7705 是配置成双极性输入工作的，输入点范围的缩短，实际上处于转换函数的中间区域。

在编写的程序中每次 A/D 转换前都进行一次自校准。

(5) 缸径设置

有些单位有直径为 80mm 和 100mm 两种缸径单体液压支柱，正常计算一般采用 100mm 缸径的常数，检测 80mm 缸径的单体液压支柱时，最终的压力数值要乘以修正系数 0.64。

这样在计算压力数值时，要先设置缸径。由监控计算机发出缸径设置命令，根据智能传感器所在位置检测的单体支柱的缸径发出命令。

03

第3章
智能仪表及其在液压系统中的应用

3.1 智能仪表及应用概述

工业自动化仪表是用以实现信息的获取、传输、变换、存储、处理与分析，并根据处理结果对生产过程进行控制的重要技术工具。其中包括检测仪表、分析仪表、执行与控制仪表、记录仪表等几大类，也有将几部分功能集成在一起的仪表，是工业控制领域的基础和核心之一。

3.1.1 智能仪表

（1）智能仪表的概念

微型计算机技术和嵌入式系统的迅速发展，引起了仪器仪表结构的根本性变革，即以微型计算机为主体，代替传统仪表的常规电子线路，成为新一代具有某种智能的灵巧仪表。这类仪表的设计重点，已经从模拟和逻辑电路的设计转向专用的微机模板或微机功能部件、接口电路和输入输出通道的设计，以及应用软件的开发。传统模拟式仪表的各种功能是由单元电路实现的，而在以单片机或嵌入式系统为主体的仪表中，则由编程软件、各种特殊而复杂的功能模块、简化的用户组态编程功能以及各种典型应用的控制策略包等模块组成的软件，来完成众多的数据处理和控制任务。

智能仪表将计算机技术、自动控制技术和测量技术等综合应用于仪器仪表的设计中，从而使仪器仪表体积更小，功能增强，它所具有的软件功能更意味着可以将人工智能嵌入其中。与一般的仪器仪表相比，智能仪表所具有的功能特点主要体现在：

① 在测量过程中可实现软件控制。将计算机技术应用于仪器仪表，一方面可简化硬件的结构，提高仪器仪表的自动化程度；另一方面可以通过软件的编程，来实现仪器仪表的多种不同功能。

② 可对测量数据进行相应的处理。智能仪表突出的特点就是能够对测量数据进行存储和运算，主要表现在改进测量结果的精确度以及对结果的后续加工两个方面。

③ 能够实现多种功能。单片机的介入使智能仪表一机多用的多功能化得以实现，通过测量过程的软件控制以及数据处理能力，能够实现诸如故障自动诊断、量程自动切换、图形显示以及输出打印等之前的仪器仪表无法比拟的多种功能，而且各种新的功能还在不断地进行开发。

④ 通信能力增强。智能仪表根据需求一般配有通信接口或者更为先进的无线网络技术，这使智能仪表具有远程操作的能力，能够与计算机或其他相关仪器仪表配合工作，完成更加复杂的任务。

目前智能仪表的发展现状可以从对传统仪表的改进和新型仪表的出现两方面来归纳。传统的仪表引入 MCU 及各类半导体新器件后，不但工作速度有了跨越式提高，在测量精度、运行可靠性、稳定性、存储容量等方面也有了质的改变。除此，新的技术还使传统仪表具有了目标准、自适应、自学习等功能，使精度和可靠性进一步得到提高。

智能仪表除了在传统仪表的改进方面取得了巨大的成就以外，还开辟了许多新的应用领域，出现了许多新型的仪表。20 世纪 80 年代以来，制造业（汽车制造、各种电子设备如电子计算机、电视机的制造等）的高速发展使 CAM（computer aided manufacturing，计算机辅助制造）达到很高水平，它对人类生产力的提高起着巨大的推动作用。为了对 CAM 的工作质量进行实时监督,使成品或半成品的质量得到保证,要求实现对整个加工工艺过程中各重要环节或工位的在线检测,因此在生产线上或检验室内大量应用各种 CAT(computer aided test,计算机辅助测试)技术的仪表。

(2)智能仪表的发展历程

历经以模拟技术为特征的电动单元组合仪表、以数模混合技术为特征的 DDZ-S 系列仪表的开发后,1983 年,美国霍尼韦尔公司向制造工业率先推出了新一代智能型压力变送器,这标志着模拟仪表向数字化智能仪表的转变。当时的这种智能变送器已具有高精度、远距离校验和灵活组态的特点,并告知用户:尽管初期购置费用较高,但会被较低的运行和维护费用所补偿。紧随其后的十年里,国外其他公司的智能压力变送器也陆续在一些生产线上被采用,它们包括:Rosemount、Foxboro、YOKOGAWA、Siemens、E&H、Bailey、Fuji 和 ABB 等。但由于缺少高速的智能通信标准、用户对于高精度监控要求并不突出、培训等服务机制相对薄弱,当时的智能应用并不乐观,只占到了约 20% 的市场。

随着微电子、计算机、网络和通信技术的飞速发展以及综合自动化程度的不断提高,目前广泛应用于工业自动化领域的智能仪表,其技术也同样在过去的几十年里得到了迅猛的发展。目前国外智能仪表占据了国际应用市场的绝大比重,如何结合目前智能仪表的工业应用经验并快速跟踪国际智能前沿技术应用于我国智能仪表的开发研究成为振兴民族智能仪器仪表的一大突出问题。

(3)智能仪表的组成

通常,智能仪表由硬件和软件两大部分组成。硬件部分包括 MCU、过程输入输出通道(模拟量输入输出通道和开关量输入输出通道)、人机交互部分和接口电路以及 USB、Internet、GPRS、短消息数据通信接口等。

主机电路用来存储数据、程序,并进行一系列运算处理,它通常由微处理器、ROM、RAM、Flash、FRAM、I/O 接口和定时计数电路等芯片组成,或者它本身就是一个单片机或嵌入式系统。模拟量输入输出通道用来输入输出模拟信号;数字量输入输出通道用于输入输出数字信号。人机交互部分是操作者与仪表之间的桥梁,通信接口则用来实现仪表与外界的数据交换功能,进而实现网络化互联的需求。外部时序逻辑扩展部分常用 CPLD/FPGA 等器件来扩展 CPU 的功能。显示打印模块用于外接打印机和 LCD/LED。

智能仪表的软件通常包括监控程序、中断处理(或服务)程序以及实现各种算法的功能模块。监控程序是仪表软件的中心环节,它接收和分析各种命令,管理和协调全部程序的执行;中断处理程序是在人机交互部分或其他外围设备提出中断申请并为主机响应后直接转去执行的程序,以便及时完成实时处理任务;功能模块用来实现仪表的数据处理和控制功能,包括各种测量算法(例如数字滤波、标度变换、非线性校正等)和控制算法(例如前馈控制、纯滞后控制、模糊控制等)。

(4)智能仪表的优势和特点

智能仪表在工业自动化领域的广泛应用得益于其突出的技术优势和特点,诸如其高稳定性、高可靠性、高精度、易维护性。以智能变送器为例,智能仪表具备如下优点:

① 精度高　智能变送器具有较高的精度。利用内装的微处理器,能够实时测量出静压、温度变化对检测元件的影响,通过数据处理,对非线性进行校正,对滞后及复现性进行补偿,使得输出信号更精确。一般情况,精度为最大量程的 $\pm0.1\%$,数字信号可达 $\pm0.075\%$。

② 功能强　智能变送器具有多种复杂的运算功能,依赖内部微处理器和存储器,可以

执行开方、温度压力补偿及各种复杂的运算。

③ 测量范围宽　普通变送器的量程比最大为 10∶1，而智能变送器可达 40∶1 或 100∶1，迁移量可达 1900％和−200％，减少变送器的规格，增强通用性和互换性，给用户带来诸多方便。

④ 通信功能强　智能变送器均可实现手操器进行操作，既可在现场将手操器插到变送器的相应插孔，也可以在控制室将手操器连接到变送器的信号线上，进行零点及量程的调校及变更。有的变送器具有模拟量和数字量两种输出方式（如 HART 协议），为实现现场总线通信奠定了基础。

⑤ 完善的自诊断功能　通过通信器可以查出变送器自诊断的故障结果信息。智能仪表建立在微电子技术发展的基础上，超大规模集成电路的嵌入，将 CPU、存储器、A/D 转换、输入/输出等功能集成在一块芯片上，甚至将 PID 控制组件也置入其中。加之现场总线的应用，智能仪表与控制系统之间的数字通信将替代以往的模拟传递，大大提高了精度和可靠性，避免了模拟信号在传输过程中的衰减，长期难以解决的干扰问题得到解决。此外，由于数字通信，节省了大量电缆、安装材料和安装费用。

3.1.2　我国智能仪表工业概况

(1) 我国智能仪表的工业自动化应用现状

随着大规模工业化装置对安全运行及自动化控制水平要求的不断提高，尤其是 20 世纪 90 年代后期 DCS 系统的应用普及、现场总线技术的快速发展、各种标准通信协议的进一步开放和完善，促使智能仪表在工业自动化领域得到了更为广泛和大规模的应用。

首先，工业用户对于能源及物耗成本的计量要求、控制精度的要求、减轻现场作业量（工艺操作和仪表维护）的要求无一例外的将扩大智能仪表的应用市场。

此外，仪表行业的自身发展已经趋于智能化。这一点无论是中国还是全球，仪表产品的高科技化、高智能化已经成为必然的发展趋势。

相比之下，国产智能化仪表无论是设计还是制造都明显弱于国际先进水平，国内工业自动化用户在智能仪表的使用经验方面也相对积累较晚、较少，智能仪表与现场总线的应用组合也还不多，这些现状表明我国智能仪表的应用还只是处于一个初级阶段，而由此也带来了相对较多的应用问题。

(2) 智能仪表应用存在的问题及应对措施

对智能仪表应用存在的问题进行归纳统计，按其成因大致可分为环境因素、人为因素和自身因素三大类。在工业自动化系统的实际应用中，由于环境及人为因素所造成的问题占应用故障的绝大比重。

环境因素主要表现为来自系统内部和外部的各种干扰。具体来说，这些干扰源可划分为：空间的电磁辐射、布线的干扰和控制系统内部的干扰。干扰通过以下途径进入系统：电源、输入端子、输出端子和空间辐射。智能仪表工作环境复杂、恶劣，应用空间存在各种干扰，在设计环节应当综合考虑各种可能因素，确定干扰性质，采取相应的抗干扰措施，合理有效地抑制干扰，使其高可靠地稳定运行。

① 智能仪表硬件措施

a. 半导体器件的选择　根据电器元件参数选择合理器件以满足系统性能要求；减少焊点数量以降低接触不良故障；选用高集成度的电路，少用分立元器件；选择温漂小稳定性好的元器件；选用抗干扰性能好的元器件抑制干扰。

b. 电源设计　电源设计考虑交流电源滤波器及稳压器对电源变压器进行屏蔽和隔离，利用压敏电阻吸收浪涌电压。在供电质量要求较高的情况下，可采用瞬变电压抑制器 TVS 等方法。

c. 外部噪声源抑制　对于静电感应噪声，可在信号线或箱体上包附一层金属导体屏蔽层并做好接地；对于电磁感应噪声，配线时应尽量使信号线远离强电线，以减少互感。信号电缆还可用金属导线屏蔽或采用双绞线。

d. 多路模拟开关的选择　多个输入信号经多路转换器接至放大器或 A/D 转换器的方法通常采用抗干扰较强的差动接法，在多路转换器输出端与放大器之间接一个采样保持器电路，或用软件延时的办法进行延时采样。

e. 放大器的选择　在微弱信号系统中选择测量放大器用作前置放大器，它具有高输入阻抗、低输出阻抗、抗共模干扰能力强、低温漂、低失调电压和高稳定增益等特点；为防止共模干扰传入系统可采用隔离放大器；在使用电阻传感器时，可选用具有放大、滤波、激励功能的 2B30/2B31 模块；为提高测量范围和测量精度，可选择程控放大器。

f. 采样保持器的选择　采样保持器电路具有采样和保持两种状态，其作用是保持 A/D 转换期间输入信号不变。采样保持器中的采样电容对电路精度有着直接影响，最好采用感应吸收小、漏电小的聚苯乙烯电容或聚四氟乙烯电容。

g. A/D 转换器的选择　逐次比较式 A/D 转换器速度较高，但抗干扰能力差；双积分 A/D 转换器抗干扰能力强，具有较高的转换精度，但转换速度较低；V/F 式 A/D 转换器也具有较好的抗干扰性能，很好的线性度和高分辨率，但转换速度也较低；余数反馈比较式 A/D 转换器具有量化噪声小、分辨率高的特点；而 Σ-式的 A/D 转换器由于兼备余数反馈比较式和积分式的特征，具有转换速度高、抗干扰能力强、量化噪声小、分辨率高和线性度好等优点，适于优先选作智能仪表系统的 A/D 转换器。

h. 主机单元的配置　主机单元/微处理器是智能仪表的核心，其性能的好坏直接影响到智能仪表的工作质量。当数字电路受到高速跳变电流作用时，会产生阻抗噪声，需设置适宜的去耦电容；在数字电路的接口部分加入 RC 滤波环节以抑制输入端的噪声；存储器布线考虑抗干扰设计；在总线上适当安装上拉电阻以提高总线信号传输的可靠性。

i. 键盘、显示器单元的配置　优先选用柔性键盘，其最大的特点是防尘、防潮、耐蚀、外在美观、装嵌方便；智能仪表优先选用 LED 显示器，但由于其动态电流大，在供电设计上应采取足够的去耦措施，即在 LED 驱动器电源输入端并接大电容滤波器以防误动作。

② 智能仪表软件措施

a. 数字滤波技术　通常采用的方法有：算术平均法、中值法、抑制脉冲算术平均法、一阶惯性滤波法、程序判断滤波法和递推平均滤波法等。

b. 添加数据冗余位　为增加数据传输的可靠性，可针对重要的数据添加冗余位，增强检测和纠错能力。

c. 软件陷阱　即采用引导指令强行将捕获到的乱飞程序引向复位入口地址，在此处将程序转向专门对程序出错进行处理的程序，使程序纳入正轨。

d. 重要指令冗余　对程序流向起决定作用的指令和某些对系统工作状态起重要作用的指令的后面，可重复写上这些指令，以确保这些指令的正确执行。

e. 初始化　泛指在各段程序中，对单片机片内外扩展器件的各种功能、端口或者方式、状态等采取的永久的或临时的设置。这样不仅保证上电或复位后软件能够正确地实现各种级别的初始化，而且在程序中每次使用某种功能前，都要再一次对响应的控制寄存器设定动作模式，以此来提高系统对入侵干扰的自恢复性能。

f. NOP 的使用　在担负重要作用的指令前插入两条 NOP 指令，可保证乱飞程序迅速纳入轨道，确保这些指令正确执行。

g. "看门狗"技术　采用"看门狗"技术实时监控程序循环运行周期，若发现时间明显超过预设循环时间，可认定系统陷入了"死循环"状态，此时强制程序返回 0000H 入口，在该处设置一段异常错误处理程序，最终使系统重新纳入正轨。

h. 数据保护与恢复技术　单片机在重新启动后，应当首先执行数据恢复程序，将控制端口等重要寄存器受保护的信息恢复还原。

③ 人为因素及应对措施　人为因素主要表现为选型、安装及使用维护不当所带来的问题。所以，只要对症下药，做好选型、安装及使用维护三个方面的工作，就可以从人为角度保障智能仪表的长周期可靠运行。

a. 选型应对措施　工业自动化应用实践表明，智能仪表的故障率极低，较多故障来源于仪表的选型偏差，这就需要慎重考虑测量介质的具体情况。以智能变送器为例，选型时的考虑重点是测量范围是否合理、接液部分材质是否满足工艺介质的腐蚀性要求、法兰规格型号是否与工艺连接法兰一致。

b. 安装应对措施　实际应用中可能会遇到：需要伴热但装置现场附近又不具备保温蒸汽气源的取压点，若采用电伴热，运行成本又过高也不利安全。此时可以考虑就地安装变送器，然后再结合简单的保温处理。能够采取这种方案的理由如下：一是智能变送器防护等级已达到 IP67 允许露天安装；二是变送器型号齐全，可以选择体积小、重量轻的外螺纹接口的智能压力变送器。

c. 使用维护应对措施　目前智能变送器的精度大多可达到 ±0.075% 甚至 ±0.05%，量程比可达到 40∶1 或 100∶1，但是变送器实际量程比过小，比如小于测量范围的 1/10，则实际测量精度将会大打折扣，从使用经验来看，建议使用设置时，仪表实际量程应大于测量范围的 1/5。

智能变送器要求使用与之配套的安全栅，当使用未取得与其配套许可的安全栅后，就可能出现诸多问题，如安全栅压降过大，整个回路电压可能不足以支撑变送器正常工作；安全栅没有本安接地，造成大的共模干扰信号，导致智能变送器工作异常等。

④ 自身因素及应对措施　自身因素是指智能仪表本身的质量问题。这种问题极其少见，只要选型得当，正确审查、评定与优选供应商，这类问题基本上是容易避免的。

3.1.3　智能仪表技术发展方向

(1) 智能化程度进一步提高

智能仪表的智能化程度表征着其应用的广度和深度，目前的智能仪表还只是处于一个较低水平的初级智能化阶段，但某些特殊工艺及应用场合则对仪表的智能化提出了较高的要求，而当前的智能化理论，如：神经网络、遗传算法、小波理论、混沌理论等已经具备潜在的应用基础，这就意味着我们有必要也有能力结合具体的应用需要下大气力开发高级智能化的仪表技术。

（2）稳定性与可靠性的改进

仪表运行的稳定性、可靠性是用户首要关心的问题，智能仪表也不例外。随着智能仪表技术的不断拓展、新型的智能仪表也将陆续投放市场，这需要始终把握一个原则：每一项智能新技术的应用有待实践的检验，是否用户有信心和勇气做"第一个吃螃蟹的人"。这就需要安全性、可靠性技术的并行开发。

（3）潜在功能应用最大化

目前工业自动化领域的实际应用尚未将智能仪表的功能发挥最大化，而更多的只是应用了其总体功能的半数左右，而这一应用现状的主要原因是，控制系统的总体架构忽略了诸如现场总线的技术优势，这需要仪表厂商与用户建立良好的合作伙伴关系，加强长期合作，以短期投资促长期效益，通过建立"智能仪表＋现场总线"的控制系统架构，确立优化的投资观念，达成和谐共赢的目标。

（4）开发加大投入

智能仪表技术及应用还需要经历一个较为漫长的成熟发展期，而对于国内智能仪表技术及产品开发已经面临着更大的挑战，这种局面召唤着国内仪表行业共同探讨智能仪表的发展问题，应对激烈的国际竞争市场，担负仪表产业的历史使命，在日益优厚的国家及政府扶持政策下，坚持产、学、研的密切结合，继续加大国内智能仪表的开发投入，取得新进展。

3.2　智能仪表液压系统典型应用

3.2.1　基于现场总线的液压智能仪表

智能仪器是计算机技术与测量仪器相结合的产物，它意味着计算机技术与测量仪器的结合，是含有微处理器的测量仪器，拥有对数据的存储、运算、逻辑判断及自动化操作等功能。现场总线技术是伴随自控技术、网络技术及微电子技术的发展而迅速发展起来的一种总线技术。智能仪表和现场总线是目前仪表行业发展最快的两个部分，二者的关系密不可分，相辅相成，智能仪表为现场总线的出现奠定了基础，而智能仪表的通信技术是建立在现场总线基础上的。随着现场总线技术的发展，传统的模拟仪表逐步让步于智能化数字仪表，并具备数据化通信功能。

在此根据智能仪器和现场总线技术的发展，针对液压系统的压力、流量、温度信号的测量进行了智能仪表的开发，使之具有 CAN 总线的接口，能够通过 CAN 现场总线进行数据的高速、网络化传输。

（1）主要元器件

① ADuC812 的结构和功能特点　ADuC812 是由美国模拟器件公司（ADI）生产的具有高度集成的 12 位数据采集系统芯片。其结构框图如图 3-1 所示。该芯片具有与 8051 兼容的内核，额定工作频率为 12MHz（最大为 16MHz），3 个 16 位定时器/计数器，32 条可编程的 I/O 线，端口 3 具有高电流驱动能力，9 个中断源并有 2 个优先级。ADuC812 内集成 8KB 片内闪速/电擦除程序存储器、640 字节片内闪速/电擦除数据存储器、片内电荷泵（不需要外部 V_{PP}）；256 字节片内数据 RAM，16MB 外部数据地址空间，64KB 外部程序地址空间。在模拟输入输出方面：ADuC812 在单个芯片内集成了高性能的自校准 8 通道、高精度 12 位 ADC；片内、$40 \times 10^{-6}/℃$ 电压基准；采样速率达 200kHz，高速 ADC 至 RAM 的

DMA 控制器；两个 12 位电压输出 DAC；片内温度传感器功能。在电源方面，MCU 内核和模拟转换器二者均有正常、空闲和掉电工作模式，有适合于低功率应用的灵活电源管理方案。在工业温度范围内，有 3V 和 5V 两种规格电压作器件可供选择。芯片上还集成有 UART 串行 I/O；线（与 12C 兼容）和 SPI 串行 I/O 看门狗定时器和电源监控电路。

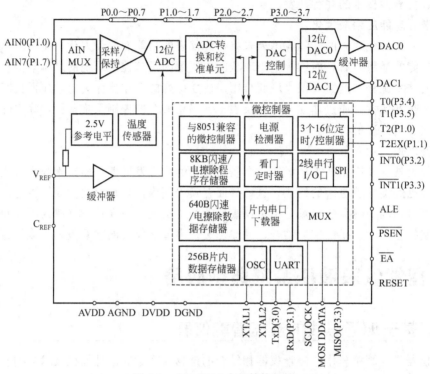

图 3-1　ADuC812 内部结构框图

② MCP2510 的结构和功能特点　MCP2510 的结构框图如图 3-2 所示，它是一种带有 SPI 接口的 CAN 控制器，它支持 CAN 技术规范 V2.0A/B，能够发送和接收标准的和扩展的信息帧，同时具有接收滤波和信息管理的功能。MCP2510 通过 SPI 接口与 MCU 进行数据传输，最高数据传输速率可达 5Mb/s，MCU 可通过 MCP2510 与 CAN 总线上的其他 MCU 单元通信。MCP2510 内含 3 个发送缓冲器、2 个接收缓冲器，并可对其优先权进行编程。MCP2510 具有 6 个接收滤波器，2 个接收滤波器屏蔽同时还具有灵活的中断管理能力，这使得 MCU 对 CAN 总线的操作变得非常简便。MCP2510 采用低功耗 CMOS 工艺技术，其工作电压为 3.0～5.5V；有效电流为 5mA，维持电流为 10μA，工作温度为 −40～+125℃。

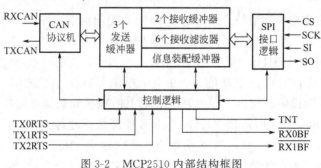

图 3-2　MCP2510 内部结构框图

（2）系统的硬件电路

根据 ADuC812、MCP2510 等主要芯片的特性以及各测量信号的要求，该智能仪表的硬件组成各模块如图 3-3 所示。主要由信号采集模块、单片机控制系统、现场总线接口模块、串行口通信模块等几部分组成。

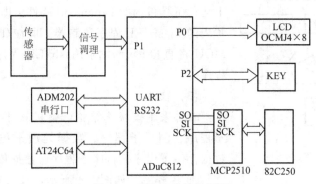

图 3-3 系统组成原理框图

① 信号采集模块 主要由传感器模块和信号调理模块组成。该仪表充分利用了 ADuC812 片内提供的高精度、低漂移并经工厂校准的 2.5V 基准电压，将传感器提供的信号经过调理后输入作为 ADC 输入通道的 P1 端口内。由 ADuC812 为用户提供的多通道多路转换器、跟踪/保持、片内基准、校准特性以及 A/D 转换器等功能部件，方便地完成测量信号的数据采集。对于以脉冲形式输出的涡轮流量传感器信号，可以经过信号调理后输入 ADuC812 的计数器内进行采集。

② 单片机控制系统 以 ADuC812 为核心，控制采集的压力、流量、温度等信号测量、运算处理、显示、打印、向外传送数据等。由于 ADuC812 片内已经带有 8KB 闪速/电擦除程序存储器和 640B 闪速/电擦除数据存储器，作为补充选择了一片具有 I2C 总线地 E2PROM（AT24C64），其只需要占用 2 根 I/O 口线，较传统的存储器大大节省了对系统 I/O 口线的占用。显示模块采用了图形点阵式液晶显示器 OCMJ4×8，能够显示 ASCII 码和汉字。对于测量过程和结果能够以汉字、点阵图形和变化曲线同屏方式进行显示，使人机对话简便友善。键盘采用矩阵式键盘结构，完成了向系统输入数据、传送命令的功能。

③ 现场总线接口模块 根据 MCP2510 的结构特点，将 MCP2510 的 SPI 接口与 ADuC812 的 SPI 接口直接相连，再将 MCP2510 的 CAN 总线接收、发送引脚与 CAN 总线收发器 82C250 的对应引脚相连，即可构成完全符合 CA2.0A/B 技术规范的总线接口，为系统增加 CAN 总线的通信功能。

如果需要进一步提高系统的抗干扰能力，可在 MCP2510 与 82C250 之间再加一个光电隔离器。通过总线接口利用双绞线可以将本仪表与其他具有 CAN 总线的设备进行互联，形成网络。这种总线式网络拓扑结构具有结构简单、成本低、系统的可扩充性较好的特点，在增删 CAN 总线上的控制节点时不会对系统的其余节点造成任何影响。

④ 串行口通信模块 在该系统中，ADM202 作为芯片的串行接口具有双重作用。该串口一方面是该智能仪表向 PC 机外传数据的通信口；另一方面它是对 ADuC812 进行下载程序和联机调试的接口。

ADuC812 和 51 系列单片机开发的一个显著差别就是它不需要购买专门的单片机开发系统，只需要将该单片机通过类似与 ADM202 这样的接口芯片与 PC 机串口相连，再从 AD 公司网站免费下载一套功能完善的开发调试工具包软件 QuickStart 即可。调试软件支持单步、多步、断点等诸多功能。在需要下载或更新用户程序时，在用户电路板上用短路套将ADuC812 的/PSEN 脚通过一个 1kΩ 的电阻接地，重新复位后 MCU 便自动进入程序下载状态。此时，在 PC 机上运行工具包内的 Download 软件，即可将用户程序装入片内的 Flash/EE 程序存储器。而在/PSEN 浮空时复位，MCU 将直接运行片内 Flash/EE 程序存储器中的用户程序。

（3）软件

软件采用模块化结构，整机软件由主程序、键处理子程序、测量子程序、数据处理子程序、显示子程序、数据存储子程序、打印子程序、数据传送子程序等组成。

① 主程序　如图 3-4 所示，仪表在上电后要进行系统的自检和初始化，正常后通过键盘选择相应的检测功能或输入有关参数，然后完成测量、计算、显示、存储、打印、数据传送等子程序，最后控制掉电。

② 子程序　在键处理子程序中，将对功能键、移位键、数字键进行相应的处理，并存入对应单元。测量子程序完成测量以及测量过程的控制任务，如通道切换、采样、A/D 转换、输出限幅、越限报警等。

为了提高测量的正确和准确性，尽量减小偶然因素的影响，在计算处理上采用了数字滤波、非线性校正等技术。本仪器设计为电池供电的便携式仪表，可将现场采集的数据存入仪表内的存储器中，以便与 PC 相连进行分析。

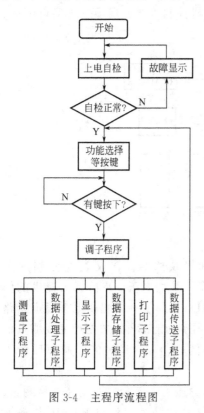

图 3-4　主程序流程图

3.2.2　高温液压源智能温度控制

高温油源用于为各种液压设备提供温度可控的液压源，并对液压系统的性能参数进行测量显示，从而验证设备在散热不利、持续工作情况下的品质。高温液压源由液压系统、电气系统和结构 3 部分组成。高温液压源性能优劣的关键在于能否有效地控制油液温度，使其达到（85±5）℃的高温试验要求及不大于 35℃常温试验要求。因此，油液温度控制是系统设计的重点及难点。根据相关技术调研，目前国内外自动控制领域广泛应用位式控制、比例型控制及 PID 调整 3 种方式用于温度的控制。据高温液压源特点，在整个试验过程中试验设备需要做功，属于动态的控制过程。再加上系统压力调整范围大（1～21MPa），可以说在试验过程中散热器、加热器两个执行机构之间，哪一个起主导作用的特征并不明显。比如，试验设备低压、间歇运行时加热器对油液温度调节力度突出；试验设备高压、往复运行时，散热器对油液温度控制能力明显。据调查，试验设备大多数高温试验项目需要 18.5MPa 的系统压力，并且试验周期长，往复频率高，同时也存在低压、小频度试验项目。因此，本系统设计加热采用位式带回差控制，散热采用 PID 控制，且以散热为主来设计该系统。

（1）油液温度控制方案及过程描述

① 油液温度控制方案　高温液压源油液温度控制单元以智能仪表、变频器为核心控制

器件，利用变送器、智能仪表、中间继电器实现系统压力、油箱温度、出口温度的采集、显示、逻辑判断、PID调节，进而实现油液温度的控制，如图3-5所示。

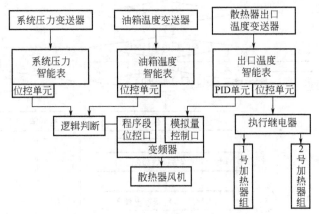

图 3-5　油液温度控制单元

系统压力及油箱温度变送器将采集到的信号送入配套的智能仪表，智能仪表根据实际值与预设值的对比，发出位控信号，控制中间继电器动作，变频器程序段位控口接收到逻辑动作信号后，改变自身运行状态，进而驱动散热器风机以预设转速转动。当油箱温度高于预设值时，变频器切换至模拟量控制模式，此时散热器风机驱动频率由出口温度智能表PID单元输出的模拟量进行控制。

② 油液温度控制单元组成　油液温度控制单元由智能仪表、温度变送器、变频器、散热器、加热器、中间继电器、执行继电器组成。

a. 系统压力及油箱温度测试为厦门宇电501E型智能仪表并扩展位控模块及馈电模块；出口温度测试为厦门宇电518P型智能仪表并扩展位控模块、馈电模块及PID调节模块。厦门宇电智能温度仪表具备位式控制（ON-OFF）、标准PID、AI人工智能调节APID或MPT等多种调节方式，对于多数情况采用标准的PID控制方式，可以满足工艺条件的要求；对常规PID难以控制的复杂长滞后对象可以实现无超调无欠调控制。用户可以设置M5、P、t参数，可以调节相应参数，实现用户自定义调节。对于特殊的温控系统，先进的AI人工智能调节算法具有自整定、自学习功能，无超调及无欠调的优良控制特性，自整定后的控制效果基本上可以满足工艺要求。还具备数据记录与回放、数据导出功能，通过以太网接口可以使用www浏览器进行远程监视及操作，客户还可以进行显示画面的组态和定制。

b. 温度采集选用pt100型温度变送器，安装于油箱侧部及散热器出口处。

c. 变频器选用艾默生EV800系列0.3kW通用型变频器，用于调整散热器供电频率。

d. 加热器采用电热管式加热器，安装于油箱侧部，加热部分伸入油液内，通过对油箱内油液的直接加热使其升温。为避免油液局部加热带来的炭化效应，本系统共设5只电热管，每只功率仅500W；为区分保温及试验预热，我们把5只电热管分为2组：1号散热器组由3只电热管组成，其加热功率1.5kW；2号散热器组由2只电热管组成，其加热功率1.0kW。

③ 油液温度控制过程　油液温度控制过程见图3-6。高温液压源正常工作后，操作人员选择试验类型（常温试验或高温试验）。

常温试验过程：电磁水阀开启，水冷却器工作。变频器切换至位控模式并以50Hz的驱动频率带动散热器工作。

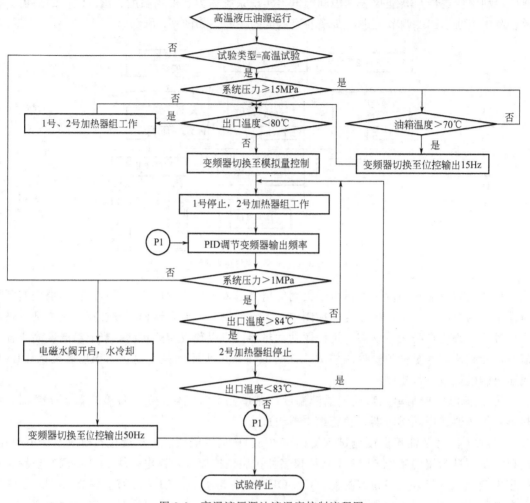

图 3-6 高温液压源油液温度控制流程图

高温试验过程：系统压力大于 15MPa 并且油箱温度已经超过 70℃时，变频器切换至位控模式并以 15Hz 的驱动频率带动散热器工作（实测系统压力大于 15MPa 时，油箱温度比出口温度高 10℃，油液达到热平衡时间较长，甚至在试验室环境温度过高时出现油温超调现象，提前进行散热可缩短热平衡时间，避免油温超限）；系统压力小于 15MPa 并且出口温度小于 80℃时，1 号、2 号加热器组全部工作；出口温度大于 80℃时，变频器切换至模拟量控制模式，由出口温度智能仪表 PID 单元输出的模拟量进行频率调节，1 号加热器组停止加热；出口温度大于 84℃时，2 号加热器组停止加热；出口温度小于 83℃时，2 号加热器组恢复工作；试验停止时（系统压力调节到 1MPa 以下时），系统降温，电磁水阀开启，水冷却器工作，变频器切换至位控模式并以 50Hz 的驱动频率带动散热器工作。

(2) 测试结果及讨论

通过反复调试、老化试验及设备试运行等过程，经检验高温液压油源各项参数指标均能满足技术要求，并且在油液温度控制方面成效尤为突出。静态试验时，10min 内达到温度平衡，油液温度波动 10.2℃，见图 3-7；动态试验时，20min 内达到温度平衡，油液温度波动 10.8℃，见图 3-8。

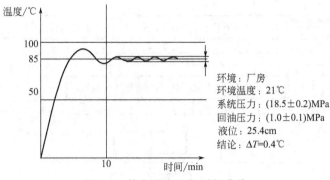

图 3-7 静态试验温度-时间曲线

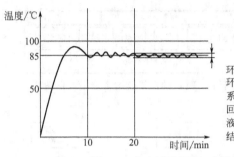

图 3-8 动态试验温度-时间曲线

以上结果表明，该高温液压油源具有设计合理、运行稳定、可靠性高、压力波动小、噪声小等特点。

采用位式控制与 PID 相结合的方式控制油液温度，较好地发挥了智能仪表及变频器在高温液压油源中的作用。

3.2.3 基于 PLC 及 SWP 智能仪表的步进梁液压监控系统

(1) 系统概况

基于网络与 PLC 的步进梁液压在线监控系统如图 3-9 所示。利用上位机组态软件，对步进梁液压监控系统进行系统状态界面、步进梁界面程序编制可仿真现场工作状态，从而实现步进梁液压系统的人机对话和远程数据通信。步进梁液压在线监控系统的分布如图 3-10 所示。

(2) 系统的硬件配置

根据步进梁液压系统的控制要求，硬件配置主要由 PLC、传感器、比例放大器、智能仪表、通信网卡和通信电缆等组成。

① PLC 系统 PLC 选择西门子 S7-300 系列，西门子 S7-300PLC 可完成较为复杂的运算且运算速度快，人机交互编程简单，性价比高，抗振动性和抗冲击性强。S7-300 系列 PLC 采用模块化系统，各个独立模块间能进行广泛组合，从而构成可满足用户不同要求的系统。

为满足步进梁液压系统控制要求，系统配置了电源模块 PS307-10A，CPU 模块 CPU315-2DP、接口模块 IM365、通信模块 CP342-SDP、数字量输入模块 SM321、数字量输出模块 SM322、模拟量输入模块 SM331、模拟量输出模块 SM332。PLC 模块配置如图 3-11 所示。

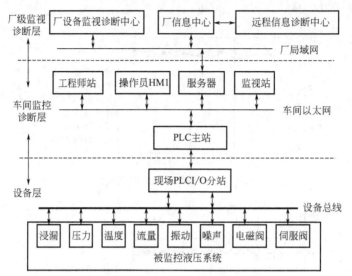

图 3-9　基于网络与 PLC 的在线监控系统组成框图

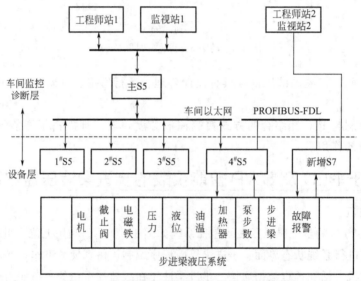

图 3-10　步进梁液压在线监控系统的组成框图

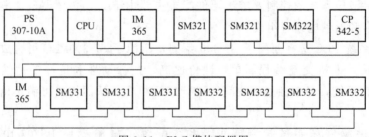

图 3-11　PLC 模块配置图

② 传感器　根据系统控制要求，共选用 8 个比例阀电流传感器，型号为 WBI344aS2 系列直流电流传感器，其测量精度高，灵敏度强，工作性能可靠，功耗低。

③ 比例放大器　系统选用 VTS035 型比例放大器，用于控制步进梁液压系统变量泵流量。

④ 智能仪表　根据 PLC 及液压控制系统的要求，选用 SWP 系列智能仪表。

SWP 显示控制仪表领域经过近年的发展，技术上已达到国际先进水平，逐步向人工智能化发展，品种有单路 PID 调节器、四路 PID 温度控制模块、流量积算仪、单显或多路显示报警仪、电工显示仪表（交流电流、电压）、数字式触摸无纸记录仪、模拟式无纸记录仪、开关量及模拟量输入/输出模块，增加通信功能可组建基于 RS485 的 FCS 现场总线型计算机监控系统，通信距离达到 1200m；安装形式有盘面安装或 DIN 系列导轨安装型智能模块，配合计算机、触摸屏可组建小型 DCS 系统。SWP 系列智能仪表适合温度、压力、流量、液位、湿度等领域的精确测量及 PID 调节控制；控制的执行器类型有电动调节阀、气动调节阀、电磁阀、交流接触器、固态继电器、可控硅等。SWP 系列智能仪表应用领域广泛，覆盖了工业、农业、交通、科技、环保、国防、文教卫生、人民生活。其产品已主要应用于化工、热电、石化、制药、冶金、机械、电炉、热处理、食品、造纸及科研实验等领域。

⑤ 通信网卡及通信电缆　通信网卡及通信电缆的选型分别是 CP5611 通信网卡及 PRO-FIBUS 通信电缆。

(3) 系统软件配置

系统采用 STEP7 系列编程软件进行软件设置。STEP7 具有参数设置、系统硬件配置、组态通信、程序编制、系统测试、运行维护等功能，且操作简单，广泛应用于工业控制领域。

① PLC 系统程序编制　PLC 系统编程完成的主要功能有：检测放大器状态设定、各台泵的工作状态检查、步进梁各种工作状态所对应的模拟量初始值范围检测、步进梁的运动状态的转化、数字量和模拟量转换、系统报警。步进梁工作状态转化的部分 PLC 程序如图 3-12 所示。

A	"Y123"	A	"Y121"
A	"Y126"	A	"Y122"
AN	"Y127"	A	"Y124"
A	"Y145"	AN	"Y125"
AN	"Y146"	A	"Y131"
AN	"Y151"	A	"Y132"
A	"Y152"	A	"Y133"
AN	"Y153"	AN	"Y134"
A	"Y111"	AN	"Y141"
A	"Y112"	A	"Y142"
A	"Y113"	AN	"Y143"
AN	"Y114"	AN	"Y144"
		=	"123_UP80"

图 3-12　步进梁工作状态转化的部分 PLC 程序

② 组态控制系统程序编制　上位机组态控制系统选用西门子组态软件 WinCC。WinCC 具有丰富的工业图形库和简单的系统操作界面，可通过驱动程序实现与各种型号 PLC 的通信，且具有报警及报表等功能模块，方便用户的数据连接。

步进梁液压控制系统中，首先要建立 WinCC 与 S7-300 的数据通信，驱动程序选择 SI-MATIC S7 Protocol Suite. CHN，通道单元选择 CPU315-2DP 上的 MPI 接口，建立系统相应的外部变量和内部变量。然后对步进梁液压监控系统上位机画面进行编制，在系统状态界面中主要完成对电机泵启停、截止阀开关、压力继电器通断等开关量和比例阀电流大小等模拟量状态的动画显示。根据系统控制要求，对泵参数界面、泵趋势界面、步进梁界面、操作箱界面、报警界面等进行了编制。

通过上位机组态设置，可模拟现场运行状态，实现对系统运行参数和工作状态的实时监控和报警，也可对现场数据进行存储和打印。通过用户管理功能，对用户登录和操作权限进行设置，提高了系统运行的可靠性。

3.2.4   液压道岔智能数字压力表及应用

(1) 道岔液压转辙机智能数字压力表概述

目前液压转辙机在铁路转辙机使用占有率达 80% 以上，尤其在高铁站，占有率达 90% 以上。根据铁路局故障统计结果显示，道岔故障占故障总量的 45% 以上。道岔液压转辙机核心数据就是油缸的压力数值。通过对压力数值的分析可以预判转辙机故障，可以把道岔故障消灭在萌芽状态，极大减少道岔转辙机的故障。目前压力测试使用机械压力表。机械仪表易损坏且不具有数据存储与读取历史数据功能，人工依赖性较大，严重影响了道岔液压转辙机状态观测的时效性。采用智能数字压力表可极大地改变道岔液压转辙机的检测技术，可以长时间安装在转辙机，能存储 3 个月的压力值。有条件可以联网把压力值及时传同室内。有利于铁路设备监测的自动化，确保道岔检测时效性和检测质量，压缩道岔液压转辙机的故障率。

(2) 道岔液压转辙机智能数字压力表的技术要求

① 产品功能需求   采用 4 位 LED 显示屏，显示压力值；具有历史数据存储功能；智能数字压力表可以对转辙机压力在线监测并记录。可以存储一年的动作压力数据；具有系统休眠功能，通过监视电机启动电流，唤醒和休眠智能数字压力表，每天工作大约 20 次左右；采用电池供电，低功耗，电池更换周期大于 2 个月；采用外部供电模式时可扩展 RS-485 通信功能；具有自检测功能；工作温度：$-40 \sim 70℃$。

② 产品性能要求   测量压力范围：正常工作压力 $0 \sim 14MPa$，极限压力不大于 $20MPa$；测量精度小于 $0.5MPa$；分辨率为 $0.1MPa$。

③ 电源及功耗要求   电池供电时，工作电压 3.6V DC，功耗不大于 0.6W；外部供电时，工作电压 12V DC，功耗不大于 0.6W。

④ 环境适应性要求   高温要求：在 70℃ 条件下保温 2h 后，产品能正常工作，满足产品性能要求。低温要求：在 $-40℃$ 条件下保温 2h 后，产品能正常工作，满足产品性能要求。

(3) 设计方案

① 产品组成   产品由油路转接和液压传感器组件、电流监视器组件、CPU 板组件、显示和按钮组件、电池组件、外壳组件等组成。产品原理框图见图 3-13。

a. 油路转接和液压传感器组件   产品安装紧固用锥管螺纹螺钉，其自设置有垂直中心孔和横向侧孔连通，用于油路导通，将油压引入产品内部传感器；同时产品安装凸台上下而放置有紫铜垫，经锥管螺纹螺钉紧定密封。

液压传感器选取量程为 0~3000psi（0~

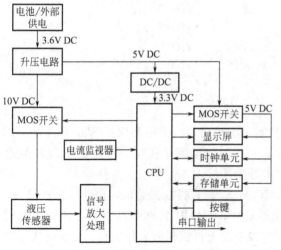

图 3-13   智能数字压力表原理框图

20.69MPa）。具有以下特点：焊接式或过程式接头选择；±0.25％非线性；±1.0％温度误差；±1.0％互换性量程（需接增益调节电阻）；固态结构，性能可靠。

液压传感器供电由 MOS 开关转换，信号器在休眠模式时，传感器无供电；当收到电流监控单元信号或收到 CPU 相应指令时，MOS 开关打通，传感器供电工作，从而延长电池使用寿命。

液压传感器输出电压信号为 0～100mV，信号经运放放大后再由解算单元采集计算。

b. CPU 板组件　CPU 板组件主要包括电源转换电路、CPU 及外围电路、显示屏驱动电路、时钟及存储电路。

电源转换电路。CPU 板供电为 3.6V，选用 TI 电源转换芯片将 3.6V 电压转为 5V 和 10V 分别为其他各部件供电。

CPU 及外围电路。CPU 采用 MSP 系列超低功耗微控制器作为解算单元，MSP 由多个器件组成，这些器件特有针对多种应用的不同外设集，此架构与扩展功率描述组合使用，是在便携式测量应用中实现延长电池寿命的最优选择。

时钟及存储电路。时钟单元采用时钟芯片，该芯片具有内部晶振、充电电池、串行 NVRAM 的高精度和免调校实时时钟，与 CPU 的接口电路采用工业标准 I2C 总线，从而简化了接口电路设计，无需扩展任何外围元件可构成一个高精度实时时钟及具有 256Kb 非易失性 SRAM 的数据存储电路用于数据存储。

数据采集模块。产品采用内部电池供电时，经可扩展 U 盘/SD 卡读写模块，将数据从 CPU 的 USRT 或 SPI 接口经 U 盘/SD 卡读写模块存入移动存储设备。

产品采用外部供电模式时，传感器测得的信号经运算放大后由 CPU 采集处理数据，通过工业标准 RS485 总线有线传输。

② 软件　软件采用模块化设计，主控程序流程是：系统完成上电后，首先关闭中断，然后初始化数据及外设，之后开启中断，进入程序主循环。在主循环中：CPU 循环检测是否有外部信号输入（按键或电流监控器信号），若有则启动 A/D 中断并读取其标志位，读取 A/D 转换值，然后计算出对应的压力，驱动显示屏显示数据，调用当时时钟且存储数据。

软件为一般处理程序，采用顺序结构软件技术设计如下：

健壮性设计：软件跑飞后，可自动复位系统，并且具有自检功能，对于干扰信号和异常现象能够及时处理；

多余物处理：软件中不应包含执行不到的语句，不应定义不使用的变量；

软件应关闭不使用的中断；

故障处理设计：软件应包含自检测功能，实时输出故障信息。

③ 可靠性与维修性　选用满足使用温度湿度环境要求的器件、原材料；充分考虑电池过载保护能力和使用环境要求，以保证电池的性能在规定的使用环境条件下不会降低；电源特性设计，保证系统能在外接电源波动情况下正常工作（外部供电时）；选用满足使用环境要求的表面处理工艺，电池可原位更换。

3.3　船舶液压系统功率智能仪表设计应用实例

当液压系统中的某一位置出现故障时，液压功率作为系统运行状况的表征参数也将随之发生异常变化。液压功率流则为流量和压力的乘积。而流量参数和压力参数的检测是利用参数测量法来实现的，基于功率流理论的液压故障诊断方法其实是将功率流理论与参数测量法相结合，在参数测量法的基础上，与逻辑分析相结合，大大提高故障诊断的快速性和准确性。

基于功率流理论的液压故障诊断方法需要技术更先进、功能更强大的智能仪表。

通过对船舶液压系统故障诊断技术及功率流理论的研究，提出一种针对船舶液压系统故障诊断的功率智能仪表。其工作原理是将功率流理论与参数测量法相结合，并最终依靠智能仪表的先进功能来实现对船舶液压系统的故障诊断。功率智能仪表主要由功率传感器与智能仪表硬件电路组成，分别感测出与流量和压力相对应的电信号，在智能仪表硬件电路中完成对信号的运算及处理，并最终通过液晶屏实现对被测量的实时显示。

3.3.1 船舶液压系统功率传感器设计

船舶液压系统功率传感器主要由流量传感器和压力传感器两部分组成，其作用是把船舶液压系统中的流量和压力参数转化为与之对应的电信号，以便于识别和控制。

（1）基于 MEMS 芯体的新型流量传感器设计

根据目前船舶液压系统流量测量的现状，开发了一种基于 MEMS（micro electro-mechanical systems，微机电系统）微传感芯体的流量传感装置，其设计思路如图 3-14 所示。在船舶液压系统管道内安置特殊结构的异径管装置，异径管结构实际上是喷嘴和锥形渐扩管的结合，随着液压油流经异径管结构，在异径管内部由于流道截面积的增加，液压油受扩压作用而压力上升；在异径管外部由于流道截面积的减少，液压油受收缩作用而压力下降。因此，在异径管内外形成低压损、低能耗的微弱压力差，该压力差与液压油的流量参数存在对应关系。随后，通过在异径管管壁安置 MEMS 微传感芯体感测该压差信号，并输出与压差信号相对应的电信号。

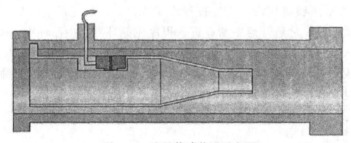

图 3-14　流量传感装置示意图

（2）压力传感器的选型

根据功率智能仪表的需求分析，对比不同压力传感器的性能特点，决定采用一种带不锈钢隔膜的硅压阻压力传感器作为功率智能仪表的压力感测装置。

硅压阻压力传感器的原理是利用硅的压阻效应和半导体的平面工艺，在特定晶向硅片上的特定位置上扩散 4 个电阻，通过连接构成惠斯顿电桥，再将硅片加工成周边固支的膜片，当外界压力作用于硅膜片上时，通过惠斯顿电桥测量阻值的变化量来测得压力。图 3-15 为压力传感器的结构示意图。

不锈钢隔膜与灌充液、硅应变膜片构成隔离压力感测系统，在进行压力测量时，被测介质作用于不锈钢隔膜，压力通过灌充液传递到硅应变膜片，灌充液一般采用硅油。由于不锈钢隔膜的隔离作用，使其可适用于包括液压油在内的各种腐蚀性介质，不受感测环境的约束，同时具有高稳定性、高可靠性、低功耗、符合动态测量要求等一系列优点。

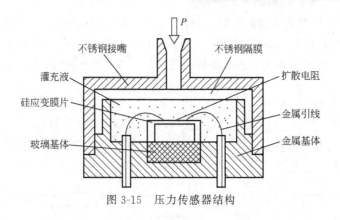

图 3-15 压力传感器结构

3.3.2 智能仪表电路的硬件设计

(1) 硬件设计总体思路

船舶液压系统功率智能仪表的电路部分是基于功率传感器进行设计和研发的，其作用是将功率传感器检测到的模拟信号经过一系列的运算及处理，最终通过显示单元实现对相应测量参数的实时显示，显示内容为流量、压力以及功率三个参数。根据智能仪表的一般性设计原则，图 3-16 为智能仪表的硬件总体设计思路。

所设计的智能仪表电路主要包括信号调理电路、模数转换装置、微处理系统以及显示单元四个部分。其设计思路为：先将流量传感器及压力传感器检测到的信号经信号调理电路进行滤波、信号放大等相关处理，转换成与数模转换装置相匹配的模拟量信号，再经过模数转换装置将模拟量信号转换为相应的数字量信号，把转换后的数字量信号传送给微处理系统，在微处理系统中，先完成流量数学模型和功率数学模型的相关运算，再通过编程控制显示单元，将运算后的数字量信号通过显示单元进行实时显示。

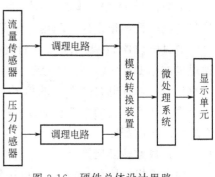

图 3-16 硬件总体设计思路

(2) 信号调理电路

船舶液压系统功率传感器所输出的检测信号是很微弱的电信号，根据实验情况得知只有毫伏级，而模数转换装置的标准模拟量信号输入范围为 0~5V，所以为了满足这一目的，必须通过高输入阻抗的运算放大器对其进行放大。同时，由于功率传感器检测环境的影响，输出信号往往伴随很大的干扰，尤其有时还伴有很强的共模干扰，一般的放大电路很难满足精度上的要求，因此决定采用仪表放大器进行信号调理。仪表放大器通常具有较高的输入阻抗和较低的失调电压，尤其能够很好地抑制共模干扰。

AD693 是美国 Analog Device 公司生产的一款集成仪表放大器，其采用激光自动修刻工艺制作高精度的薄膜电阻构成单片集成仪表放大器集成电路，由于避免了运算放大器与电阻等元件不匹配的情况，使其电路具有增益精度高、稳定性好的特点。同时，AD693 所控制的双线电流环路，其变换后的 4~20mA 标准电流信号在传输过程中不会衰弱且抗干扰能力强，传输电流信号的下限为 4mA，可以轻易地识别断电或断线等故障，输出电流信号的上限为 20mA，相对于 0~10mA 的输出方式高出一倍，提高了信号的传输效率和分辨能力。另外，芯体本身还具有电压基准和线性化校正等辅助电路，当工作在环路供电模式时，还可获得高达 3.5mA 的激励电流，通过引脚搭接，能够设置从 1mV 到 100mV 之间的任意输入跨度，可以选择 4～20mA、0～20mA、(12±8)mA 三种标准输出范围。图 3-17 为设计的信号调理电路图。

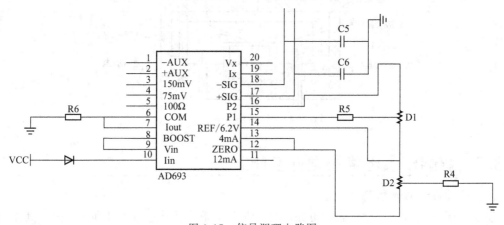

图 3-17   信号调理电路图

引脚 11、12、13 控制 AD693 的输出范围，通过连接脚 13 与脚 12，选择 4～20mA 的输出范围。通过取样电阻 R6 把 4～20mA 的电流输出转化为 1～5V 的标准电压输出，取样电阻的阻值为 250Ω。电容 C5 和 C6 可对传感器的输出信号进行相应的滤波作用，从而保证信号的准确性和稳定性。利用二极管防止电源正、负极接反而损害芯体。

通过电位器 D1 和 R5 调节满度，使输入信号的最大值对应输出信号的最大值 20mA。通过电位器 D2 和 R4 调节零点，使输入信号的零点对应输出信号的最小值 4mA。

经信号调理电路处理过的信号具有较好的线性度，在 1～5V 的输出跨度内分布均匀，符合模数转换装置的模拟量输入标准。良好的输出特性为提高功率智能仪表的精确度和稳定性奠定扎实的基础。

(3) 模数转换装置

模数转换装置（analog to digital converter）的功能是把输入的模拟电压或模拟电流转化成与其对应的数字量，主要用于采集被测对象的测量数据，为单片机对被测对象的检测提供各种实时参数。简而言之，模数转换装置是连接单片机与被测对象的桥梁。

在设计模数转换电路或选择模数转换芯片时，需要使用有关模数转换装置的性能指标进行对比，主要包括：

① 分辨率。分辨率是指模数转换装置在转换过程中所能分辨的被测量最小值，通常可用转换器输出二进制码的位数来表示。例如，分辨率为 8 位的模数转换装置，其模拟电压的变化范围被分为 2^8-1（255）级。

② 转换误差（精度）。转换误差是指模数转换装置转换结果相对于实际值的偏差，用二进制最低位（LSB）的位数或满量程值的百分数来表示。转换误差包括线性度误差（转换特性偏离直线的程度）、量化误差（输入信号在量化过程中的误差）以及偏移误差（零输入信号时的输出结果）等。

③ 转换时间（转换速率）。转换时间是指模数转换装置从启动转换到转换结束所需的时间，相对于大多数模数转换装置，转换时间的倒数即为转换速率（每秒钟所完成的转换次数）。对于工作原理相同的模数转换装置，通常位数较多的转换时间更长。

④ 量程（输入范围）。量程是指模拟输入量的变化范围。

数模转换装置从原理上主要分为四种：计数器式、双积分式、并行式以及逐次逼近式。计数器式模数转换装置结构相对简单，但其转换速度比较慢，一般很少被采用；双积分式模数转换装置的特点是抗干扰能力强，转换的精度也比较高，但其转换速度也比较慢；并行式模数转换装置的转换速度相比之下最高，但其机构复杂且比较昂贵，只适用一些特定的场合；逐次逼近式模数转换装置其结构简单，且转换精度也比较理想，所以在计算机领域得到了广泛的应用。

根据智能仪表的需求分析以及对比不同类型模数转换装置的性能特点，所采用的 ADC0809 是一种逐次逼近式 8 通道单片 A/D 转换器。其性能指标如表 3-1 所示。

表 3-1　ADC0809 芯片的性能指标

芯片型号	分辨率	转换误差	转换时间	量程	输出电平	工作电压	基准电压
ADC0809	8 位	$\pm 1/2$LSB $\sim \pm 1$LSB	$100\mu s$	$0 \sim 5$V 8 通道	TTL 电平	单电源 $+5$V	$U_{V_{REF}}(+) \leqslant U_{VCC}$ $U_{V_{REF}}(+) \geqslant 0$

图 3-18 为 ADC0809 的内部结构，其主要由 8 路模拟量开关、地址锁存比较器、控制电路、逐次逼近式寄存器 SAR、树状开关、256 电阻阶梯以及三态输出锁存器组成。

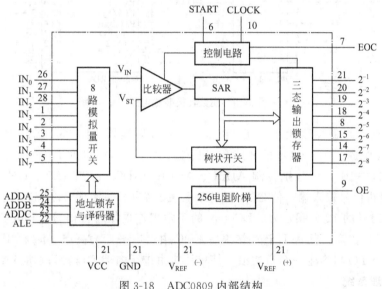

图 3-18　ADC0809 内部结构

ADC0809 通过内部模拟量开关分时控制 8 路模拟量输入信号，图中 ADDA、ADDB、ADDC 为 8 路模拟量的地址输入端。在同一时刻，只能选中一条通道进行 A/D 转换。ALE 为地址锁存允许输入端，高电平时控制地址锁存与译码器对地址输入线上的地址信号进行锁存，并通过译码选中待转换的通道；低电平时锁存地址，转换装置始终对被选中通道中的模拟量进行 A/D 转换。START 为 A/D 转换启动信号输入端，高电平时使 ADC0809 复位，出现下降沿并保持低电平时启动转换器进行 A/D 转换。EOC 为转换结束信号输出端，在 A/D 转换过程中保持低电平，转换结束后变为高电平。OE 为输出允许控制端，当 A/D 转换结束后，OE 高电平时打开三态输出锁存器，将转换结果传送到单片机。

图 3-19 为模数转换装置电路图。

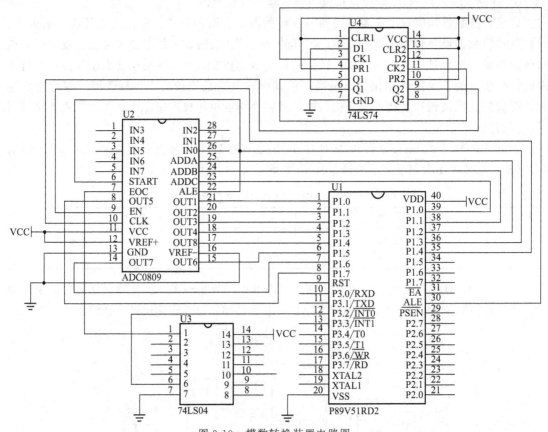

图 3-19　模数转换装置电路图

模拟转换装置电路主要由单片机 P89V51、A/D 转换器 ADC0809、D 触发器 74LS74、反相器 74LS04 组成。ADC0809 的 8 路数字量输出端 D0～D7 接到 P89V51 的 P0 口，通过 P89V51 的 P1.0～P1.4 口分别控制 ADDC、ADDB、ADDA、START、OE。ADC0809 的 CLK 端口为时钟信号输入端，使 CLK 通过 D 触发器 74LS74 接到 P89V51 的 ALE 口，可得到单片器工作时钟的 12 分频，为 ADC0809 的正常工作提供时钟信号。EOC 通过反相器接到 P89V51 的 P3.2 口，当 A/D 转换结束后 EOC 由低电平变为高电平时，可通过反相器触发单片机的工 NTO 口产生一个负边沿，使单片机由进行内部工作转为响应外部中断。

（4）微处理系统

微处理系统是智能仪表的控制核心。微处理系统一般由单片机（single-chip computer）或者微处理器（micro-controller）与存储器、时钟系统及其他相应的接口电路组成，能够接受各种外部的输入信息，例如测量信息、键盘输入信息以及其他仪表系统传输的信息等，然后在根据需求经过运算处理后，将处理结果以特定的方式输出，例如打印机、显示器，甚至直接控制传感器运作等等。除此之外，微处理系统还负责对智能仪器各部分的运行进行调度和监控。

基于 8051 内核的单片机是我国智能仪表中最为常见的单片机，以 Atmel 和 Philips 公司生产的产品居多，主要包括基本型、增强型以及高档型三种。根据智能仪表的需求分析，以及对不同型号的单片机进行性能对比，决定采用 Philips 公司生产的基于 8051 内核的 P89V51 型单片机。P89V51 型单片机包含 64KB 的 FLASH 程序存储器和 1024 字节的数据 RAM，FLASH 程序寄存器支持串行和并行在线编程（ISP），同时也可采用在应用中编程

（IAP），允许随时对 FLASH 程序存储器重新配置，即便是在程序运行时也能实现。

在智能仪表的开发过程中，设计人员大多数情况下不可能一次就将程序设计得十全十美，往往需要根据调试结果，反复对源程序进行修改并烧写到单片机上继续调试。传统的编程方式是把单片机从电路板上取下来，通过专用编程器进行编程烧写，再把单片机插回电路板进行调试，频繁的插拔单片机容易造成芯片引脚的折断，同时减低单片机的开发效率和可维护性。P89V51 型单片机结合了先进的 ISP 技术，可以通过 SPI 或其他的串行口就能接受上位机传送的数据信息，并写入存储器中。实际应用中，只需在电路板上留下与上位机通信的接口，就能实现对单片机内部存储器的改写，无须取下芯片。

图 3-20 为设计的 P89V51 电路图，其中包括复位电路、晶振电路等。

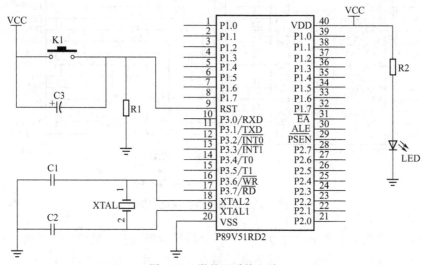

图 3-20 微处理系统电路

（5）显示单元

液晶显示器件（LCD）凭借其低工作电压、微功耗以及能通过 CMOS 电路直接驱动的特点已成为显示产业中发展速度最快、市场应用前景最好的显示器件。液晶显示模块（LCM）是主要由液晶显示器件、驱动及可控制电路、温度补偿、电源及背光等辅助电路组合在一起的一种相对独立的显示设备。

根据显示信息种类和用途的差别，液晶显示模块可分为笔段型、字符型和图像显示模块。笔段型液晶显示模块指的是通过组合一些长条状的显示像素单元进行信息显示，主要用于显示数字、西文字母或一些特定的符号，也可以进行单个汉字或汉字组的显示，被广泛地应用于各类数字仪表、计算器等应用场合；字符型液晶显示模块，是一种用于显示字母、数字以及符号信息的点阵型液晶显示模块，由于其一般属于小规模液晶显示模块，采用的控制驱动器相对统一，因此不管显示屏具体尺寸多大，字符型液晶显示模块的控制命令和模块接口信号具有较大的兼容性；图像液晶显示模块，根据显示信息量的情况，可分为大规模、中规模、小规模点阵式液晶显示模块，由于其采用的点阵数和驱动控制方式的不同，图像液晶显示模块的控制命令和模块接口信号都有较大差别。

液晶显示模块的作用是对单片机处理后的数据进行实时显示，它的设置和操作也是通过单片机编程来实现的。根据智能仪表的需求分析，所选用的 12864K 型液晶显示模块是点阵式字符型液晶显示模块，ST7920 同时作为控制器和驱动器，在驱动器 ST7921 的配合下，最多可驱动 128×64 个点阵液晶。ST7920 的字型产生 ROM 可提供 8192 个 16×16 点阵的中文字型，以及 126 个 16×8 的西文字型，文本显示提供 4 行×8 个的汉字空间。图 3-21 为液晶显示模块电路图。

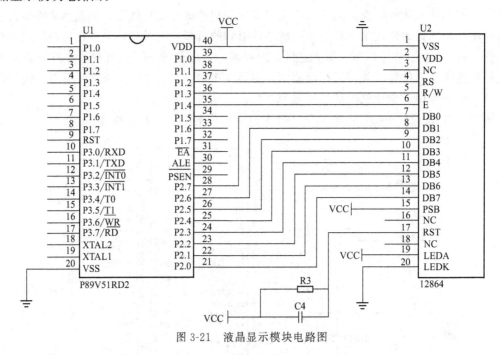

图 3-21　液晶显示模块电路图

液晶显示模块电路主要由单片机 89V51、液晶显示模块及其复位电路组成。根据智能仪表的需求分析，采用并行通信的连接方式，液晶显示模块的数据总线 DB0～DB7 连到单片机的 P2 口，单片机的 P1.2、P1.3、P1.4 口分别控制液晶显示模块的寄存器选择端 RS、读写选择端 R/W 以及使能信号输入端 E。由于选择并行通信方式，所以串口/并口选择端 PSB 直接接＋5V，不占用单片机的 I/O 口。

图 3-22 为液晶显示模块的工作时序图。单片机写到模块的资料分为数据和指令两种，寄存器选择端 RS 高电平时写数据，低电平时写指令，下面以写指令为例进行分析。无论之前什么状态，写指令之前先给 RS 提供低电平并保持一定时间，由于写资料到模块，则也给读写选择端 R/W 提供低电平并保持一定时间。做好准备工作之后，接着给使能信号输入端

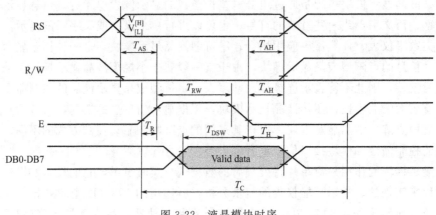

图 3-22　液晶模块时序

E 提供高电平，打开模块输入端，准备接收指令。同时单片机通过电平控制把需要提供的指令信息送到数据总线上，模块开始接收指令。需要注意的是，时序图中 T_{As} 为地址建立时间，T_{AH} 为数据保持时间，其作用均为保证传送数据的准确性和稳定性。

3.3.3 智能仪表电路的软件设计

(1) 软件设计总体思路

功率智能仪表的具体功能是由硬件设备和软件程序共同实现的，所以在智能仪表的研发过程中，硬件和软件的设计工作应当齐头并进，相辅相成。对同一个硬件电路如果配合不同的软件设计，实现的功能也不尽相同，而智能仪表的重要优势就是能够通过软件设计来实现一些硬件电路无法实现的功能，软件设计对于智能仪表的功能实现起着至关重要的作用。

① 软件设计开发环境 功率智能仪表的软件设计是利用 C51 语言与 C51 编译器配合完成。

在进行单片机程序设计时，汇编语言是较常用的工具，其直接操作硬件，执行速度也快，但其受硬件结构的限制较大，难以编写和调试，可读性和可移植性都较差。因此，C51 语言凭借其在功能和结构上的优势已成为最流行的单片机开发语言。C51 语言是由标准的 C 语言扩展得来的，相对于汇编语言，C51 语言的特点为：语言规模小，编译程序紧凑；灵活简洁，表达自由，可移植性强；可实现结构化的程序设计。

C 编辑器作为单片机软件开发的重要工具，种类繁多，通常将开发 8051 系列单片机的 C 编译器称之为 51 编译器。此处所采用的 μVision3 是德国 Keil Software 公司针对 8051 内核单片机设计的 C 语言集成基础开发平台，它具有对 C51 代码进行编译、调试、仿真并最终生成 HEX 文件的功能。

② 结构化主程序设计 早期的单片机功能单一，软件开发工具相对简单，最常用的程序设计方法是线性推进编程法和自底向上法。线性推进编程法是根据接口要求，按照单片机的工作机制，通过一条一条的顺序编写来完成程序设计，程序设计生硬，只注重功能的实现，目前只适用于特定场合。自底向上法是按照自底向上的顺序，通过分层划分进行程序设计，同样只考虑硬件工作机制，往往容易造成程序设计不清晰。

随着单片机技术的发展，软件设计的规模加大，程序结构越来越复杂，传统的软件设计方法越发不能满足用户的需求，于是出现了结构化程序设计的方法。结构化程序设计是按照自顶向下的顺序，按模块化把整个问题分为若干个大问题，再把大问题划分为小问题，这样一层层地解决问题。它强调单片机软件设计的结构规范，在考虑如何解决问题的同时，还注重对问题的清晰表达。

根据智能仪表的需求分析，通过结构化软件设计方法，设计出图 3-23 所示的主程序流程图。主程序模块采用的是循环程序结构，其作用是通过调配和控制各个子模块的相互运作，实现数据采集、数据处理、信息显示等功能。主程序模块主要由初始化模块、数据采集模块、中断模块、数据处理模块、液晶显示模块和延时模块组成。

(2) 初始化模块

初始化模块，其作用是在主程序运行前，根据智能仪表的需求

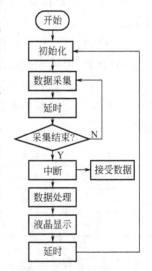

图 3-23 主程序流程图

分析对系统硬件进行初始化设置，使其能够实现操作者的操作目的，为后续程序的正常工作做好铺垫。设计的初始化模块主要包括对单片机、数模转换装置以及液晶显示模块进行初始化。

① 单片机 P89V51 的初始化　P89V51 的初始化包括对串行口控制寄存器 PCON 及 SCON、定时器控制寄存器 TCON、中断允许寄存器 IE 以及定时器 T1 进行相关的初始设置。表 3-2 为对相应寄存器控制位的设置。

表 3-2　相应寄存器控制位的设置

PCON	SMOD	—	—	—	GF1	GF0	PD	IDL
	1	0	0	0	0	0	0	0
SCON	SM0	SM1	SM2	REN	TB8	RB8	TI	RI
	0	1	0	1	0	0	0	0
TCON	TF1	TR1	TF0	TR0	IE1	IT1	IE0	IT0
	0	1	0	0	0	0	0	1
IE	EA		ET2	ES	ET1	EX1	ET0	EX0
	1		0	0	0	0	0	1

SMOD 为波特率选择位，由于设定串行口的工作方式为方式 1，则使其置 1 可使通信波特率提高一倍。波特率为每分钟传送二进制数码的位数，是串行通信的重要指标，用于体现数据传送的速度，波特率越高，数据传送的速度越快。

SM0 和 SM1 为串行口方式控制位，通过选择工作方式 1，采用 10 位异步收发方式，字符帧除 8 位数据位外，还可以有一位起始位和一位停止位。

SM2 为多机通信控制位，在工作方式 1 的情况下置 0。

REN 为允许接受控制位，置 1 时允许串行口接收。

TR1 为定时器 T1 的启停控制位，置 1 时定时器 T1 开始工作。

IT0 为 INT0 中断触发标志位，置 1 时设定 INT0 为负边沿中断触发方式。

EA 为中断允许总控制位，置 1 时则开放单片机所有中断源的中断请求。

EX0 为 INT0 中断请求控制位，置 1 时则 INT0 上的中断请求被允许。

T1 的 8 位寄存器 TH1 和 TL1，其中 TH1 为 T1 的高 8 位，TL1 为 T1 的低 8 位，对其全部置 1。

② 模数转换装置 ADC0809 的初始化　ADC0809 的初始化包括对 3 路地址输入端、A/D 转换启动信号输入端以及输出允许控制端进行初始设置，其具体设置为：

a. 3 路地址输入端 ADDA、ADDB、ADDC，通过编程使其全部置 0。当进行数据采集时，通过编程使其赋值来选择 IN0～IN7 口中哪一路模拟量进行数模转换，其对应关系如表 3-3 所示。

表 3-3　模拟量通道对应关系

模拟量输入端	ADDA	ADDB	ADDC	模拟量输入端	ADDA	ADDB	ADDC
IN0	0	0	0	IN4	1	0	0
IN1	0	0	1	IN5	1	0	1
IN2	0	1	0	IN6	1	1	0
IN3	0	1	1	IN7	1	1	1

b. A/D 转换启动信号输入端 START，通过编程使其置 0。在数模转换之前，置 1 时启动数模转换，当数模转换结束后，使其重新置 0，等待下一次数模转换。

c. 输出允许控制端 OE，通过编程使其置 0。当数模转换结束后，使其置 1 时，ADC0809 传送转换后的数字量给单片机，传送结束后，使其重新置 0，等待下一次数字量传送。

③ 液晶显示模块的初始化 液晶显示模块的初始化是单片机通过发送指令到液晶显示模块设置其相关显示功能，进而实现操作者的调试目的。液晶显示模块的控制是通过一条条指令来实现的，根据智能仪表的需求分析，结合液晶显示模块提供的指令表，设计的初始化模块如表 3-4 所示。

表 3-4 液晶显示模块的初始化设置

指令	DB0	DB1	DB2	DB3	DB4	DB5	DB6	DB7	说明
显示控制	1	0	0	0	0	0	0	0	一次送 8 位数据
整体显示	0	0	0	0	1	1	1	0	游标及游标位置 OFF
清除显示	0	0	0	0	0	0	0	1	清屏
地址归位	0	0	0	0	0	0	1	0	设地址计数器至 OOH

(3) 数据采集模块

数据采集模块的作用先是通过选择模拟量输入通道完成对模拟量信号的采集，然后实现模拟量信号到数字量信号之间的转换，再通过判断标志位来断定转换是否结束。值得注意的是，智能仪表需要对两个通道进行数据采集，所以采集的时间间隔直接影响着智能仪表的反应效果，需要通过实验来进行分析和设计。

图 3-24 为数据采集模块的程序流程图。首先在主程序模块中调用数据采集模块并选择模拟量输入通道，在数据采集模块中，通过控制地址锁存允许输入端 ALE 来锁定转换通道，再通过控制 A/D 转换启动信号输入端 START 来启动 A/D 转换，利用延时模块为数模转换提供时间，接着通过判断标志位来确定转换是否结束，结束时控制 START 停止 A/D 转换，并返回主程序模块，若尚未结束，则继续 A/D 转换。

由于智能仪表需要对两个模拟量同时进行实时采集，这就需要在主程序模块中设定两次模拟量转换的时间间隔，时间间隔直接影响着数据采集的实时性，同时还要考虑数据显示过程的可读性。根据实验分析，确定采集时间间隔为 500ms 时可达到较好的效果。

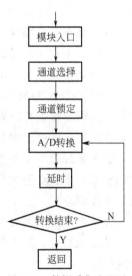

图 3-24 数据采集流程图

通过调试来确定模块的可行性。首先完成所有硬件电路的连接，使 ADC0809 参考电压分别接 +5V 和地，则 ADC0809 的输入范围为 0～5V。通过程序烧结软件把程序写入单片机，让第一个模拟量输入端口接 +5V，第二个模拟量输入端口接地。同时，在单片机中运行数据采集模块，并在主程序模块中把数据采集模块的转换结果赋给一个全局变量，通过 SBUF 串口输出该变量，以便在串口助手中观察调试效果。

由于 ADC0809 是把 0～+5V 的模拟量输入转换为 0x00～0xFF 的十六进制数字量，则 +5V 对应 0xFF，接地对应 0x00，串口输出的也应是所对应的十六进制数。根据实验调试效果可以看出，ADC0809 采集并转换后的数据具有很好的稳定性和实时性。＋5V 对应的范围为 0xFF～0xFD，接地对应的范围为 0x00～0x01，波动非常小且属于正常范围。造成波动的原因可能是电源和地端的不稳，可以通过安置电容对输入信号进行滤波来提高稳定性。

（4）中断模块

中断模块，其作用是首先判断中断口是否有中断信号，当出现中断信号时，暂停单片机内部原程序执行，转而为外部设备服务。在初始化模块中，已经设定采用外部中断源且为负边沿触发的工作方式，则当单片机的中断请求输入端 INT0 口接收到负跳变时，单片机由内部工作转为响应外部中断。图 3-25 为中断模块流程图。

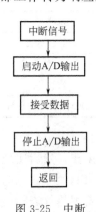

图 3-25　中断
模块流程

当响应外部中断时，首先通过打开输入允许控制端 OE 来提取 A/D 转换后的数字量，并使其赋给一个全局变量，以便在主程序模块进行数据处理时使用，提取结束后关闭输入允许控制端 OE，等待下一次中断。

（5）延时模块

延时模块，其作用是占用系统运行时间，为系统相关功能的实现与控制提供时间。智能仪表的软件设计过程中，延时模块发挥的作用有：

① 为 A/D 转换装置进行模数转换提供充足的转换时间。

② 控制两次数据采集的间隔时间，以达到最好的采集效果。

③ 控制显示模块的显示时间间隔，以达到最好的显示效果。

延时模块延时功能的实现是依靠一个 for 函数，使其占用的系统运行时间为 1ms，则通过在主程序模块中对延时模块的形参赋值来控制延时时间，若赋给形参的值为 5，则代表延时 5ms。

（6）数据处理模块

数据处理模块，是智能仪表软件设计的重点对象，也是智能仪表最能体现功能优势的地方。根据功率智能仪表的需求分析，数据处理模块的作用主要有两个：

一是把经 A/D 转换后的十六进制数字量转化为十进制数字量，以方便操作者观察和控制；二是需要根据传感器设计原理中的流量-压差数学模型以及功率流理论中的流量-压力-功率数学模型对转换后的数字量进行处理。

数据处理模块实现进制转换功能所采用的方法是逐位取整，再根据显示单位的设定把取得的整数与小数点逐次写入需要显示的地址。数据处理模块实现数学模型运算功能主要是根据数学模型应用 C51 语言进行模型的编译。值得注意的是，由于液晶显示模块每一位的地址包含两个字节，而每个数字和符号只占用一个字节，所以采用的方法是写数据前先定义一个一维二元数组，把需要写入的数据以两个字节的方式赋给数组，再把整个数组写到需要显示的地址。

（7）液晶显示模块

液晶显示模块，其作用是把经单片机处理后的数字量信号实时地进行显示。根据液晶显示器件的原理及功能，液晶显示模块又包含若干个小的程序模块：发送数据模块、发送指令模块、汉字显示模块、数字显示模块。图 3-26 为液晶显示模块和发送数据/指令模块的程序流程图。

液晶显示模块在实现显示功能时，无论是汉字显示或者数字显示，都需要先给显示内容分配地址，然后再传送显示内容。分配地址和传送显示内容都是通过发送数据或发送指令模

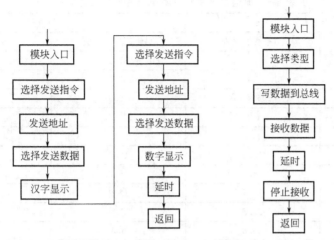

(a) 数字/汉字显示模块程序流程　　　(b) 发送数据/指令模块程序流程

图 3-26　液晶显示模块程序流程图

块来实现的。

发送数据模块和发送指令模块大致相同，区别在于对寄存器选择端 RS 的控制，若 RS 为高电平时则是发送数据模式，低电平时则是发送指令模式。以发送数据为例，首先通过编程使 RS 置 1，选择数据模式，把单片机提供的指令信息写到数据总线上，再启动液晶显示器使能控制端 E，使模块开始接收指令信息，同时利用延时模块提供 5ms 的充足接收时间，再使 E 置 0，使模块停止接收信息，等待下一次接收信息指令。

3.3.4　液压功率智能仪表的实验与分析

(1) 实验平台和测试系统

对功率智能仪表进行实验分析所采用的实验平台是某液压元件测试中心的多功能综合测试台 DY200011-00 型液压功率回收装置。

实验平台制造精度为 C 级，由电机带动变量柱塞泵，利用油泵把油箱中的液压油泵入液压管道中，通过控制阀件和管路连接实现对液压油流量和压力的控制，使其通过被试元件，测试多种技术参数。该实验平台能够提供最大压力为 31.5MPa，流量为 0~80L/min 的液压油源。在实验过程中，与流量传感器做实验对比的是 CIG15 型耐高压涡轮流量计，其名义精度为 0.5%。

在实验过程中，为达到更好的实验效果，特意为电机搭配了一个变频器，其作用是可以使电机的频率调到额定频率范围内的任意值，从而达到系统内流量的连续性和稳定性。图 3-27 为实验平台系统图。

(2) 功率智能仪表的实验分析

功率智能仪表所实现的功能是对将功率传感器输出的模拟量信号经过信号调理、模数转换、运算处理，并最终通过液晶显示屏进行实时显示。智能仪表性能体现在信号可靠性处理和实时显示，实验分别对三个参数进行检验。

在测试系统中，通过变频器控制电机增加系统流量，对比涡轮流量计和功率智能仪表流量显示单元所得出的实验数据如表 3-5 所示。

表 3-5　流量显示单元与涡轮流量计对比实验

上升过程		下降过程	
涡轮流量计示值	功率智能仪表	涡轮流量计示值	功率智能仪表
0	0	37.1	35.7
3.2	0.8	33.5	32.2
3.6	3.5	30.0	30.0
6.4	6.3	26.5	27.1
9.8	9.8	23.1	23.5
13.4	13.3	19.7	19.8
16.4	16.4	16.2	16.7
20	19.4	12.9	13.5
23.4	23.3	9.7	9.9
26.9	26.8	6.3	6.5
30.4	29.9	3.8	3.7
33.5	32.1	3.2	0.9
37.1	35.6	0	0

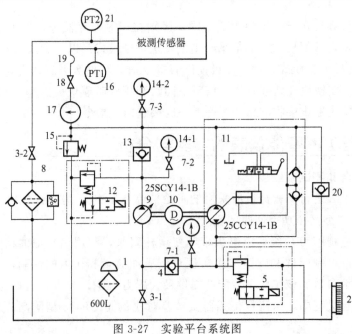

图 3-27　实验平台系统图

1—空气过滤器；2—液位计；3—球阀；4,13,20—单向阀；5—电磁阀；6,14—压力表；7—压力表开关；
8—过滤器；9—柱塞泵；10—电动机；11—闭式柱塞泵；12—电磁溢流阀；15—溢流阀；
16—压力传感器；17—高压流量计；18—球阀；19—软管；21—压力传感器

　　由实验结果可以看出，功率智能仪表与涡轮流量计的显示结果具有很好的一致性，显示数据的保持时间和准确程度都比较理想。值得注意的是，涡轮流量计由于其自身结构限制，在其量程的 30% 测量范围内存在一定的测量误差，无法进行准确的流量测量，而功率智能仪表由于新型流量传感器的突出优势很好克服这一问题，在整个测量范围内都保持比较理想的测量效果。

　　将实验结果导入 EXCEL 软件拟合出的曲线如图 3-28 所示。

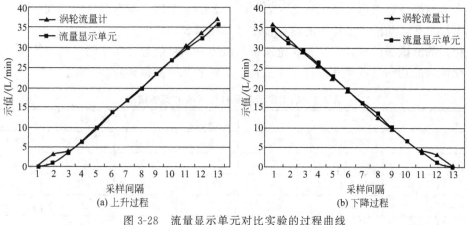

图 3-28 流量显示单元对比实验的过程曲线

在相同的测试条件下，对比压力表和功率智能仪表压力显示单元所得到的实验数据如表 3-6 所示。

表 3-6 压力显示单元与压力表的对比实验

上升过程		下降过程	
压力表示值	功率智能仪表	压力表示值	功率智能仪表
0	0	0.33	0.32
0.02	0.01	0.30	0.29
0.04	0.03	0.26	0.26
0.07	0.06	0.23	0.22
0.09	0.08	0.20	0.19
0.12	0.11	0.17	0.16
0.14	0.14	0.14	0.13
0.17	0.17	0.11	0.11
0.20	0.19	0.09	0.08
0.23	0.22	0.06	0.06
0.27	0.26	0.04	0.03
0.30	0.29	0.02	0.01
0.33	0.32	0	0

将实验数据经 EXCEL 软件拟合出的过程曲线如图 3-29 所示。

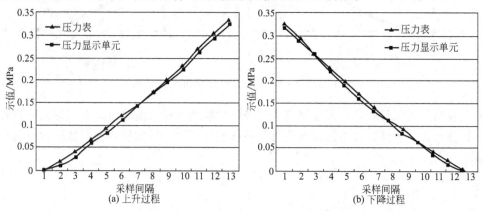

图 3-29 压力显示单元对比实验的过程曲线

　　由实验结果可以看出，功率智能仪表与压力表的显示结果具有很好的一致性，这表明压力传感器技术在船舶液压系统中的测量技术已经相当成熟。

　　在相同的测试条件下，首先将涡轮流量和压力表的示值通过功率数学模型计算后，再与功率智能仪表的功率显示单元进行对比实验，得到的实验数据如表 3-7 所示。

表 3-7　功率显示单元对比实验的实验结果

上升过程				下降过程			
流量	压力	功率计算	功率显示	流量	压力	功率计算	功率显示
0	0	0	0	35.7	0.32	190.4	204.0
3.2	0.02	0.1	1.0	32.2	0.29	155.6	167.5
3.6	0.04	1.7	2.4	30	0.26	130.0	130.0
6.4	0.07	6.3	7.4	27.1	0.22	99.3	101.5
9.8	0.09	13.0	14.7	23.5	0.19	74.4	77.0
13.4	0.12	24.3	26.8	19.8	0.16	52.8	55.8
16.4	0.14	38.2	38.2	16.7	0.13	36.1	37.8
20	0.17	54.9	56.6	13.5	0.11	24.7	23.6
23.4	0.20	73.7	78.0	9.9	0.08	13.2	14.5
26.9	0.23	98.2	103.8	6.5	0.06	6.5	6.30
30.4	0.27	129.5	136.8	3.7	0.03	1.8	2.5
33.5	0.30	155.1	167.5	0.9	0.01	0.1	1.0
37.1	0.33	189.8	204.0	0	0	0.0	0

　　将实验数据经 EXCEL 软件拟合出如图 3-30 所示的过程曲线。

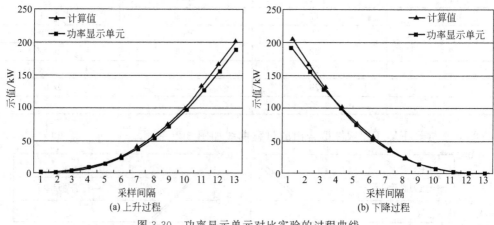

图 3-30　功率显示单元对比实验的过程曲线

　　由实验结果可以得知，功率智能仪表与经数学模型计算出的数值具有很好的一致性，这体现出智能仪表在软件设计中的强大优势。数学模型准确，智能仪表能对数据进行理想的处理和显示。

04

第4章
智能气动元件及集成应用

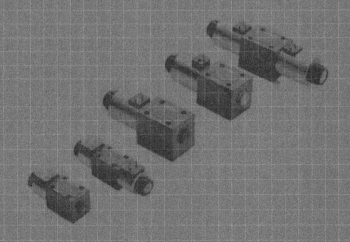

4.1　气动元件与系统的智能控制

4.1.1　气动技术及智能气动元件

气动技术在机械装备和工业自动化中的应用十分广泛，如：在汽车制造、轨道车辆、筑路机械、混凝土机械、采矿、冶金、化工、石化、农业机械、橡胶轮胎、电子半导体、粮食、药品、食品包装、奶制品制造和包装、烟草、印刷、印染、油墨、纺织、制鞋、木材加工、玻璃制品、塑料制品、化妆品、电视机、显像管、洗衣机等工业领域。近期气动技术在电子行业、太阳能制造业、生物医药技术、生命科学、农业以至日常生活如游乐园等方面也有应用，几乎各个领域都涉及气动技术。气动产业是装备制造业、工业自动化的基础性产业，更是核心技术之一。衡量一个国家的工业化先进与否，就是看它的自动化程度，看它的自动化控制的综合能力。气动技术经过20多年不断创新，已经从自动化控制的配件角色转化为主导技术力量，许多工业自动化流程设计方案的第一步从气动技术开始。

智能气动元件是指具有集成微处理器，并具有处理指令和程序功能的元件或单元。最典型的智能气动元件是内置可编程控制器的阀岛，阀岛可用常规的电子方式或总线方式来控制。总线技术已经引起气动技术的巨大革新，这方面的发展刚刚开始。如果微处理器成功地集成于气缸或阀这些单个元件中，气动的小型化、模块化、集成化、智能化就可得到更大发展。现在已经实现了将装有特殊软件的高性能微处理器集成到控制阀的磁头中，并与执行机构的气动控制组合起来。

4.1.2　气动技术的发展趋势

（1）总体趋势

当今的气动技术是一门集机械、电子、真空、传感器、通信等跨学科的综合自动化控制、驱动的技术。

目前，国际上著名气动厂商在开发产品时，已经大量、熟练地运用模块化、低功耗、集成化、智能化、故障诊断、通信网络技术、识别技术、传感技术、嵌入式控制技术、系统协同等技术。国际上气动技术的发展趋势是通过全盘机电一体化，并集合机械、电子、流体力学、真空、传感器技术、压电技术、工程塑料、视觉系统、通信与信息处理等跨各学科为一体的综合自动化控制技术，提供整套自动化解决方案及系统（即插即用技术）。一批国际上领先的气动厂商，把产品和服务都衍生到电驱动产品、传感产品以及电控制等工业自动化整套解决方案之中，并把电驱动产品（步进电动机、伺服电动机等）、电控系统产品（PLC控制器、现场总线、以太网等控制）全部纳入公司的样本目录。气动技术开始走向工业自动化整套解决方案之路。例如，德国的Festo公司声称：要成为世界气动与电动自动化技术领域的最主要的供应商，要对客户所有需求都能给出正确的解决方案。而这正是现代工业化的用户所需求的。当前的用户需要供应商能快速反应，能提供整套自动化解决方案及系统产品（即插即用技术）。

气动技术发展趋势见图4-1。

"工业4.0"于2013年4月在德国的汉诺威工业博览会上被正式推出，其核心是通过三

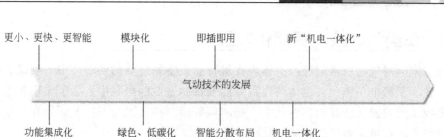

图 4-1　气动技术发展趋势

大集成（价值链的纵向集成、端到端的集成、价值网络实现横向集成），要把设备、生产线、工厂、供应商、产品、客户紧密地连接在一起。将无处不在的传感器、嵌入式终端系统、智能控制系统、通信设施通过信息物理系统（CPS）形成一个智能网络，使得产品与生产设备之间、不同的生产设备之间，以及数字世界和物理世界之间能够互联，使得机器、工作部件、系统以及人类通过网络持续地保持数字信息的交流。

　　在电控领域，尤其是机电一体化方面，创新的典型是 Festo 公司。Festo 公司在 CPX 电气终端＋阀岛技术中创建了许多专用电控模块，可专门用于分散式控制的 CPX-CPI 模块；用于控制气动驱动器的 CMAX 模块；用于电驱动器多轴控制的 CMXX 模块；同时将检测判断功能的摄像系统 SBO（IP65）连接到 CPX 专用模块中。通过现场总线，可对 CPX 模块的参数进行设定，从而改变它们的功能特性；当出现故障时，采用 web 网，通过 E-Mail 和 SMS 将报警信息发送到用户手中；由于采用了可选的诊断 ASIC，实现输入/输出以及阀岛的单独通道诊断。CPX 电气终端＋阀岛的控制模式已完成了初级阶段纵向信息的通信与控制任务（初步集成并形成了数据链的通信）。目前采用现场总线 Fieldbus 和工业实时以太网 Profinet，实现从控制层到现场设备层的信息无缝集成，但还未与管理层等接轨，如：物流管理（MRP）、企业资源（ERP）、制造管理（MESS）、产品研发（PLMD/S）、产品服务生命周期（PLM）、客户市场关系管理（CRM）、工厂过程控制系统（FCS/PCS）。这些管理层彼此之间呈信息孤岛状态，彼此不进行实时信息交流。

　　（2）创新产品的开发

　　在气动节能、提供整套自动化解决方案及系统的思想指导下，需要开发一系列创新产品，如：带分散与集中的控制并具诊断功能的模块化阀岛，气动压力比例阀，气动流量伺服阀，2ms 高速开关阀，"压电芯片技术"制造的微型电磁阀或气动比例抓手，气动人工肌肉，带导轨的模块化导向系统装置，适合于生物、医药、医疗卫生、食品的气动元件等。创新产品开发中十分强调食品生产过程的卫生标准，继续加大对新产品、新材料、新工艺的开发研究与应用。

　　未来的气动技术十分强调控制/诊断/状态监测功能，十分强调具有通信/诊断功能的统一接口界面，确保各种技术能无缝组合，特别体现在模块化气驱动/电驱动的现场总线接口界面。因此在产品开发中更注意这一概念。例如，德国 Festo 公司的 CPX 电气终端＋阀岛的控制系统通过互联网及现场总线，可实行远程现场级的点对点控制，对每个 CPX 电气终端＋阀岛可实施 512 个 I/O 点控制（包括模拟量信号 0～10V、4～20mA），在控制故障能力方面，已经实行在线过程控制及故障诊断的可视化。关于"故障诊断""生产实时查询"的可视化有多种形式，不仅在现场可通过阀岛上指示灯直观发现故障，也可通过视频随时监测故障点及实时生产状态，使远程的可视化成为一种常态行为。

4.1.3　我国气动技术智能化发展

我国工信部对气动技术的使命都体现在对智能装备制造业的要求之中，明确、清楚。把气动技术融入于机电一体化，也体现在对智能装备制造业的振兴中。为了实现制造过程智能化，要突破 9 大关键智能基础共性技术，把 8 项智能测控装置与部件的研发和产业化作为核心，经过努力，形成完整的智能制造装备产业体系。

9 大关键智能基础共性技术是：

① 新型传感技术；

② 模块化、嵌入式控制系统设计技术；

③ 先进控制与优化技术；

④ 系统协同技术；

⑤ 故障诊断与健康维护技术；

⑥ 高可靠实时通信网络技术；

⑦ 功能安全技术；

⑧ 特种工艺与精密制造技术；

⑨ 识别技术。

8 项智能测控装置与部件的研发和产业化有：

① 新型传感器及其系统；

② 智能控制系统；

③ 智能仪表；

④ 精密仪器；

⑤ 工业机器人与专用机器人；

⑥ 精密传动装置；

⑦ 伺服控制机构；

⑧ 液气密元件及系统。

"中国制造 2025"提出创新驱动、绿色发展、结构优化、人才为本的发展战略。中国则要由制造大国向制造强国转变。中国气动行业可以结合德国工业 4.0 的模式要求，借鉴德国"数字化工厂"，来针对性地进行某些气动元件的改革以及传感器的开发等。

"中国制造 2025"核心是应用互联网＋智能装备，要把设备、生产线、工厂、供应商、产品、客户紧密地连接在一起。将无处不在的传感器、嵌入式终端系统、智能控制系统、通信设施通过互联网形成一个智能网络。

从设备智能化、模块化、集成化来看，数字化工厂要求自动线上的每个端点有通信功能，有的还会被设计成嵌入式、带传感功能或通信接口、融入各门学科技术的产品，气动厂商要研制满足纵向集成、横向集成和端到端的网络通信要求的元器件。

4.2　气动数字控制元件及应用

随着微型计算机的发展，数字控制技术已经渗透到工业的各个领域，特别是现代控制理论和智能控制技术的不断完善和发展，数字控制技术在气动伺服系统中的应用越来越普遍。如今，气动技术已突破传统死区，正经历着飞跃性的发展，在与计算机、电气、传感、通信等技术相结合的基础上产生了智能气动这一概念。数字控制技术一般采用直接数字控制（DDC），就是在计算机给定设定值的情况下，每隔一定时间根据误差和一定的控制算法算出控制量的大小，再通过输出通道和执行机构对被控对象进行控制。数字控制克服了使用模拟器件时，由于元件老化、参数漂移、环境和噪声等带来的干扰，并由于计算机强大的软件功能，可以十分方便地实现各种控制规律，使系统得到良好的控制效果。

4.2.1 气动数字控制阀

气动数字阀可直接与计算机连接，不需要 A/D 转换器，具有结构简单、成本低、可靠性高等优点，得到了越来越广泛的应用。气动数字控制的形式根据系统中电气转换元件的不同而不同，常见的有以下三种。

（1）步进电机式

步进电机式气动伺服系统的关键元件是步进电机式数字阀。控制原理是利用计算机输出的脉冲经功率放大后去控制步进电机，步进电机的转角跟自发的脉冲成比例。目前，这种气动伺服系统的应用较少。

（2）比例阀或伺服阀

气动比例控制元件的问世和发展是气动技术与电子技术以及机械技术的有机结合，是实现气电一体化和气机一体化的代表。这种系统的工作原理如图 4-2 所示。系统反馈信号（位移、流量、压力等）经 A/D 转换后进入计算机和控制器，经过一定的控制算法，计算机产生的控制信号经 D/A 转换后控制伺服阀和比例阀，控制阀通过

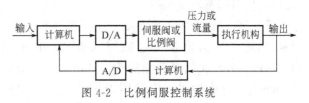

图 4-2 比例伺服控制系统

改变执行元件容腔的压力或气体流量来控制执行机构。这样，通过电信号对气体、流量和压力进行连续可调控制，大大简化了无级和有级执行器的气控和电控回路。

20 世纪 70 年代后期，随着现代控制理论和微电子技术的发展，各种廉价、多功能、高性能的集成电路大量涌现，为电气控制系统开辟了广阔的应用领域。同时，微电子技术和计算机控制技术的不断完善和发展为电气伺服控制技术的发展奠定了坚实的理论基础。近年来，工业发达国家如日本、德国、美国等竞先投入大量人力物力财力从事该项研究，并取得了较大发展，使得以比例伺服控制阀为核心的气动比例伺服控制系统可实现压力流量变化的高精度控制。

（3）开关阀

① 高速开关阀的特点 比例阀和伺服阀与高速电磁开关阀的主要特点见表 4-1。

表 4-1 三种控制阀的比较和特征

比较项目	高速开关阀	比例阀	伺服阀
结构	简单	较简单	复杂
控制精度	差	较好	好
响应速度	慢	较快	快
与电子电路配合	很好	较好	好
抗污染能力	极强	较强	弱
价格	极低	较贵	很贵

② 高速电磁开关阀　高速开关阀是借助于控制电磁铁所产生的吸力，使得阀芯高速正、反向运动，从而实现流体在阀口处的交替通断功能的电气控制元件。高速响应能力是高速开关阀最重要的特点。

国外对高速电磁开关阀的研究始于 20 世纪 70 年代末。英国 Lucas 公司的 A. H. Scilly 率先开始了高速开关阀的研究，并开发出两种特殊结构的高速电磁阀，即 Helenoid 阀和 Golenoid 阀，这两种高速电磁开关阀的共同特点是通过采用特殊结构形状的电磁铁，克服了传统电磁开关阀"电磁作用力越大衔铁加速度反而越小"的矛盾，使得阀芯行程小于 1mm 时，阀的响应时间不大于 1ms。与此同时，德国的 G. Mansfeld、J. Tersteegen 和 K. Engelsdaf、P. Dnnken 也开始研究高速开关电磁阀。他们研制的阀的响应时间均在 2ms 左右。然而，这些阀的结构都相当复杂，加工制造难度大，成本高。

随后，许多外国学者和专家开始致力于高速开关电磁阀的研究。1982 年，美国 Ford Motor 公司的专家们开发了环状多级高速电磁开关阀，阀的响应时间为 2ms，美国 BKM 公司于 1984 年推出一种三通球形插装式高速电磁开关阀，该阀的开启响应时间为 3ms，关闭响应时间为 2ms，这种阀主要被用在柴油机中压共轨电控燃油喷射系统中。1984 年前后，日本的田中裕久等研制了两种高速电磁开关阀，其中二通阀在工作压力为 15MPa 时，阀的开启响应时间为 3.3ms，关闭响应时间为 2.8ms，三通阀在工作压力为 7MPa 时，阀的开启关闭响应时间都不足 3ms。

到了 20 世纪 80 年代中期，由于柴油机电控燃油喷射技术的迫切需要，响应时间小于 1ms 的超高压高速开关电磁阀问世了。日本的宫本正彦等人成功开发出工作压力为 120MPa、开启关闭时间分别为 0.35ms 和 0.4ms 的三通型超高压高速电磁开关阀。德国 Bosch 公司也成功研制出适用于超高压下工作的高速电磁开关阀，开启关闭时间分别为 0.3ms 和 0.65ms。

与世界发达国家相比，我国的高速电磁开关阀的研究起步相对较晚。主要是跟踪国外的研究，探索电磁开关阀实现高速响应的能力，并自主或合作开发高速开关阀样机及与之配套的驱动控制装置。实际上，我国还没有真正掌握高速电磁开关阀尤其是响应时间不足 0.1ms 的超高速电磁开关阀的设计与制造技术。

③ 高速电磁开关阀脉冲调制形式　在气动开关伺服控制系统中，实现电气转换的方法很多，其中脉冲调制技术如脉频调制 PFM、脉幅调制 PAM、脉冲编码调制 PCM、脉宽调制 PWM 等得到了应用。近年来，应用较多的主要有两类：脉宽调制方式 PWM 和脉冲编码调制方式 PCM。

a. PWM 控制方式　PWM 控制方式使用一个周期、幅值固定的脉冲信号驱动高速开关阀，用控制信号控制脉冲信号的占空比（$d = T_{on}/T$），如图 4-3 为 PWM 的控制原理。脉宽调制器将输入的控制信号与载波信号比较，并转化为周期 T 的脉宽控制信号，将计算机输出的控制信号和计算机输出的一系列载波信号的值进行比较，如果控制信号大于载波信号值，阀开启，否则阀关闭。这样就得到一系列控制指令，将这一系列控制指令加到阀的线圈上，在有控制指令电压的时候阀通路打开，其余时间阀关闭，阀内无流量通过。由于时间 T 非常小，通常在 0.01～

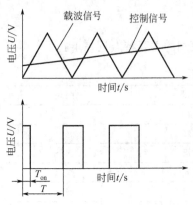

图 4-3　PWM 调制方式原理图

0.15s，因此，可用平均流量来表示：$q = c_d A d (2\Delta p / \rho)$。式中：$c_d$ 为流量系数；A 为阀口的开口面积；d 为占空比；Δp 为气压差；ρ 为气体密度。表明高速开关阀流量与脉宽占空比成正比。PWM信号可直接由计算机输出，高速开关阀能够直接以数字的方式进行控制，不必经过D/A转换机，计算机可以根据控制要求发出脉宽控制信号，控制电-机械转换器电磁铁动作，从而带动高速开关阀开或关，以控制气缸内气体流量的大小和方向。

b. PCM控制方式　脉冲编码调制控制就是把控制信号编为 n 个二进制码来驱动 n 个开关阀，开关阀与节流阀组合使用。图4-4为四组开关阀与节流阀组成的PCM调制系统原理。节流阀在内的开关阀的有效截面积调节为 $S_0 : S_1 : S_3 : \cdots : S_n = 2^0 : 2^1 : 2^3 : \cdots : 2^n$，综合开口面积为组合开关阀面积之和。在PCM控制方式中，阀的流量具有离散性。由于阀的数量是有限的，所以PCM方式的固有缺点是：只能获得有限等级的流量，无法获得无限等级的流量。

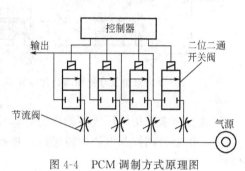

图4-4　PCM调制方式原理图

由于高速开关电磁阀具有结构简单、价格便宜、抗污染能力强等特点，近年来在伺服控制系统中的应用得到了重视。但由于阀的开关动作产生流量脉动影响系统精度；阀的开关切换特性形成零位死区和饱和区，系统的强非线性从而导致开关阀的控制精度较比例阀差。虽然高速开关阀存在缺陷和不足，但其本身所具有的特点加上控制技术的弥补，应用仍较为广泛。

(4) 小结

比例伺服阀具有机构庞大、质量重、控制精度高等特点，适合应用在大型机械设备和精度要求较高的场合；高速开关阀质量轻、体积小，但控制精度相对较低，因此，高速开关阀常常应用到成本低、控制精度要求较小的场合，但经过改进控制方法，也可应用到机器人等精度较高的场合。

4.2.2　高压气动压力流量复合控制数字阀

气体具有可压缩性，通过调节阀门的开度可以实现其质量流量和压力的控制，这样就可以在一套装置上完成质量流量和压力的复合控制。

(1) 复合控制数字阀的组成和工作原理

复合数字控制阀的结构如图4-5所示，由8个二级开关阀（V1～V8）、温度传感器T1、压力传感器p1与p2组成。

二级开关阀结构如图4-6所示，由一个二位三通式高速开关阀及端面式密封的主阀构成，主阀阀口流道设计成拉法尔（Laval）喷嘴式结构，这种结构可以实现较高的临界背压比、减少气体压力损失，既避免了下游出口腔温度压力的大幅波动，也简化了复合阀的建模研究与控制。需要打开二级阀时，高速开关阀不通电，二级阀的控制腔与大气连通（即图示装填），阀芯在高压气体压力和弹簧力的作用下打开；需要关闭二级阀时，高速开关阀通电，高压气体进入控制腔阀芯在气体压力和弹簧力的作用下关闭。由于控制腔内气体有限，高速开关阀阀口只有很短的过流时间，能避免高压气体长时间剧烈的节流降温而导致结冰，提高二级阀及复合阀的可靠性。主阀阀口为临界流喷嘴结构，主阀按照压力区可划分为控制腔 r 和主阀腔 p。

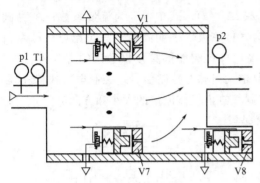

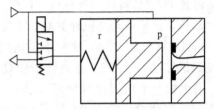

图 4-5　压力流量复合控制阀结构示意图 　　　　图 4-6　二级高压气动开关阀结构示意图

　　用复合阀来控制高压气体的压力时，控制器就会依据输出压力和目标压力来调节二级阀的启闭；用复合阀控制气体的流量时，控制器则依据上游的压力、温度以及下游的输出压力来调节二级阀的启闭。

　　主阀阀口采用 Sanville 的流量公式来计算，具体为：

$$q_t = \alpha S p_1 \sqrt{\frac{k}{RT_1}} \varphi(p_2,\ p_1) \tag{4-1}$$

　　式中，q_t 为质量流量；α 为缩流系数；k 为比热容比，空气 $k=1.4$；R 为气体常数，空气 $R=287\mathrm{J/(kg \cdot K)}$；$\varphi(p_2,\ p_1)$ 为：

$$\varphi(p_2,\ p_1) = \begin{cases} \sqrt{\dfrac{2}{k-1}\left[\left(\dfrac{p_2}{p_1}\right)^{\frac{2}{k}} - \left(\dfrac{p_2}{p_1}\right)^{\frac{k+1}{k}}\right]},\quad \dfrac{p_2}{p_1} > b_p \\[4mm] \sqrt{\left(\dfrac{2}{k+1}\right)^{\frac{k+1}{k-1}}},\quad \dfrac{p_2}{p_1} \leqslant b_p \end{cases} \tag{4-2}$$

　　式中，b_p 为出现壅塞流动时的临界压力比。

　　流量计算采用式（4-1）的方程，对于单个二级阀，适用该方程的有：高压气体从主阀进气口到主阀腔 p 的流入流量 q_{t_ip}；气体从主阀腔 p 经阀口流出的流量 q_{t_po}。

$$q_{t\_ip} = \alpha S_{ip} p_i \sqrt{\frac{k}{RT_i}} \varphi(p_p,\ p_i) \tag{4-3}$$

$$q_{t\_po} = \alpha S_{po} p_p \sqrt{\frac{k}{RT_p}} \varphi(p_o,\ p_p) \tag{4-4}$$

　　式中，S_{ip}、S_{po} 分别为相应阀口的过流面积。

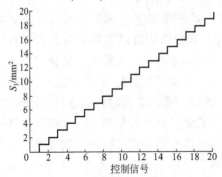

图 4-7　综合过流面积与控制信号的关系

（2）二级阀编码方案

　　用二进制方式来确定复合阀的进气阀阀口面积方案时，就是把控制信号编为 7 位二进制码来驱动 7 个进气阀，各个二级阀的有效开口面积调节为 S_1：$S_2：S_3：S_4：S_5：S_6：S_7 = 2^1：2^2：2^3：2^4：2^5：2^6：2^7$。

　　复合控制阀综合过流面积和所给控制信号之间的关系如图 4-7 所示，可以看出，两者的比值是常数，即最小过流面积 S_1；复合控制阀控制的流量具有离散性，输出流量表达式为：

$$Q = Q_1 \sum_{i=1}^{7} 2^{i-1} p c_i \qquad (4-5)$$

复合阀的控制精度由开口面积最小的二级阀决定，所以希望其尽可能小，而复合阀的最大流量决定其调节范围，所以当二级阀的个数确定时，控制精度和调节范围是不能同时满足的。而采用广义脉冲编码方法能够有效解决该问题。

采用二级制和四进制结合的方法，前 6 个进气阀按照二进制编码，最后一个进气阀按照四进制标定，各进气阀的有效开口面积比为：

$S_1 : S_2 : S_3 : S_4 : S_5 : S_6 : S_7 = 2^1 : 2^2 : 2^3 : 2^4 : 2^5 : 2^6 : 2^7$。

这样编码的复合阀最大有效截面积：

$$S_{max} = 191 S_1 \qquad (4-6)$$

而按照二进制编码时的最大有效截面积：

$$S_{max} = 127 S_1 \qquad (4-7)$$

可见，采用广义脉冲编码方式，可以在保证控制精度的情况下，使系统的控制范围大大增加，这样就可以同时满足调节范围和控制精度的要求。

(3) 复合控制阀技术性能

① 阶跃响应　目标压力 p_t 的值设置为 15MPa，PID 参数为 $P = 0.5$，$I = 0.03$，$D = 0.03$，得到输出压力响应曲线，如图 4-8 所示。能够看出，输出压力 p_0 可以在 2s 左右的时间内达到稳定值，曲线有轻微的超调，稳定之后，输出压力 p_0 的偏差小于 ±0.1MPa。

图 4-9 为不同数值的 p_t 所对应的 p_0 响应曲线，设置 p_t 为 1.5、10、15、19MPa，$P = 0.5$，$I = 0.03$，$D = 0.03$。从图中可以看出复合控制阀能实现的压力输出范围为 1～19MPa，稳定之后输出压力 p_0 的偏差小于 10.1MPa。

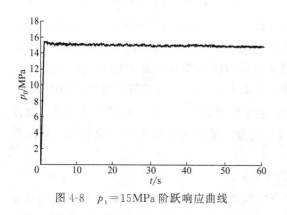

图 4-8　$p_t = 15$MPa 阶跃响应曲线

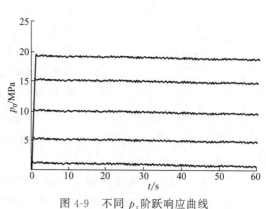

图 4-9　不同 p_t 阶跃响应曲线

② 正弦信号跟踪　图 4-10 为 $p_t(t) = 15 + 3\sin(\pi t)$ 及 $p_t(t) = 15 + 3\sin(4\pi t)$ 即 0.5Hz 和 2Hz 的正弦跟踪曲线，从图 4-10 中可以看出，复合控制阀对于频率为 0.5Hz 的信号跟踪效果良好，但对于 2Hz 的信号，在波谷处跟踪效果明显变差，把缓冲气罐的容积适当减小之后，跟踪曲线有了一定的改善，但稳态精度比之前下降。

该复合控制数字阀可以快速、准确且稳定输出目标压力，稳态偏差在 10.1MPa 以内；在 20MPa 的气源压力下，输出压力为 1～19MPa。

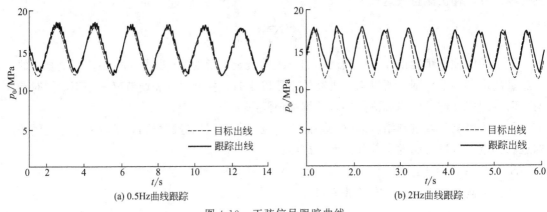

(a) 0.5Hz曲线跟踪　　　　　　　　　　　(b) 2Hz曲线跟踪

图 4-10　正弦信号跟踪曲线

4.2.3　压电开关调压型气动数字阀及应用

气动脉冲调制开关式比例压力阀通常采用高速电磁铁为转换器，存在着响应时间较长、稳态精度较差、易发热、抗磁干扰差等缺点，限制了其应用。而压电驱动器以独特的优点得到越来越广泛的应用。

(1) 数字阀工作原理

压电开关调压型气动数字阀的工作原理如图 4-11 所示，该阀先导部分是由压电驱动器

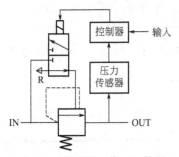

图 4-11　数字阀工作原理简图

和放大机构构成的 1 个二位三通摆动式高速开关阀，数字阀通过压力-电反馈控制先导阀的高速通断来调节膜片式主阀的上腔压力，从而控制主阀输出压力。由于先导阀工作在不断"开"与"关"的状态，因此阀输出压力的波动是无法避免的；另一方面，负载变化也会引起阀输出压力的变化。为了提高数字阀输出压力的控制精度，将输出压力实际值反馈到控制器中，并与设定值进行快速比较，控制器根据实际值与设定值的差值控制脉冲输出信号的高低电平：当实际值大于设定值时，数字控制器发出低电平信号，输出压力下降；当实际值小于设定值时，数字控制器发出高电平信号，输出压力上升。通过阀输出压力的反馈，数字控制器相应地改变脉冲宽度，最终使得输出压力稳定在期望值附近，以提高阀的控制精度。

图 4-12 为压电开关调压型气动数字阀的总体结构。

阀工作过程为：数字控制器实时根据出口压力反馈值与设定压力之间的差值，调整其脉冲输出，使输出压力稳定在设定值附近，从而实现精密调压。若出口压力低于设定值，则数字控制器输出高电平，压电叠堆通电，向右伸长，通过弹性铰链放大机构推动先导开关挡板右摆，堵住 R 口，P 口与 A 口连通，输入气体通过先导阀口往先导腔充气，先导腔压力增大，并作用在主阀膜片上侧，推动主阀膜片下移，主阀芯开启，实现压力输出。输出压力一方面通过小孔进到反馈腔，作用在主阀膜片下侧，与主阀膜片上侧先导腔的压力相平衡；另一方面，经过压力传感器，转换为相对应的电信号，反馈到数字控制器。

若阀出口压力高于设定值，则数字控制器输出低电平，压电叠堆断电，向左缩回，先导

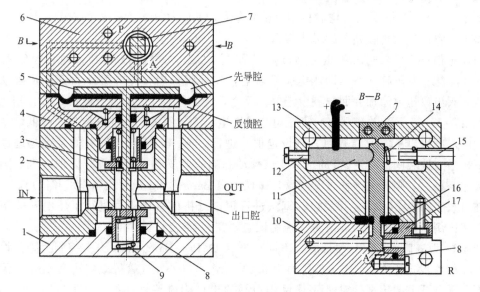

图 4-12 压电开关调压型气动数字阀的总体结构示意

1—主阀下阀盖；2—主阀下阀体；3—溢流机构；4—主阀中阀体；5—主阀芯膜片组件；6—主阀上阀体；
7—先导开关挡板放大机构；8—O 形密封圈；9—复位弹簧；10—先导左阀体；11—压电叠堆；12—定位
螺钉；13—先导上阀体；14—预紧弹簧；15—预紧螺钉；16—波形密封圈；17—先导右阀体

开关挡板左摆，堵住 P 口，R 口与 A 口连通，先导腔气体通过 R 口排向大气，先导腔压力降低，主阀膜片上移，主阀芯关闭。此时溢流机构开启，出口腔气体经溢流机构向外瞬时溢流，出口压力下降，直至达到新的平衡为止，此时出口压力又基本回复到设定值。

(2) 数字阀控制方法及试验

数字阀先导部分是 1 个二位三通的压电型高速开关阀，选用数字控制方式。开关型数字阀通常采用 Bang-Bang 脉冲开关控制和脉宽调制（PWM）控制。

① 数字阀 Bang-Bang 开关控制 压电开关调压型气动数字阀的先导级开关阀只有两种工作状态：开启（on）和关闭（off）。对于这种"开""关"的工作方式，采用典型的数字控制算法——Bang-Bang 开关控制算法。设定允许误差范围的上下两个极限值之间的区域为控制区域，则被控制量在设定的两个极限控制值之间进行切换，使输出值以一定的精度稳定在设定值范围内。使用 Bang-Bang 开关控制算法可避免数字阀的频繁开关，减少其开关次数，延长其使用寿命，特别是压电叠堆驱动器的使用寿命。压电开关调压型气动数字比例压力阀的 Bang-Bang 开关控制系统如图 4-13 所示。

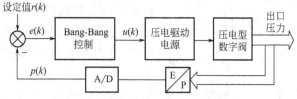

图 4-13 数字阀 Bang-Bang 控制框图

设定两个极限控制值的 Bang-Bang 控制算法如下：

$$u(k)=\begin{cases} 0 & e(k)<E_{\min} \\ 1 & e(k)>E_{\max} \end{cases} \tag{4-8}$$

式中，$u(k)$ 为第 k 次采样后控制器输出值；$e(k)$ 为第 k 次采样的误差；$E_{\min}$ 为设定的误差下极限；$E_{\max}$ 为设定的误差上极限。

当设定值 $r(k)$ 与阀出口压力 $p(k)$ 的偏差 $e(k)$ 大于上极限 $E_{\max}$ 时，控制器输出 $u(k)=1$，表示为开启状态，即压电叠堆通电，先导阀开启，先导腔压力升高，推动主阀芯开启，阀出口压力增加并回复到设定值；反之，若偏差 $e(k)$ 小于下极限 $E_{\min}$，则控制器输出 $u(k)=0$，表示为关闭状态，即压电叠堆断电，先导阀关闭，先导腔压力降低，主阀芯上移关闭，阀出口压力下降并回复到设定值。进行 Bang-Bang 开关控制的关键是选择合适的上下极限（控制阈值）。阈值的选取要兼顾动态响应速度和控制精度，阈值过大，则控制精度较差，反之，则开关动作过于频繁，体现不出 Bang-Bang 开关控制作用和优点。

在对数字阀 Bang-Bang 开关控制算法进行理论分析的基础上，进行了压电开关调压型气动数字比例压力阀 Bang-Bang 开关控制试验研究。

图 4-14 为进口压力（相对压力，下同）为 0.4MPa，Bang-Bang 开关控制上阈值设定为 1kPa、下阈值设定为 0，设定出口压力为 0.2MPa，出口外接气管等效容积为 4mL，无出口流量下，压电开关调压型气动数字比例压力阀的出口响应特性曲线。从图 4-14 可以看出，阀的响应时间（$\pm 5\%$ 稳定值内）约为 0.073s，其稳态误差约为 2.5kPa；无超调量，但有一定的压力波动，约为 5kPa。这说明阀有较快的响应速度和一定稳态精度，初步达到研制目的，但同时也有一定的压力波动，从而影响其控制精度。

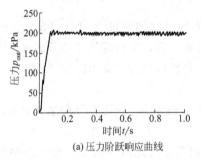

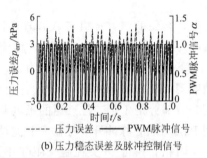

(a) 压力阶跃响应曲线　　　　　　(b) 压力稳态误差及脉冲控制信号

----- 压力误差　——— PWM脉冲信号

图 4-14　数字阀 Bang-Bang 控制压力阶跃响应特性

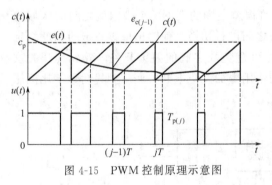

图 4-15　PWM 控制原理示意图

② 数字阀 PWM 控制　为了进一步减小数字阀稳态误差和压力波动，需要进一步研究其他控制算法。脉宽调制就是在固定不变的脉冲周期内通过改变导通时间以改变脉宽比，实现对输入的连续信号进行调制，将输入信号变成一系列的脉冲信号（开关信号）。该脉冲信号幅值恒定，且一个周期内输出的平均值与输入信号的幅值成比例。脉宽调制的控制原理如图 4-15 所示，其中，$e(t)$、$c(t)$ 分别为 t 时刻的稳态误差和载波信号值，T、c_p 分别为载波信号的周期和幅值，$e_{c(j-1)}$ 为第 $j-1$ 个脉冲周期的稳态误差，$T_{p(j)}$ 为第 j 个脉冲周期的脉冲宽度。脉宽调制控制算法可写成：

$$u(t)=\begin{cases} 1 & (j-1)T \leqslant t < (j-1+D_{p(j)})T \\ 0 & (j-1+D_{p(j)})T \leqslant t < jT \end{cases} \tag{4-9}$$

$$D_{p(j)}=T_{p(j)}/T \tag{4-10}$$

式中，$u(t)$ 为 t 时刻的控制器输出值；$T_{p(j)}$ 为第 j 个脉冲周期的脉冲宽度。

为了改善 PWM 的控制效果，考虑在 PWM 控制算法前添加其他控制算法。PID 控制算法简单，易于实现，是应用最为广泛的经典控制算法。因此，将 PID 控制算法作为 PWM 控制的前置算法，以改善 PWM 控制算法的控制效果，从而提高数字阀的控制精度。为了避免数字阀工作过于频繁，延长其使用寿命，特别是延长压电叠堆驱动器的使用寿命，采用带死区的 PID 控制算法。

数字阀的"带死区 PID＋PWM"复合控制方法原理如图 4-16 所示，其主要思路为：将压力设定值与阀出口压力反馈值做比较，两者的差值 $e(t)$ 为 PID 控制器的输入，经 PID 调节后，输出给 PWM 控制器，PWM 控制器根据差值的不同发出 1 或 0 的脉冲信号，该脉冲信号经压电驱动电源放大后，控制压电叠堆驱动器的通电或断电，从而控制数字阀的输出压力。

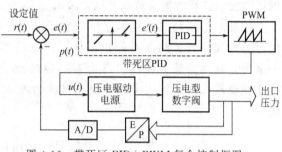

图 4-16　带死区 PID＋PWM 复合控制框图

在后续的试验发现，添加"积分""微分"控制会降低阀的响应速度，且不能有效提高阀的稳态精度。因此根据"比例""积分""微分"控制的优缺点和阀压力阶跃响应特性，采用"带死区 P＋PWM"复合控制方法。图 4-17、图 4-18 分别为在上述试验条件下，PWM载波频率为 200Hz、设定误差为 1kPa、出口流量为 0 和 100L/min 时，压电开关调压型气动数字比例压力阀的出口压力响应特性曲线。

从图 4-17、图 4-18 可以看出：在零流量负载时，阀的响应时间约为 0.071s，稳态误差为 0.5kPa，压力波动约为 1kPa，稳态性能较好；在流量负载为 100L/min 时，其响应时间约为 0.079s，稳态误差为 5kPa，波动约为 15kPa。

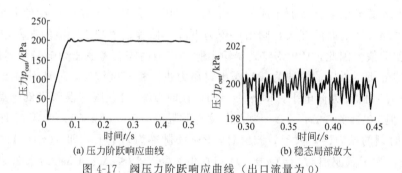

(a) 压力阶跃响应曲线　　　　(b) 稳态局部放大

图 4-17　阀压力阶跃响应曲线（出口流量为 0）

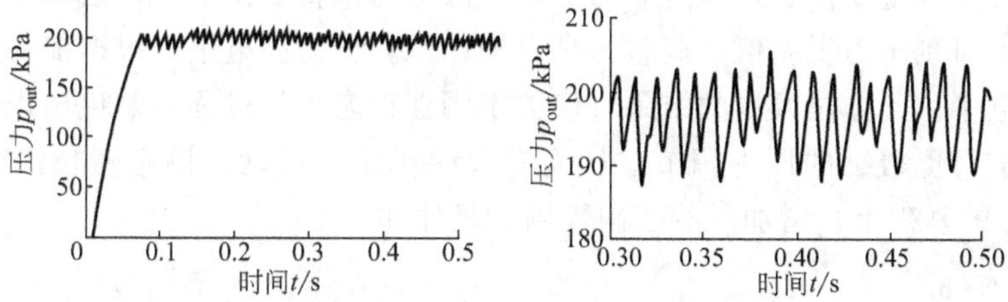

(a) 压力阶跃响应曲线　　　　(b) 稳态局部放大

图 4-18　阀压力阶跃响应曲线（出口流量为 100L/min）

试验表明：采用"带死区 P＋PWM"复合控制基本上能实现数字阀的数字比例控制，响应速度较快，且总体控制效果优于 Bang-Bang 控制方法。但在有流量负载时，其响应时间有所变长，且稳态误差和压力波动都有较大的增加。因此需要进一步研究其控制算法，特别是在有流量负载情况下，减小其稳态误差和压力波动，改善其控制效果。

③ 数字阀调整变位 PWM 法控制   压电开关调压型气动数字阀出口压力的波动值也是阀的主要性能指标之一。从上述分析可得，所研制的数字阀试验样机的输出压力存在着较大的压力波动，在大流量负载下压力波动更大。

这是由于该阀的先导部分是 1 个二位三通摆动开关挡板阀，当阀的出口压力达到设定值时，该先导开关阀并不停止工作，而是仍不停地开关，以使出口压力达到一个动态的平衡值，这本身就会使出口压力有一定的波动。当数字阀出口流量较大时，出口腔的压力变化也较大，这增大了数字阀出口压力波动。因此需要改进阀控制方法以减小其压力波动。

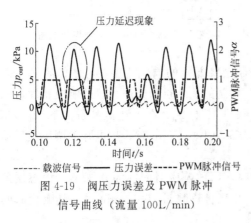

图 4-19 为数字阀的压力误差和 PWM 脉冲信号的曲线（试验条件同图 4-18）。当 PWM 脉冲信号为高电平时，按理说，压力误差曲线应立即下降，但实际曲线先上升再下降；反之，当 PWM 脉冲信号为低电平时，按理说，压力误差曲线应立即上升，但实际曲线先下降再上升。上述的现象称为压力的延迟现象，即阀的压力误差变化延迟落后于 PWM 脉冲信号变化。这是由压电驱动器的响应延迟、先导开关阀的开关过程（不是立即开启或关闭）延迟及主阀芯的机械运动延迟等因素造成的。PWM 脉冲信号是根据压

------- 载波信号 ——— 压力误差 ----- PWM脉冲信号

图 4-19   阀压力误差及 PWM 脉冲
信号曲线（流量 100L/min）

力误差与 PWM 载波信号比较而生成的。由于压力延迟会延长 PWM 脉冲信号低电平时间，使得先导开关阀关闭的时间变长，阀出口压力下降，使理论值与实际值的误差增加，从而增大阀的压力波动值。因此，PWM 控制器输出脉冲信号时需要考虑压力响应延迟的影响。

根据上述分析，采用的方法为：当阀出口压力进入稳态区域后，k 时刻的压力误差低于载波值时，PWM 脉冲为低电平，即 $u(k)=0$；在时刻 $k+1$，压力误差仍低于载波值时，$u(k+1)=0$；但 $e(k+1)>\Delta e_1$（Δe_1 为人为设定下限值）时，$u(k+1)=1$，否则 $u(k+1)=0$。同样，k 时刻的压力误差大于载波值时，PWM 脉冲为高电平，即 $u(k)=1$；在时刻 $k+1$，压力误差仍大于载波值时，$u(k+1)=1$；但 $e(k+1)<\Delta e_2$（Δe_2 为人为设定上限值）时，$u(k+1)=0$，否则 $u(k+1)=1$。

此方法简称为调整变位法，改进后的 PWM 法称为调整变位 PWM 法，即原本应为低电平时，根据前一时刻压力误差值，调整为高电平；原本应为高电平，根据前一时刻压力误差值，调制为低电平。此方法调制的结果将使数字阀在稳态工作过程中避免出现连续多个高或低电平，对阀进行更精细的压力调节，从而有效减小压力波动。调整变位 PWM 法是在原 PWM 控制算法的基础上，增加一些控制规则，具体如下：

```
if   e(k)≥cₚ
     if   e(k)>Δe₁ and u(k-1)=0    then u(k)=1
     else                          u(k)=0
```

else

if $e(k)<\Delta e_2$ and $u(k-1)=1$ then $u(k)=0$

else $\quad\quad\quad\quad\quad\quad\quad\quad\quad u(k)=1$

结合 Bang-Bang 控制算法的特点，提出了"Bang-Bang＋带死区 P＋调整变位 PWM"复合控制算法对数字阀进行控制，其控制原理如图 4-20 所示。在压电开关调压型气动数字比例压力阀响应过程采用 Bang-Bang 控制，使其快速达到稳态区域；当进入稳态区域后，采用"带死区 P＋调整变位 PWM"复合控制算法，提高其稳态精度，减小压力波动。

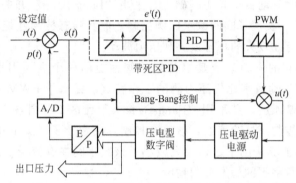

图 4-20　"Bang-Bang＋带死区 P＋调整变位 PWM"复合控制框图

采用上述改进后的控制算法，在相同试验条件下，不同流量负载时，压电开关调压型气动数字比例压力阀的压力阶跃响应曲线如图 4-21、图 4-22 所示。

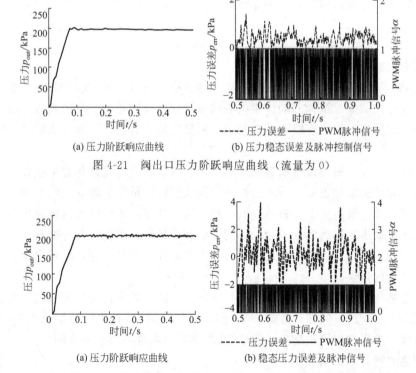

(a) 压力阶跃响应曲线　　(b) 压力稳态误差及脉冲控制信号

图 4-21　阀出口压力阶跃响应曲线（流量为 0）

(a) 压力阶跃响应曲线　　(b) 稳态压力误差及脉冲信号

图 4-22　阀出口压力阶跃响应曲线（流量为 100L/min）

从图 4-21、图 4-22 可以看出，在流量负载为零时，数字阀响应时间约为 0.072s，稳态误差约为 0.5kPa，压力波动约为 1kPa；在流量负载为 100L/min 时，数字阀响应时间约为 0.080s，稳态误差约为 1kPa，压力波动约为 5kPa；流量负载下，数字阀压力波动已大大减小，由先前的 15kPa 降为 5kPa。

图 4-17、图 4-18、图 4-21、图 4-22 表明：在 "Bang-Bang＋带死区 P＋调整变位 PWM" 复合控制下，数字阀的稳态控制效果良好，具有良好的动态响应特性，流量负载下压力波动大大减小。

（3）小结

在压电开关调压型气动数字阀的基础上，采用 "Bang-Bang" 开关控制和 "带死区 P＋PWM" 复合控制算法，实现了阀的数字比例控制，但其稳态控制性能较差，特别是在大流量负载下，该数字阀存在较大的稳态误差和压力波动。

试验发现，数字阀的压力响应延迟是影响阀性能的一个主要因素，根据这一原因并结合压电开关调压型气动数字比例压力阀的工作特点，提出了 PWM 控制算法的一种改进形式——调整变位 PWM 法，并采用 "Bang-Bang＋带死区 P＋调整变位 PWM" 复合控制算法对数字阀进行了控制。试验表明，该复合控制算法弥补了 "Bang-Bang" 控制和 "带死区 P＋PWM" 复合控制算法的不足，大大减小了该数字阀在有流量负载情况下的出口压力波动，有效提高了该数字阀的稳态控制精度。

4.3 智能阀岛及应用

"阀岛" 一词来自德语，英文名为 "valve terminal"。德国 FESTO 公司发明并最先应用。阀岛是由多个电控阀构成，它集成了信号输入/输出及信号的控制，犹如一个控制岛屿。

4.3.1 阀岛概况

（1）阀岛的起源和发展

对于气动系统，通常采用气动执行机构（如气缸、气爪、真空吸盘等）来实现送料、抓取等工序，这些气动执行机构的动作由电磁阀来控制；要对每一个电磁阀进行电气连接，也就是说每一个线圈都要逐个连接到控制系统；还要安装消音器、压缩气源以及连接到气缸的管接头等。

自动化程度越高，机器设备及其使用的电气、气动系统的复杂化程度也越高，采用的气缸、电磁阀等元件的数量也随之增多。在阀岛问世以前，传统的独立接线控制方式，即使采用集装阀形式，几十根甚至上百根的控制接线，气管连接，不仅使布线安装困难，而且存在很多故障隐患，众多的连线和管道为设备的维护和管理带来不便，此外制造这一系统必须花费大量的时间和人力，这使得整个设备的开发、制造周期延长，而且常常会因为人为因素出现设计和制作上的错误。

怎样才能简化气动系统的安装并且获得最佳的性能，成为自动化领域内各大生产厂商所面临的问题。为解决这一问题，德国费斯托公司于 20 世纪 80 年代开始致力于研究电-气一体化控制单元，最先推出了阀岛技术并于 1989 年研发出世界上第一款阀岛。

（2）阀岛的特点与结构

阀岛技术和现场总线技术相结合，不仅确保了电控阀的布线容易，而且也大大地简化了复杂系统的调试、性能的检测和诊断及维护工作。借助现场总线高水平一体化的信息系统，使两者的优势得到充分发挥，具有广泛的应用前景。

图 4-23 为阀岛系统的结构。

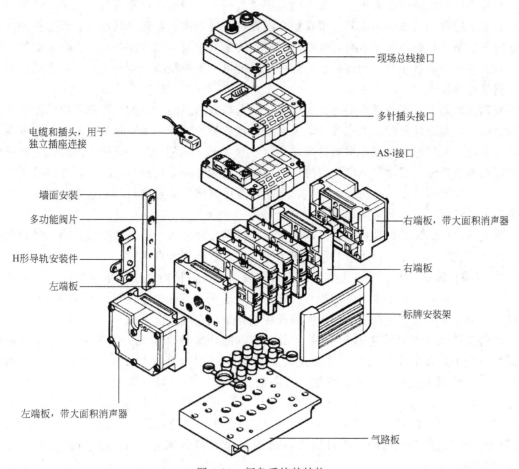

图 4-23　阀岛系统的结构

（3）阀岛的类型

阀岛是新一代气电一体化控制元器件，已从最初带多针接口的阀岛发展为带现场总线的阀岛，继而出现可编程阀岛及模块式阀岛。

① 带多针接口的阀岛　可编程控制器的输出控制信号、输入信号均通过一根带多针插头的多股电缆与阀岛相连，而由传感器输出的信号则通过电缆连接到阀岛的电信号输入口上。因此，可编程控制器与电控阀、传感器输入信号之间的接口简化为只有一个多针插头和一根多股电缆。与传统方式实现的控制系统比较可知，采用多针接口阀岛后系统不再需要接线盒。同时，所有电信号的处理、保护功能（如极性保护、光电隔离、防水等）都已在阀岛上实现。

② 带现场总线的阀岛　使用多针接口型阀岛使设备的接口大为简化，但用户还必须根据设计要求自行将可编程控制器的输入/输出口与来自阀岛的电缆进行连接，而且该电缆随着控制回路的复杂化而加粗，随着阀岛与可编程控制器间的距离增大而加长。为克服这一缺点，出现了新一代阀岛——带现场总线的阀岛。

现场总线（field bus）的实质是通过电信号传输方式，并以一定的数据格式实现控制系统中信号的双向传输。两个采用现场总线进行信息交换的对象之间只需一根两股或四股的电缆连接。特点是以一对电缆之间的电位差方式传输的。

在带现场总线的阀岛系统中，每个阀岛都带有一个总线输入口和总线输出口。这样当系统中有多个带现场总线阀岛或其他带现场总线设备时可以由近至远串联连接。现提供的现场总线阀岛装备了目前市场上所有开放式数据格式约定及主要可编程控制器厂家自定的数据格式约定。这样，带现场总线阀岛就能与各种型号的可编程控制器直接相连接，或者通过总线转换器进行阀接连接。

故障诊断是工业现场总线的另一大优势，所有联入总线的设备的状态都可以清楚地反应在系统内，一旦出现故障，工程师可以及时地发现故障的位置，缩短维修检测时间，提高系统的安全性。总线阀岛具有超强的诊断功能，一目了然的 LED 状态指示灯，通过不同颜色与闪烁频率的搭配，提供了从电源故障到通信地址匹配等一系列的故障提示，立刻诊断出节点（node）位置所在；根据协议的不同，有些甚至可以将故障点确认精确至单独的电磁阀或传感器上，可将平均排故时间缩短 80％以上。

带现场总线阀岛的出现标志着气电一体化技术的发展进入一个新的阶段，为气动自动化系统的网络化、模块化提供了有效的技术手段，因此近年来发展迅速。

③ 可编程阀岛　鉴于模块式生产成为目前发展趋势，同时注意到单个模块以及许多简单的自动装置往往只有十个以下的执行机构，于是出现了一种集电控阀、可编程控制器以及现场总线为一体的可编程阀岛，即将可编程控制器集成在阀岛上。

所谓模块式生产是将整台设备分为几个基本的功能模块，每一基本模块与前、后模块间按一定的规律有机地结合。模块化设备的优点是可以根据加工对象的特点，选用相应的基本模块组成整机。这不仅缩短了设备制造周期，而且可以实现一种模块多次使用，节省了设备投资。可编程阀岛在这类设备中广泛应用，每一个基本模块装用一套可编程阀岛。这样，使用时可以离线同时对多台模块进行可编程控制器用户程序的设计和调试。这不仅缩短了整机调试时间，而且当设备出现故障时可以通过调试出故障的模块，使停机维修时间最短。

④ 模块式阀岛　模块化阀岛的推出，有助于用户进一步提高生产效能。因为模块化设计，使阀岛具有不同组合，可以配置生成多样化的方案来满足用户的不同需求，从而使用户能以尽可能少的投入，生产尽可能多样化的产品。模块化阀岛的基本结构具有如下特征：

a. 通信/控制模块不依赖于气动阀组，可以根据具体的工艺设计选择或者更替不同的电气连接方式：多针接口型、现场总线型和可编程智能型。

b. 各种电信号的输入/输出模块可以自由灵活的组合、扩展或者移除。

c. 电磁阀的数量可以灵活配置，不同功能、尺寸的电磁阀可以采用气路板底座安装的方式集成在一个阀岛上。德国费斯托公司的 MPA 型阀岛，是目前世界上安装电磁阀数量最多的一款阀岛，一个阀岛上最多可安装 128 个二位三通电磁阀。

这种模块化结构是高度集成化与紧凑化的，极大地优化了阀岛的电气和气动安装。用户使用模块化阀岛后，不仅能有效降低现场设备的安装调试时间，而且能有效节约设备内元器件的安装空间，这样有利于缩短项目周期、降低项目成本，并使设备维护变得更加便捷。

4.3.2　阀岛的安装控制方式

阀岛要被安装到机器设备或者系统上，主要有两种安装方式：

（1）墙面/平面安装

阀岛安装在坚固、平坦的墙面/平面上，为此需要在安装面上开螺纹孔，使用垫片和安装螺钉进行固定，如图 4-24 所示。

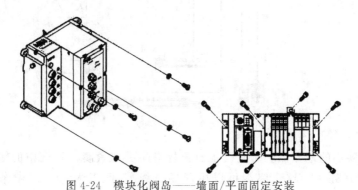

图 4-24　模块化阀岛——墙面/平面固定安装

（2）DIN 导轨安装

使用标准的导轨，导轨固定安装在控制柜、墙面或者机架上，选用合适的安装支架附件就可以把阀岛牢固地卡在 DIN 导轨的槽架上，如图 4-25 所示。

为了确保阀岛在一个系统、一个生产线里有效发挥其功能，不仅仅需要阀岛充分发挥模块化组件的性能，还需要阀岛有灵活多样的应用控制方式，在充分发挥各个模块化组件气动和信号传输性能的基础上，有能力创建一个子系统，满足用户的各种控制安装要求。依据应用场合和阀岛安装、使用方式的不同，阀岛主要有如下几种安装控制方式：

① 集中安装　顾名思义，设备或者系统内所有的电气输入和输出信号，以及气动执行机构都是受一个组，即一个较大规模的、集成了数量较多的电磁阀，输入和输出模块的阀岛控制的。

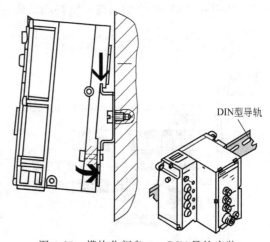

DIN型导轨

图 4-25　模块化阀岛——DIN 导轨安装

如图 4-26 所示，这些阀岛都是安装在系统里易于操作的位置上，例如在机器设备的前面或者机架上，气动控制回路只覆盖几米远。用户可以实现"一步到位"的安装、调试、操作和维护。

② 分散安装　一个中型的设备或者系统，由多个分散的子单元或者子系统构成，每一个子系统的气动执行机构数量比较少，如 8～10 个，这些气动执行机构都是通过小型的阀岛来驱动的，如图 4-27 所示，使用这种气动控制方式，阀岛与气动执行机构之间的气管安装距离短，有效地提高了阀岛的气动性能，如优化了流量损耗，降低了能源消耗，缩短了循环时间，减少了安装量。采用分散安装控制的小型阀岛，其体积小、重量轻，适合用于移动的

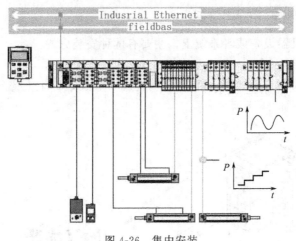

图 4-26　集中安装

工位和安装空间狭小的地方，从而使设备的安装空间更加紧凑。系统中的输入、输出可以通过一个电终端来处理，这个终端可以用现场总线/工业以太网的方式连线到上位机系统里。

　　③ 支持上游功能的分散式安装　一些单项功能，如重新定位、加载、卸载、传输等动作都是设在系统或者设备的外部，例如机器人抓手或者工具架，输送线上的制动和分选通道等，往往处于整个系统功能的上游，针对这类情况，集成现场总线接口如 AS-i 或者设备总线接口如 IO-LINK 的小型阀岛和电终端就成为理想的解决方案，如图 4-28 所示。

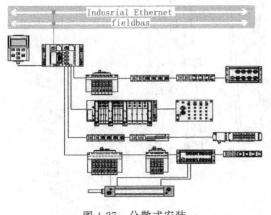

图 4-27　分散式安装

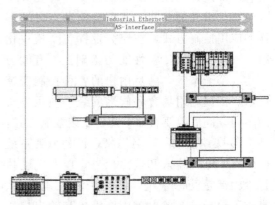

图 4-28　支持上游功能的分散式安装

　　这种安装控制方式，包括了分散安装方式的所有特点，可以通过总线直接配置阀岛，实现综合的故障诊断与状态检测功能。

　　④ 混合安装/分散-集中安装　一个大型或者中型的模块化生产线，虽然电气控制信号以及气动执行机构安装在系统的各个地方，但是可以根据加工工艺流程分成若干段。如图 4-29 所示，在每一个工段内，不论阀岛和电终端是直接安装在机架上还是控制柜内，都可以视该区段具体的应用采用集中安装或者分散安装方式，而整个系统则采用这种分散-集中安装方式的组合。混合安装/分散-集中安装能够使用户实现最大限度的模块化灵活配置，并且仍然有扩展的选择，从而在控制柜里或者控制柜的墙上实现阀岛的最佳安装。

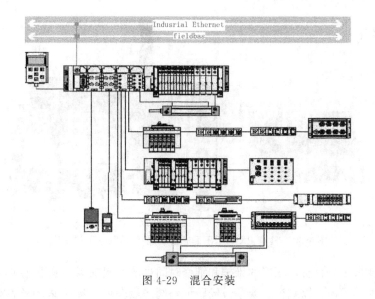

图 4-29 混合安装

4.3.3 智能阀岛在分散式控制系统的应用

在工业 4.0 时代里, 生产系统中的机器、设备以及相关组件能够智能地联网在一起, 连续、实时地交换数据及信息, 把各种传感器信号、复杂事件检测、独立的本地决策和控制组合在一起。要求工业控制系统从传统的集中式工厂控制系统向分散式智能工厂控制系统进行转变。

智能阀岛能灵活地集成用户所需的电气与气动控制功能; 它能通过集成嵌入式软 PLC 与运动控制器, 实现本地决策与本地控制; 它能通过集成工业以太网通信模块, 建立与上位控制系统以及其他组件的联网实时数据交换。因此, 智能阀岛能为构建面向工业 4.0 时代的分散式智能工厂控制系统提供灵活的解决方案。

PROFINET 是目前公认的能最好地满足各种工业通信需要的以太网协议之一。智能阀岛充分发挥了 PROFINET IO 的技术特性, 能完美地整合到基于 PROFINET 通信网络的分散式智能控制系统中。

(1) 智能阀岛

① 阀岛的特点 阀岛理念的核心在于, 将气动控制组件与电气控制组件整合在同一个产品中, 有效降低用户的工作量和自动化成本。因此, 阀岛能将制造业生产效能、装备制造与设备设计水平提升到更高层次。通过针对用户特定工艺要求的灵活选型以及模块化的装配, 以往需要单独实现的功能, 现在全都能集成进阀岛。如图 4-30 所示, 此方案包含:

a. 推挽式接口的 PROFINET IO 通信模块;

b. 具有通道诊断功能的传感器信号输入模块;

c. PROFIsafe 安全关断模块以及压缩空气压力安全控制模块;

d. 软启动与快速排气阀;

e. 叠加了压力调节板、压力表和排气流量控制板的方向控制阀;

f. 叠加了压力关断板的方向控制阀。

这些整体化解决方案, 可将采购、接收和检查产品所需的工作量降至最低, 也使装配、配

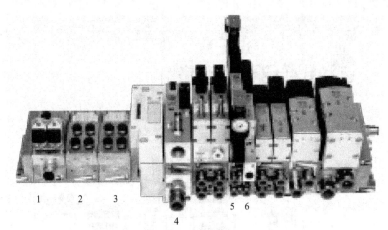

图 4-30   具有 PROFINET 通信功能的 CPX-VTSA 阀岛

置和调试工作变得更为容易。相应的维护和维修时间也能大幅削减。采用这些预装配好并经过检查的阀岛组件单元还可以减少错误率。经验证，阀岛最多可有效减少 60% 的安装时间。

② 从阀岛到智能阀岛   阀岛技术的一个主要发展方向是智能化。现在的阀岛电气终端，不只是用于连接现场和主站控制层。它已具备 IEC 61131-3 嵌入式软 PLC 可编程控制功能，且具备 SoftMotion 运动控制功能，并配备诊断工具能为用户提供状态监控功能。

通过集成智能化的电气终端，使阀岛能够将气缸控制与电缸控制整合在一起：通过模块化阀岛电磁阀控制气缸动作，通过运动控制器控制电伺服与气伺服，并能集成更多功能，如图 4-31 所示。

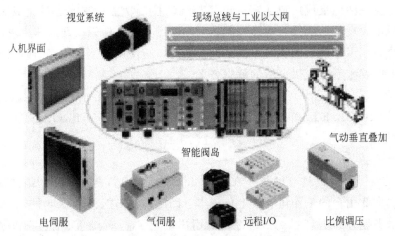

图 4-31   智能阀岛的电气与气动控制功能

运动控制是智能机械控制的重要基础。这样的阀岛，具备独立的本地决策、本地逻辑控制、本地电伺服控制、本地气伺服控制能力，并且通过集成通信模块灵活地与采用不同通信协议的上位机或其他网络组件进行通信与实时数据交换。因此，称其为智能阀岛。智能阀岛能灵活地构建面向工业 4.0 时代的分散式智能工厂控制系统。

(2) 智能阀岛的 PROFINET 技术

PROFINET 是 PI (PROFIBUS 国际组织) 提出的开放性标准，用于实现基于工业以太网的集成自动化解决方案。它包含两个主要部分：PROFINET IO (分布式 I/O) 和 PROFINET CBA

（基于组件的分布式自动化系统）。PROFINET 技术使简单的分布式 I/O、严格时间要求的应用以及基于组件的分布式自动化系统都能集成到以太网通信中。

智能阀岛上集成的 PROFINET 技术，主要采用的是 PROFINET IO（分布式 I/O）技术协议规范。PROFINET IO 类似于现场总线系统，但是将现场总线的主从关系变为采用 PROFINET IO 的提供者/消费者模型。PROFINET IO 包括 3 种不同的设备类型：IO 控制器、IO 设备和 IO 监视器。

智能阀岛属于现场设备，作为 IO 设备的角色，目前能实现如下 PROFINET IO 技术功能特性。

① 智能阀岛的 PROFINET IO——拓扑结构 PROFINET IO 现场设备总是通过作为网络部件的交换机来连接。这样，使用单独的多端口交换机就可形成星型拓扑，或使用集成在现场设备中的交换机就形成线型拓扑。如图 4-32 所示，智能阀岛上集成的 PROFINET 通信模块集成了内部交换机，所以支持星型与线型混合的拓扑结构。

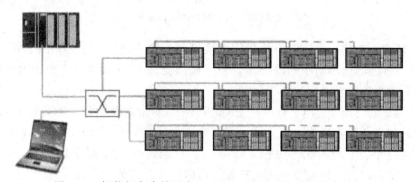

图 4-32　智能阀岛支持混合 PROFINET 星型与线型拓扑结构

智能阀岛还支持 LLDP（链路层发现协议），使其可以向网络中其他节点公告自身的存在，并保存各个邻近设备的发现信息。控制主机提取这些信息并以此创建一个详细的拓扑图，由此更换的新通信模块能自动接收之前旧模块的信息，这样能为用户显著缩短设备维护时间。

② 智能阀岛的 PROFINET IO——通信方式 PROFINET 的通信基础为以太网及 TCP/UDP 和 IP。根据响应时间的不同，PROFINET 支持下列 3 种通信方式：

a. TCP/IP 标准通信，使用 TCP/IP 和 IT 标准。其响应时间大概在 100ms 的量级，对于工厂控制级的应用，这个响应时间足够。

b. 实时（RT）通信，对于传感器和执行器设备之间的数据交换，优化了基于以太网第二层（layer 2）的实时通信通道，极大减少了数据在通信栈中的处理时间，其典型响应时间是 5～10ms。

c. 等时同步实时（IRT）通信，满足运动控制的高速通信需求，在 100 个节点下，其响应时间要小于 1ms，抖动误差要小于 $1\mu s$，以此保证准时确定的响应。

如图 4-33 所示，智能阀岛能支持工厂自动化实时（RT）通信。不仅如此，由于智能阀岛可集成嵌入式软 PLC 运动控制器，因此能在本地实现运动控制功能，无需控制主机通过长距离的 PROFINET 等时同步实时（IRT）通信来执行运动控制程序。这样的方案，有效降低了 PROFINET 通信网络中的数据负荷。

③ 智能阀岛的 PROFINET IO——fast start-up FSU（fast start-up）快速启动的需求在 AMI 汽车行业尤其明显。因为标准 PROFINET 以太网从网线断开再重新插上后，需要

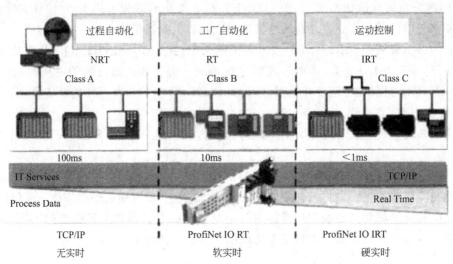

图 4-33　智能阀岛的 PROFINET 实时通信能力

过 5～10s 重新建立通信，在汽车行业频繁更换机器人抓手的工况下是极其影响节拍的。如图 4-34 所示，通过优化启动序列等方案，智能阀岛能在 500ms 以内完成 PROFINET 通信断开再连接后的快速启动。

④ 智能阀岛的 PROFINET IO——PROFIsafe　安全总线协议 PROFIsafe 使标准现场总线技术和故障安全技术合为一个系统，即故障安全通信和标准通信在同一根电缆上共存，安全通信不通过冗余电缆实现。如图 4-35 所示，智能阀岛上可集成 PROFIsafe 关断模块，用于电动和气动元件，可以安全地关闭连接的电磁阀和外部能源消耗元件。

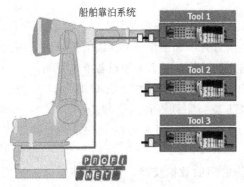

图 4-34　智能阀岛支持 PROFINET-FSU

（fast start-up）

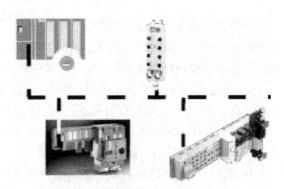

图 4-35　智能阀岛支持 PROFIsafe

⑤ 智能阀岛的 PROFINET IO——故障诊断　如图 4-36 所示，智能阀岛提供了 4 种 PROFINET 故障诊断方法，为用户提供全方位的诊断方案：

a. 通过通信模块上的 LED 状态判断故障，使用户在现场的诊断更为快捷轻松；

b. 通过过程映象区中 8 位输入的系统状态或者 16 位输入与 16 位输出的系统诊断数据交换区，使用户在 I/O 控制层上的诊断更为便捷；

c. 通过 PROFINET 报警窗口进行规范化的诊断，便于系统用户进一步处理故障信息；

d. 通过手持设备，用户在现场就能读取到故障文本信息，使现场诊断具体信息更加直观。

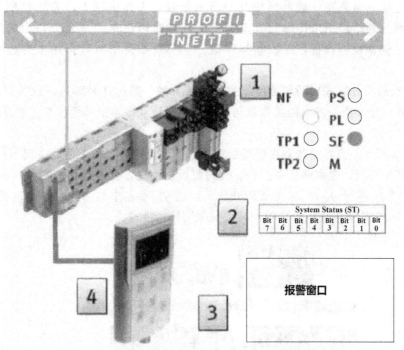

图 4-36　智能阀岛 PROFINET——诊断

(3) 智能阀岛在 PROFINET 分散式智能工厂控制系统中的应用

智能阀岛理念的核心，在于灵活地构建现场层分散式智能控制系统，有助于用户提高整个控制系统的灵活度，并降低系统性风险。

① 传统集中式控制系统的问题　如图 4-37 所示，在传统的集中式工厂控制系统中，现场层几乎所有的控制信号都需要汇总到 PLC 层交给主控制器进行集中处理。

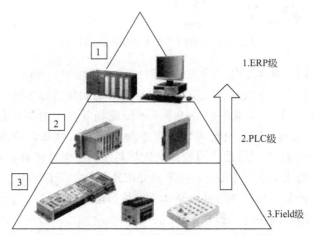

图 4-37　传统的集中式工厂控制系统

集中式控制系统的最大问题是主控制器故障可能导致整个系统停止运作。虽然通过采用硬件冗余，可以减少这种情况发生的概率，但是潜在的威胁依旧存在。例如，在软件和硬件更新时出现的系统性错误，需要关闭整个系统进行更新，这些都足以影响整个工厂生产过程的正常运行。

此外，主控制器需要处理网络中几乎所有信号，工作量巨大，需要长期处于高负荷运转状态，而且通信网络里传输的数据量巨大，需要用户花大量人力物力做好系统维护工作以及增添辅助设施设备，以控制与降低、主控制器失效与数据拥塞等故障引起的系统性风险。

② 智能阀岛为分散式现场智能控制提供有效方案　通过在局部地区设置智能阀岛，能分担主控制器与整个通信网络的工作量与数据交换量，从根本上降低整个控制系统的系统性风险。

如图 4-38 所示，智能阀岛能在现场层对信号进行预处理，并在本地实现一些复杂功能。例如可编程逻辑判断、电驱动运动控制、气伺服运动控制，可做到 2.5D 插补的运动控制复杂度。然后将对整个控制系统 PROFINET 通信网络来说更为关键的数据，通过 PROFINET IO RT 通信交换给主控制器或其他网络组件成员。

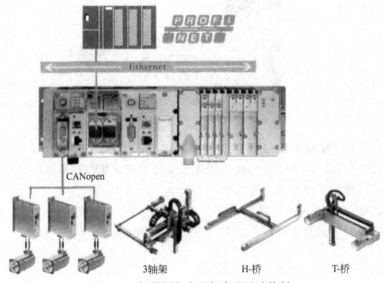

图 4-38　智能阀岛在现场实现运动控制

③ 智能阀岛应用于 PROFINET 分散式控制系统　如图 4-39 所示，在现场层，例如工厂局部区域、生产设备或生产线独立工位内，可设置智能阀岛现场本地化控制与决策系统。

智能阀岛处理来自 HMI 人机界面的指令，控制现场气缸与电缸动作，执行 2.5D 插补复杂度的 SoftMotion 运动控制，执行本地化指令处理与决策判断，并通过 PROFINET IO RT 连接进基于 PROFINET 网络通信的控制系统与其他网络组件进行数据交换。

这样的方案，就构成了基于 PROFINET 的分散式智能工厂控制系统。

采用分散式智能控制系统有利于降低整体系统性风险，因为它通过分散型智能控制终端分担了主控制器与主通信网络的工作量，并将系统性风险（足以影响到整个生产系统正常运行）分散到现场层里，从而降低整个系统潜在致命威胁的发生概率，是一种更加灵活的控制系统方案。

(4)　小结

智能阀岛顺应工业 4.0 时代的发展趋势，将曾经的简单阀门组合变成了现在分散式智能控制系统，不仅能够实现整机自动化，而且通过灵活的工业通信接入各类自动化工业网络控制系统。

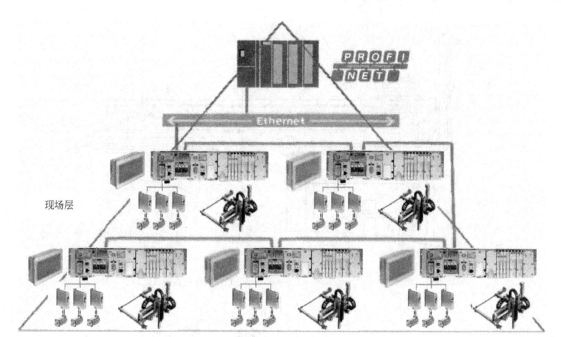

图 4-39 智能阀岛构建现场层的分散式智能控制系统

PROFINET 是自动化工业网络的"未来"。集成智能阀岛的 PROFINET 工厂控制系统方案，是高度灵活的分散式智能控制系统，能够有效地将传统的集中式工厂控制系统转变为更为灵活的分散式智能工厂控制系统方案，这也是面向工业 4.0 的控制系统理念。

智能阀岛正在为装备制造业向工业 4.0 时代迈进提供更为灵活与功能丰富的控制系统解决方案，进一步激发了企业的自动化潜能。

4.3.4 自动抄片三自由度气动机械手

针对纸基摩擦材料抄片机自动化程度低、产品质量不稳定等缺陷，设计了自动抄片气动机械手，与由阀岛、AS-i 总线组成的控制机构进行协调，组成完整的控制系统。

(1) 气动机械手本体

① 自动抄片机总体结构　自动抄片机是在手工抄片机的基础上加装气动机械手进行自动化改装而得到的，其总体机构如图 4-40 所示，与手工抄片机相比增加了机械手、吹气罩 9 等，其中气动机械手在抄片机摩擦材料成形过程中的动作如图 4-41 所示。

摩擦材料成形后由料缸支撑气缸将料缸支起 90°后（图 4-40），机械手扳动压水辊 1 在成形网 5 上辊压脱水；机械手将成形网 5 带摩擦材料从托网架上取下，沿导轨 7 右行、上行至工作台上方翻转 180°；吹气罩 9 下行将摩擦材料平整吹下；成形网 5、机械手、料缸 14 复位。

② 机械手动作功能　为了实现图 4-41 中的一系列功能，机械手动作根据手工操作的动作顺序进行设计和优化，使用的是安装灵活的三自由度（1+1/2+1/2+1，不包含手指）模块式 3P1R（P：滑动关节，R：旋转关节）拼装机械手。为了安装方便，各个部件都预留了燕尾槽等拼装导轨，导向系统装置集成了电接口和带电缆及气管的，使机械手运动自如，具有高刚性、高强度及精确的导向和定位精度。图 4-41 中的两台机械手结构对称、功能相同。单台机械手由 5 个气缸拼装而成：DGPL 直线单元气缸 7（X 轴）、小型滑块驱动器 2、3（Y、Z 轴）、双作用摆动气缸（180°）13、手指气缸 4。

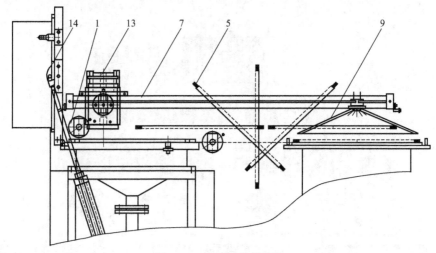

图 4-40　抄片机总体结构

1—压水辊；5—成形网；7—直线单元；9—吹气罩；13—双作用摆动气缸；14—料缸

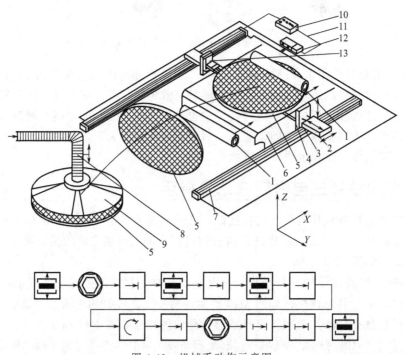

图 4-41　机械手动作示意图

1—压水辊；2—Y 轴滑块驱动器；3—Z 轴滑块驱动器；4—手指气缸；5—成形网；6—抄片机主体；
7—DGPL 直线气缸；8—压缩空气管；9—吹气罩；10—SPC100 终端位置控制器；
11—位置传感器；12—比例方向控制阀；13—双作用摆动气缸

　　在抄片工艺中，为了保证机构的刚度和稳定性，采用了两台完全相同的机械手。工作时左右两部机械手同步工作。为了使两部机械手能够同步动作，相同位置的气缸由一阀控制，气管的长度和走向完全对称，位置传感器触发的与门（双压阀）控制、双向节流阀保证速度相同。图 4-42 为各个气缸的动作以及逻辑触发，通过之间设定的触发完成机械手的动作循环和功能。

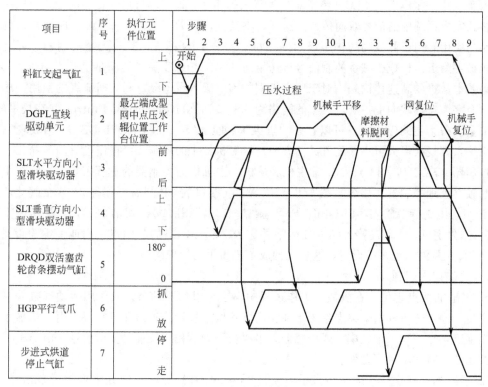

图 4-42　各气缸功能图表

（2）机械手控制系统

① 控制系统组成　因为机械手存在大量的接口及近 20 个接近传感器，当选用一般的控制策略连接这些气管件、电插件及传感器，不仅工作量大，而且容易错接或接触不良，导致机械手故障率高。为了安装、维护方便和联网控制，机械手采用了带 PLC 及现场总线的阀岛进行控制并与 AS＿i 总线结合的控制系统，得到了一个完整的解决方案，见图 4-43。

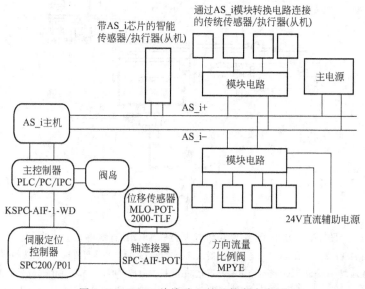

图 4-43　AS＿i 总线独立就地控制方案图

阀岛仅用一根电缆将 PLC、传感器与集装式阀相连，通过串行信号传递的方式，以一定的数据格式完成系统中的信号双向传递。这样，不仅接口大大简化，节省了配线时间，而且控制部分小巧实用。由于阀岛的防护等级达到 IP65，符合 DIN 标准，甚至无需控制箱，可就近安装在机械手附近。构成机械手控制信号传送枢纽的 AS_i 总线除了能满足机械手简单 I/O、开关量等基本数据的高速传输外，对于更高级别的字节级（设备级）和数据流级的使用要求，还支持"金字塔"模式向上扩展，典型的网络为 AS_i-Profibus-Industrial Ethernet，在规模较小、以开关量设备为主的应用中，可以省去"塔尖"，使用 AS_i 和 PROFIBUS-DP 构成现场总线监控系统，其规模可大可小，配置灵活方便。针对机械手的控制，可再作进一步的简化，只保留主控制器（PLC/PC/IPC）、AS_i 主机和从机。主机作为控制器的远程 I/O，同时在小系统中作为独立就地控制器，如图 4-43 所示，带 AS_i 接口的 CP 阀岛可配备 2～8 个阀片，其集成的 PLC，其支持 AS_i，PROFIBUS 等总线。选用 ASI-EVA-MEB-2E1A-Z 型 AS_i 模块（IP65）作为主机，将阀岛接入 AS_i 网络并作为 AS_i 网络的起始点，用地址编写设备 AS-PRG-ADR 对从站地址进行设置，这样就构成了机械手的控制网络。

② 关键技术问题

a. 气缸的两点定位　在机械手工作过程中，小型滑块驱动器、双作用摆动气缸等一般的两点定位，通过选择其两个终点位置，并相应配置两个接近传感器即可完成。由于机械手工作场所无强磁场，采用了带磁耦合式传感器，当执行器到达相应位置时发出信号，由 AS_i 总线传至控制器，触发下一步动作。

b. 气缸的多点定位　对于机械手主要部件——DGPL 无杆缸两处精度为 ±1mm 的中间定位控制方案，则成为主要的技术难点之一，因为无杆缸要实现运动速度连续可调，达到最佳的速度和缓冲效果，同时大幅度降低气缸的动作时间和冲击。这用传统的气动控制元件实现是非常困难的，但伴随着电-气比例伺服控制系统、定位系统技术的成熟，气动任意位置定位已经能够实现并得到了越来越广泛的应用。

性能要求较高的机械手设计的气动伺服控制系统，当运行速度＜5m/s 时，定位精度可达 ±0.1～±0.2mm，包括 MPYE 型伺服阀、位置传感器、气缸、SPC 控制器，见图 4-44，

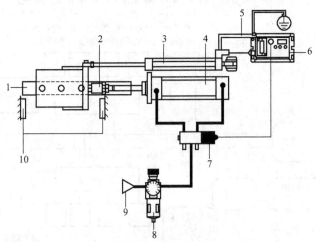

图 4-44　SPC100 终端位置控制器在 DGPL 直线单元上的应用

1—导向装置；2—联轴器；3—位移传感器（该处为模拟式）；4—执行机构（该处为直线气缸）；

5—接地线；6—SPC100 终端位置控制器；7—比例方向控制阀；8—无润滑 5μm 过滤单元；

9—压缩空气源（0.5～0.7MPa）；10—停止设定点

控制器由神经网络与 PID 控制并行组成，利用神经网络的学习功能，在线调整增益系数，抑制因参数变化等对系统稳定性造成的影响，最终由控制器向伺服阀发出控制信号，实现对气缸的运动控制。其回路始终处于闭环控制，不断检测被控变量，而且信号不断地被传送到控制器，尽力达到零位偏差；被控变量的连续不断地和设定值做比较，控制器尽量使偏差为零。

控制操作由控制器和被控制系统的交互作用完成，必须在对控制器进行设置时，将机械手 DGPL 气缸的目标位置值、行程、缸径、工作压力、负载等参数输入控制器中，所以事先知道机械手操作的大致参数是很重要的。工作时，SPC 数字闭环控制器执行一个算术程序，该程序中以输入的参数作为特征变量，主要目的是对阀产生合适变量。在一次执行中，系统参数在定义伺服气缸任务时一旦输入并为控制器所认知，这些参数就不再为控制器的算术程序所改，并用于控制器计算临时参数。换言之，当机械手的负载等参数改变时需要对控制器参数重新调整，这在设计的模拟过程中得到了验证。

(3) 小结

① 采用 AS_i 总线结合阀岛的方式构建了模块化、简便、开放的气动机械手控制系统。

② 采用带电-气比例位置控制阀的终端位置控制器 SPC100 可以解决机械手定位困难的问题。

③ 设计的机械手与传统抄片机相结合可以提高工作效率和摩擦材料产品的质量稳定性。

4.3.5 CPX 终端阀岛在自动化生产实训台中的应用

现场总线技术的出现，推动了气动自动化技术的发展，促进了传统的气动技术和 PLC 控制的更好融合。另外，基于现场总线的 CPX 终端阀岛技术的出现，使电气控制与气动控制达到完美结合，并在自动化领域里得到了广泛应用。采用各相对独立的气动控制阀元件来控制执行机构动作是传统的气动自动化实训台中气动控制部分采取的方案，其元件安装精度较低，安装空间大，实训台的综合性能差，实验项目较少，给使用和学习带来了极大不便，满足不了日益发展的气动自动化技术的实训操作要求。因此，采用先进的自动化技术模拟自动化生产线的气动实训操作和提高实训台的综合性已成为必然趋势。

以基于现场总线 PROFIBUS-DP 的 CPX 终端阀岛作为气动控制系统的核心元件，采用西门子 S7-300 可编程控制器来控制整个系统的运行过程。实验证明该系统能够满足目前自动化生产线的实训要求。

(1) 实训台系统硬件组成

实训台系统主要用于模拟自动化生产线上工件的自动搬运过程。系统采用西门子 S7-300 可编程控制器来控制整个系统运行过程，气动部分采用德国 FESTO 公司先进的基于 PROFIBUS-DP 总线的 CPX 终端阀岛替代传统实训台中多个独立的气动控制阀来完成工作。系统结构如图 4-45 所示。

① 电路部分　系统电气部分主要由电源模块、PLC、CPX 终端和 PROFIBUS-DP 电缆组成。电路部分结构如图 4-46 所示。

系统供电采用单独的 24V 电源模块，它具有输入输出完全隔离、保护功能完善、抗干扰能力强、质量轻、体积小、纹波低等特点，使用安全稳定，便于实训操作。

控制系统采用西门子公司的 CPU，为 313C-2DP 的 S7-300 系列可编程控制器。它带有 PROFIBUS-DP 主从站和 MPI 的双接口，与 CPX 终端阀岛连接方便，操作非常简单，改变了传统气动控制系统中单根导线与控制阀和传感器相连接的问题，减少了接线困难以及接线容易出现错误但很难排查等问题。系统采用的 PLC 带有 1 个微存储卡（MMC），系统的程序和数据都存储其中，不需要系统运行时，微存储卡可以拔掉，方便用户操作程序时保密；同时，该 PLC 带有系统启动、停止、复位按钮，操作简单直观。

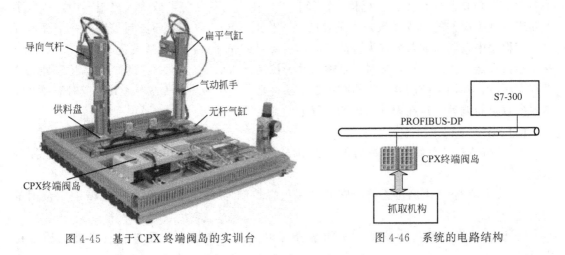

图 4-45　基于 CPX 终端阀岛的实训台　　　　图 4-46　系统的电路结构

如图 4-46 所示，CPX 终端阀岛是 FESTO 公司 CPX 终端与阀岛的组合模块。CPX 终端是 1 个用于阀岛的模块化外围系统，该系统是为使阀岛能适应不同应用而特别设计的，由于所采用的是模块化结构，因此用户可根据实际应用配置适当数量的阀和输入输出点。在不带阀岛的情况下，CPX 终端可用作远程 I/O 模块。CPX 终端主要由总线接点模块、I/O 模块、气动接口模块 3 部分组成，FESTO 公司提供多种常用现场总线的节点模块，如 PROFIBUS-DP、Interbus、DeviceNet、CANopen、CC-Link，也支持广泛使用的以太网，这使 CPX 终端的应用得到了很大程度的扩展，不仅其数据传输速度大幅度提高并具备实时能力，更重要的是增添了 IT 服务所带来的各种优势。本实训系统中 CPX 终端阀岛采用的总线节点模块是支持 PROFIBUS-DP 总线的 CPXFB13，带有 1 个 16 DI 数字量模块、1 个 8DI8DO 数字量模块和 1 个用于 MPA 的气动接口。传感器的信号直接与 16DI 数字量模块连接，阀岛直接与气动接口相连。

PROFIBUS-DP 电缆用于 CP5611 与 PLC 下载程序时的连接，以及 PLC 与 CPX 终端阀岛的通信连接。其采用 RS485 标准，两端都有终端电阻，在组网的时候，终端电阻非常重要。

② 气路部分　系统气动部分主要由 CPX 终端阀岛、气动抓手、扁平气缸、导向气缸和无杆气缸组成，CPX 终端阀岛结构如图 4-47 所示。

气动控制部分采用 FESTO 公司的 MPA 阀岛来控制多个类型的执行元件

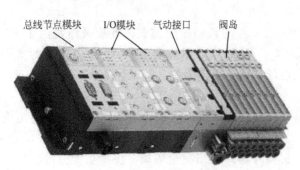

图 4-47　CPX 终端阀岛结构

气缸，以完成抓取动作。系统中 MPA 阀岛包含 6 片相同的二位五通带手控开关的单侧电磁先导控制阀和 1 片二位四通带手控开关的双侧电磁先导控制阀。其使用场合广泛、操作方便、性能稳定、简洁直观。系统气路见图 4-48。

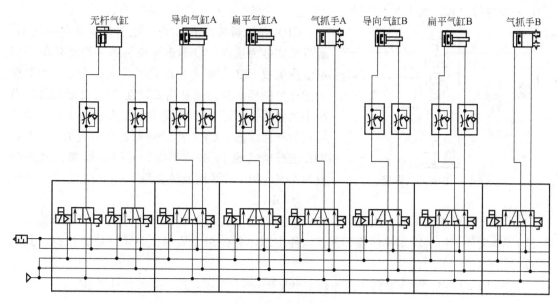

图 4-48　系统气路

气动执行元件使用了多种类型的气缸，能够丰富实训台的可利用设备，充分发挥系统的多种实训功能。例如，可利用实训台，掌握多种气动执行元件的工作原理及安装注意事项，保证实训台功能达到最优。

（2）实训台软件开发平台

实训台的软件开发主要依托 STEP7 软件进行，而后通过 CP5611 通信卡将程序下载到 PLC 中。系统软件结构如图 4-49 所示。

西门子 CP 卡作为 PGPC 的系统接口，是 TIA（totally integrated automation）全集成自动化的 1 个重要网络组件。CP5611A2 用作智能控制主站，可以 PC 机作为控制主站，以支持 PROFIBUS 或 PROFINET 协议的子站作从站，结合 SI-MATIC NET 软件，进行现场总线控制，而且还可提供程序下载。

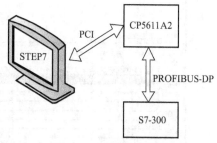

图 4-49　系统软件结构

STEP7 用于西门子系列工控产品，包括 SMATIC S7、M7、C7 和基于 PC 的 WinAC，是供其编程、监控和参数设置的标准工具，是 SIMATIC 工业软件的重要组成部分。

（3）CPX 终端阀岛在实训台中的应用

PROFIBUS 是 process fieldbus 的缩写，是面向工厂自动化和流程自动化的 1 种国际性的现场总线标准。主要包含 PROFIBUS-DP、ROFIBUS-MS 和 PROFIBUS-A 共 3 种类型。PROFIBUS-DP 是专为自动控制系统与设备级分散 I/O 之间通信而设计的，用于分布式控制系统设备间的高速数据传输。使用 PROFIBUS-DP 可取代 24V 直流电压或 4～20mA 电流信号传输。PLC 和阀岛、传感器等之间利用 PROFIBUS-DP 总线进行主从之间的通信控制，从而完成设定的实训操作。

① CPX 终端阀岛的参数设置　在系统电气和气动连接好后，就要对 CPX 终端阀岛的 DIL 开关进行设置，如图 4-50 所示。

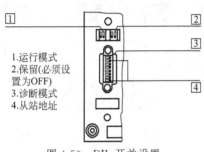

1.运行模式
2.保留(必须设置为OFF)
3.诊断模式
4.从站地址

图 4-50　DIL 开关设置

CPX 终端阀岛的 DIL 开关处于总线节点模块上，运行模式分为远程 I/O 和远程控制器。若没有在 CPX 系统内集成 FEC，则运行模式设为远程 I/O，否则设为远程控制器。从站地址主要设置 CPX 终端阀岛在系统中的地址。本系统运行模式设置为远程 I/O，诊断模式为开启状态，CPX 终端阀岛地址设置为 3，因此 DIL 运行模式的 1、2 位都设为 OFF，诊断模式开关设为 ON，DIL 从站地址设置为：1、2 位为 ON，3～7 位为 OFF。

② CPX 终端阀岛的软件组态　在进行软件组态之前，要在 STEP7 软件下安装所需要的产品 GSD 文件，而后在软件环境下进行软件组态，软件组态要保证与硬件设置相符。其配置过程如下。

a. 将 FESTO CPX 终端阀岛添加到 PROFIBUS-DP 总线上，如图 4-51 所示。

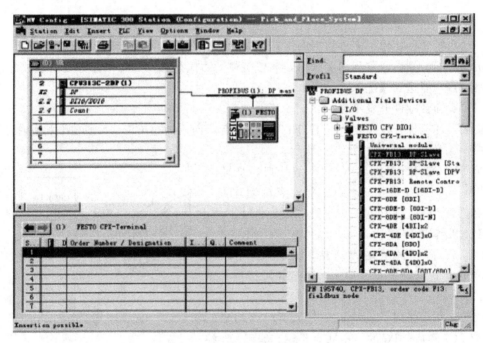

图 4-51　添加 CPX 终端阀岛

b. 配置 CPX 终端阀岛的各模块和地址，如图 4-52 所示。

③ 系统的地址分配　整个系统中传感器采用漫射式光电传感器，可根据工作空间的需求进行调整。传感器的灵敏度也是可调的，他可比较灵敏地检测到执行元件的状态，而后传送给 CPX 终端阀岛中的 I/O 模块。系统的输出信号主要用来控制电磁阀，以此来控制各气缸的工作。地址分配如表 4-2 所示。

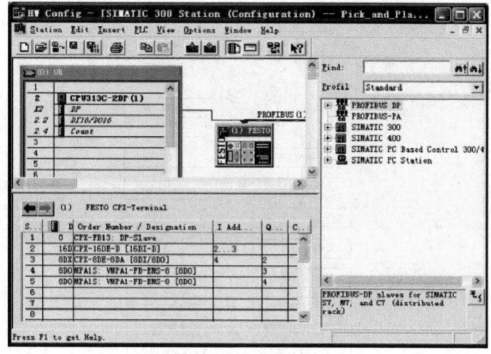

图 4-52 配置 CPX 终端阀岛

表 4-2 地址分配

地址	注释	地址	注释
I2.0	导向气缸 A 在缩回位置	I1.5	启动按钮
I2.1	导向气缸 A 在伸出位置	I1.6	停止按钮
I2.2	扁平气缸 A 在缩回位置	I1.7	复位按钮
I2.3	扁平气缸 A 在伸出位置	Q3.0	抓手 A 打开
I2.4	导向气缸 B 在缩回位置	Q3.2	导向气缸 A 伸出
I2.5	导向气缸 B 在伸出位置	Q3.4	扁平气缸 A 伸出
I2.6	扁平气缸 B 在缩回位置	Q3.6	抓手 B 打开
I2.7	扁平气缸 B 在伸出位置	Q4.0	导向气缸 B 伸出
I3.0	无杆气缸在左端	Q4.2	扁平气缸 B 伸出
I3.1	无杆气缸在右端	Q4.4	无杆气缸向右
I3.2	托盘 A 有工件	Q4.5	无杆气缸向左
I3.3	托盘 B 有工件		

④ 编程　程序框图如图 4-53 所示。

编好程序后，通过 PROFIBUS-DP 总线下载到 PLC 中。

(4) 小结

采用 CPX 终端阀岛替代多个控制阀的连接，能使实训台的安装更加简洁，综合性更强，并集成现在生产线上最先进的气动自动化技术。系统可培养学生的动手能力，让学生能够初步了解掌握现场总线技术、阀岛技术、PLC 的原理与结构。同时，本系统运用的是西门子公司的 STEP7 进行程序开发，能够使学生了解程序开发的基本流程和方法，系统可方便地设置多种故障，培养学生排除故障的能力，满足实训操作的要求。CPX 阀岛的总线节点模块可根据实际使用要求更换各种协议模块，提供多种控制方式，其他部分不需要更改，节约经费开支，使实训台达到最大的使用效率。

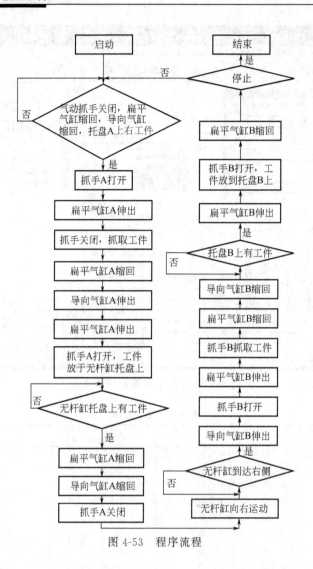

图 4-53 程序流程

4.3.6 单片机控制的阀岛

将气动技术与计算机技术、信息技术等紧密结合起来，形成智能化的气动系统已经普遍存在于自动化领域并仍在进一步大规模的研发。单片机对阀岛的控制则是这一开发和应用的典型例子。

(1) 基本组成

单片机又称嵌入式微控制器 (MCU)。和嵌入式微处理器相比，微控制器的最大特点是单片化，体积大大减小，从而使功耗和成本下降、可靠性提高。嵌入式系统工业是专用计算机工业，其目的就是要把一切变得更简单、更方便、更普遍、更适用；通用计算机的发展变为功能电脑，普遍进入社会，嵌入式计算机发展的目标是专用电脑，实现"普遍化计算"，因此可以称嵌入式智能芯片是构成未来世界的"数字基因"。

一般来说，对于一个简单的气动系统，常采用管件接头将气缸和各类控制阀连接起来构成。随着气动系统复杂化程度增加，采用的气缸、控制阀等元件的数量亦随之增多，连接管路繁多，传输的信号变快，通常采用的集成气片，板安装方式已不能满足要求了。各国厂商都在寻找一种安装简单、接管少、信号传输快捷、安全可靠的方法，适用于分散加工模块（工位）以及集中控制为模式的自动加工线，于是就出现了阀岛技术。

"阀岛"一词译自德语的"ventilinsel"，英文译为"valve terminal"。该项技术是由德国FESTO公司最先发明并引入应用的。阀岛，顾名思义，是由多个电控阀构成，集成了信号输入输出及信号的控制，犹如一个控制岛屿。它是一种集气动电磁阀、控制器（具有多种接口及符合多种总线协议）、电输入输出部件、传感器输入及电输出接口、模拟量输入输出接口、ASi控制网络接口于一体的整套系统控制单元。

通过单片机实现对阀岛的控制，可完成所需的自动化控制任务，使功耗和成本大大下降、信号传输快捷，系统可靠性提高。

（2）控制器总体结构

阀岛控制器组成如图4-54所示。

本控制器采用AT89C51单片机作为微处理器，采用济南华能气动元器件公司提供的8位阀岛，该产品是在限阀技术的基础上开发的产品，由8个电控换向阀集成，具有集装、集中接线式等特点。单片机对阀岛的整个工作过程进行控制，电路主要包括六部分。

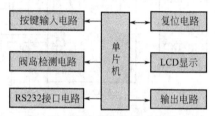

图4-54　阀岛控制器组成框图

① 按键输入电路和阀岛检测电路　阀岛的直接控制非常方便，这里可采用3×3小键盘按键结构，由P口（P1.1～P1.6）输入，可设定阀岛内部各通道的通断，从而实现对阀岛的控制。8个阀，8个发光二极管，每个阀对应一个管子。要是1号阀开，则1号管亮；要是1、2号阀一起开，则1、2号管一起亮；要是有关的阀了，则相应的管子也灭。设阀开时反馈给单片机高电平，阀关时则给单片机低电平。二极管是在单片机输出低电平时点亮相应的管子。第九个按键为检测键，若按下后8个发光二极管依次闪烁则说明阀岛各个通路正常，否则说明某一通路出现故障。

② RS232接口电路　采用计算机控制阀岛时，需要在计算机总线插槽上插入一块开关板，并用多芯电缆线与阀岛连接起来，然后通过编程控制开关板各通道的通断，从而实现对阀岛的控制。应注意所选择的开关板通道的数量要满足相对应阀岛的要求，开关板的输出电压、功率应与阀岛电磁铁的供电电压及功率相匹配。若开关板不能提供阀岛电磁铁要求的电压及功率，要另外配置电源以满足阀岛的需要。

若对于大型复杂的设备，尤其是复杂的自动线，采用的电控换向阀很多，需要多个阀岛联合工作，采用直接控制方式不仅受到计算机扩展槽的限制，而且仍需要大量的控制电缆线，因此采用总线结构的控制方式将更加合理。这将会大大扩大其控制范围，只需一根标准的串口线（总线）即可控制几十甚至上百个阀岛。前置处理器是一个单片机系统，用于对阀岛的直接控制，标准串口输入与控制主机连接，用于与控制主机通信。其中单片机和PC之间使用RS232互相传递数据。

本控制器采用RS232接口电路来实现PC与对单片机的串行通信。计算机与计算机或计算机与终端之间的数据传送可以采用串行通信和并行通信二种方式。串行通信方式使用线路少、成本低，特别是在远程传输时，避免了多条线路特性的不一致，因而被广泛采用。RS232使用异步串行方式传递数据，所谓异步方式是指传递数据的装置之间，彼此的时钟信号可以存在相位差。电路如图4-55所示。其中MAX232作为RS232的电平转换芯片，完成 TTL 电平到 RS232 电平的转换。该器件包含 2 个驱动器、2 个接收器和 1 个电压发生器，电路提供 TIA/EIA-232-F 电平。符合 TIA/EIA-232-F 标准，每一个接收器将 TIA/EIA-232-F 电平转换成 5V TTL/CMOS 电平。每一个发送器将 TTL/CMOS 电平转换成 TIA/EIA-232-F 电平。

③ 输出驱动电路　P1.0 用于输出，串行口在方式 0 下设置成并入串出的输出口，外接一片 8 位串行输入和并行输出的同步移位寄存器 74LS164。8 个发光二极管用于显示阀岛内部各个通道的工作情况，而后信号经放大电路控制阀岛内部各通道的通断，输出低电平有效。输出电路如图 4-56 所示。

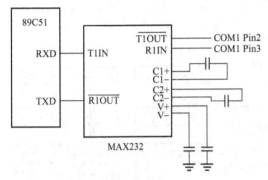

图 4-55　RS232 接口电路

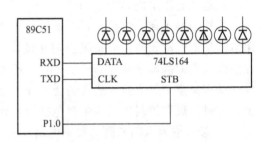

图 4-56　输出电路

④ 复位电路　X5045 是一种集看门狗、电压监控和串行 EEPROM 多种功能于一身的可编程电路。这种组合设计减少了电路对电路板空间的需求。X5045 中的看门狗对系统提供了保护功能，可通过软件预置系统的监控时间。在看门狗定时器预置的时间内若没有总线活动，则 X5045 将从 RESET 输出一个高电平信号，经过微分电路 C2、R3 输出一个正脉冲，使 CPU 复位。CPU 的复位信号共有 3 个：上电复位（C1、R2）、人工复位（S、R1、R2）和 Watchdog 位（C2、R3），通过或门综合后加到 RESET 端。C2、R3 的时间常数不必太大，有数百微秒即可，因为这时 CPU 振荡器已经在工作。当系统发生故障而超过设置时间时，电路中的看门狗将通过 REST 信号向 CPU 作出反应。X5045 所具有的电压监控功能还可以保护系统免受低电压的影响，当电源电压降到允许范围以下时，系统将复位，直到电源电压返回到稳定位为止。X5045 的存储器与 CPU 可通过串行通信方式接口，共有 4096 个位，可按 512×8 个字节来放置数据。复位电路如图 4-57 所示。

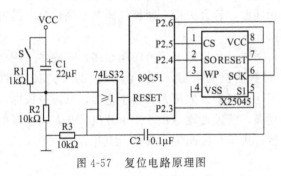

图 4-57　复位电路原理图

⑤ 显示电路　显示器采用 LGI92641-SLV 图形液晶显示模块，它包含 3 片 64×64 点阵，可用于显示各种文字、字符及图案。显示器与 AT89C51 单片机接线如图 4-58 所示。

(3) 软件

主程序主要完成按键监控、阀岛控制、检测、输出等功能。流程如图 4-59 所示。

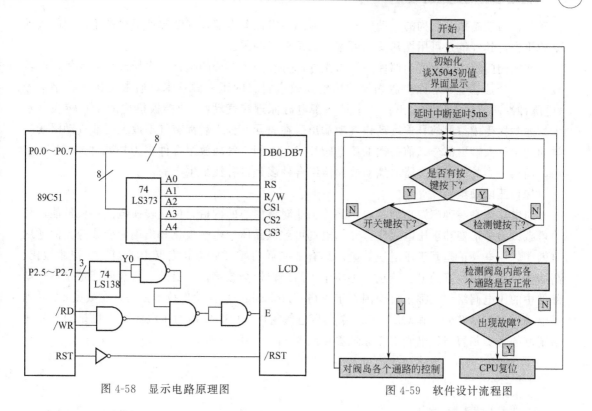

图 4-58 显示电路原理图

图 4-59 软件设计流程图

(4) 小结

本控制器已通过硬件和软件调试，对其现场调试也获成功，得到了初步的认可。

在实际使用中，该控制器能够明显降低控制成本，提高工作效率，从而获得较好的经济效益。

4.4 智能气动阀门定位器及应用

阀门定位器与气动控制阀配套，用于实现温度、流量、压力等过程变量的控制，广泛应用在石化、电力、冶金、轻纺等自动化行业。传统的阀门定位器是基于机械力平衡的仪表，存在精度低、调试难、故障率高、控制不灵活等诸多缺点。随着计算机和网络技术在工业过程控制领域的应用，以微处理器技术为基础的智能阀门定位器能克服上述缺点，正逐步取代传统阀门定位器。气动执行器与新型智能阀门定位器配合使用，可以提供很高的定位精度以及对过程干扰更加迅速地响应。基于微处理器的智能定位器，为气动执行器提供了比常规机械式定位器更优越的动态性能，并且具有零位、行程的自调整功能和自诊断功能等，有助于确保最初的优良性能不会随着定位器长期使用而下降。

4.4.1 智能阀门定位器的气动部件

(1) 概述

智能阀门定位器（intelligent valve positioner），以微处理器技术为基础，采用数字化技术进行数据处理、决策生成和双向通信；它可以通过配备附加的传感器和附加的功能来补充其主要功能。在智能阀门定位器的常规模型中，气动部件属于"输出子系统"，用于将数字信息转换为控制执行机构的气动信号。智能阀门定位器内部,气动部件最终产生控制阀气动驱动压力,其性能是可用性和安全可靠性的重要影响因素。

智能阀门定位器的气动部件一般为先导部分和功放部分的组合,先导部分主要使用两类技术:一个是基于非对称构造晶体的压电逆效应材料的压电阀技术,通常是接受数字信号(电脉冲)两位动作气动输出;一个是基于电磁原理和气动喷嘴/挡板机构的 I/P 转换器技术,通常接受模拟电信号连续动作气动输出。在先导部分之后都有气动放大器或气动滑阀一类的功率放大输出部分。前一类的压电阀片或压电阀+气功放组合件多为外购件或 OEM 定制,而后一类的 I/P 转换器+气动放大器组合件多是自有技术生产的。

(2) 压电阀组件

压电晶体是一种陶瓷功能材料,晶体为非对称中心的构造,可逆转换电能和机械能,外力可致该晶体形变和正压电效应,外加电场可致该晶体产生电极化和出现应变或应力的逆压电效应。压电阀正是基于压电逆效应,具有节能低功耗(驱动电流仅 $10\mu A$)、精密微型化、高速响应和耐用性好的显著特点,也易于阀门定位器全数字化。目前,智能阀门定位器气动部件中的压电阀组件大都来自德国贺尔碧格(Hoerbiger)自动化技术公司,主要是 P9 系列压电阀片(先导部分)和 OEM P20 系列压电阀组件,PS2 使用的压电阀组件也是向贺尔碧格定制的。贺尔碧格压电阀工作原理参见图 4-60。

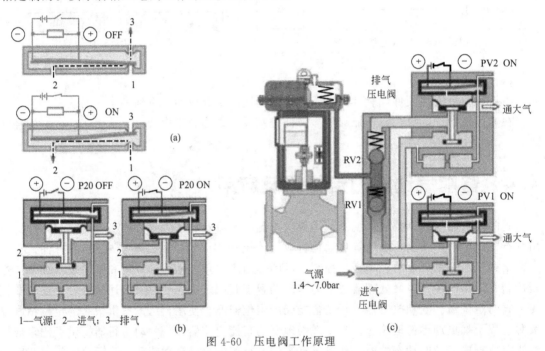

1—气源;2—进气;3—排气

图 4-60　压电阀工作原理

图 4-60(a) 是先导用的 P9 系列压电阀片的工作原理。结构为极薄弹性金属片两面粘接压电晶体,在压电片的两个工作面上真空镀膜形成两个电极,利用压电片在电场作用下的变形,来实现微型气路两位式开关换向。不通电时压缩空气输入孔 1 被封闭,输出孔 2 和通大气孔 3 相通,输出气压为大气压,相当于阀关;通电时上层晶体收缩,下层晶体伸长,上翘机械变形可有几十微米,通大气孔 3 封闭,压缩空气由孔 1 流向孔 2,输出气压信号,相当于阀开。压电片弯曲度与输入电压有关,响应时间小于 2ms,两位开关动作的滞环约为电压 4V。压电阀也可制成比例输出型,但因其上下行存在较大滞环(动作电压相差 2V 左右),

故很少有在智能阀门定位器气动部件使用比例型压电阀的。

图 4-60（b）是 P20 系列压电阀组件的工作原理。P20 由 P9 先导压电阀片、气功放（或称主阀）、微减压器和 30μm 过滤器组成，对外呈气路二位三通特征。工作电压 24V DC、响应时间小于 20ms、气源压力 120～800kPa、最大气量 7.8m³/h。左侧是断电状态，右侧是通电状态。当 P9 动作接通先导气路孔 2 时，作用在气功放的膜片上推动主阀打开并关闭排气口，形成大的气量输出。当 P9 动作封住气路孔 1，孔 3 通大气，气功放膜片上作用力为 0（大气压），主阀关闭主气路和输出连通排气口。

压电阀结构的智能阀门定位器通常采用两个 P20 系列压电阀组件（PV1、PV2）和两个单向阀（RV1、RV2）组成气动部件，如图 4-60（c）所示。气动组件可有三种气路逻辑状态：

PV1 通电、PV2 通电、RV1 打开、RV2 关闭：输出气压信号到控制阀气动执行机构，如图 4-60（c）所示；

PV1 断电、PV2 通电、RV1 关闭、RV2 关闭：气路封闭状态，封住通到气动执行机构的气路气压；

PV1 断电、PV2 断电、RV1 关闭、RV2 打开：排气，气动执行机构膜室经压电阀气路通大气。

这类智能阀门定位器一般采用 PWM（pulse width modulation）脉宽调制方法驱动压电阀组件，PWM 软件自适应调整，以满足气动输出需求。当定位偏差大时，CPU 发出宽幅脉冲指令，当定位偏差小时，CPU 发出脉宽窄的脉冲指令，当定位偏差在允许值内时，CPU 没有脉冲指令，压电阀组件封住外气路。定位控制可达到 1% 基本偏差，压电阀组件功耗非常低，稳态耗气量也相当低，但对压缩空气质量要求高一些。另一方面，对气动执行机构以及外部气管路的气密性要求很高，当有膜室或气管路泄漏大时，压电阀组会频繁动作，有时 PWM 也难以适应，常导致阀位振荡或造成压电阀组件故障。

（3）I/P 转换器组件

I/P 转换器基于传统的电磁技术和气动喷嘴挡板机构，技术成熟，灵敏度高，信号有一定功率且平滑线性好；机械零部件较多些，开放式喷嘴持续排气的耗气量也比压电阀片大一些，电磁线圈也要考虑电磁干扰问题。喷嘴挡板机构先导信号（喷嘴背压）送给气动放大器进行进一步功率（压力×气量）放大，以便长距离输送和驱动执行机构。气动放大器结构简单、稳定可靠，输出气量也大，对压缩空气质量要求也略低一些。智能阀门定位器通常是 CPU 模糊 PID 运算结果经 D/A 给 I/P 转换器模拟电信号进行转换并由气动放大器连续气动输出的；或者 CPU 之外的定位控制电路直接输出电信号给 I/P 转换器；也有 CPU 输出数字信号让 I/P 转换器两位动作带动多位多通滑阀进行气动输出的。

图 4-61（a）是一种低功耗（小于 5mW）微型 I/P 转换器（用于 SAMSON 3730/3731 系列）的工作原理图。体积很小（22mm×22mm×12mm），没有磁钢单元。气源通过减压定值和恒节流孔经线圈中心的气管路从喷嘴与挡板间隙流出。电信号接到线圈产生电磁力，使衔铁（挡板）微位移，使喷嘴与挡板间隙改变，使喷嘴背压即 I/P 输出改变并与电信号成比例。由于对 I/P 转换器气源设计有微型减压定值器，所以不受定位器外部气源压力的影响，稳态耗气量基本为定值。对挡板有阻尼防抖动设计，稳定性好。

图 4-61（b）是一种杠杆（挡板）力平衡结构的 I/P 转换器（用于 ABB TZIDC）的工作原理图，靠近线圈一端带有磁铁的杠杆绕中心支点偏转，电信号接到线圈在轭架空气间隙处产生电磁场，施加给磁铁一个力使杠杆偏转即使挡板靠近或偏远喷嘴，使喷嘴背压改变，再

经气功放输出。

图 4-61(c) 是一种比较传统的 I/P 转换器 [用于 Azibil 山武 SVP3000(AVP 30x)]，仍是磁单元结构，体积和功耗都比较大，线圈接通电信号后，在与磁钢磁场的共同作用下使可动挡板位移，靠近或远离喷嘴致使喷嘴背压变化，并影响到气动放大器输出。考虑到电气防爆，在线圈和磁单元之间加有隔板。

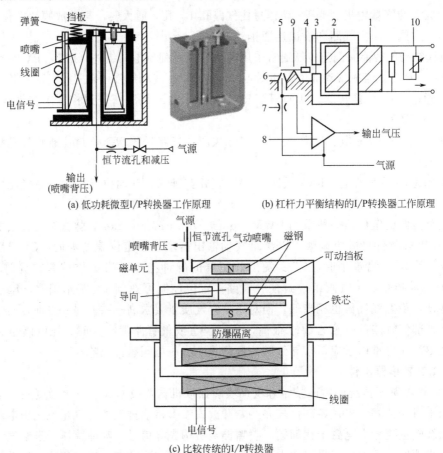

(a) 低功耗微型I/P转换器工作原理　　(b) 杠杆力平衡结构的I/P转换器工作原理

(c) 比较传统的I/P转换器

图 4-61　I/P 转换器工作原理

1—线圈；2—轭架；3—空气间隙；4—磁铁；5—挡板；6—喷嘴；7—恒节流孔；8—气功放；9—杠杆；10—电阻

(4) 气动信号功率放大

压电阀或喷嘴挡板机构的 I/P 转换器都是将微小位移转换为气压信号，但由于气源流过气孔或恒节流孔，功率很小，需要进一步气动信号功率（压力×气量）放大，配置气功放或气动放大器以及气动多位多通滑阀等。气功放实质是一个有一定流通能力的开关阀，而气动放大器品种繁多，结构各异，基本原理都是采用继动式弹性元件力平衡、双阀控制进气和排气，一般不会采用耗气大的节流式气动放大器。继动式气动放大器在稳态时，弹性元件（单膜片或膜片组）上的力相互平衡，进气阀和排气阀基本处于关闭状态，耗气较小；力平衡发生变化时，动作反应快，动态形态性能好，输出气量也大。传统的气动放大器应用已久，简单可靠。

(5) 智能阀门定位器气动部件的部分技术数据

阀门定位器市场全球排名前 11 名厂商部分智能阀门定位器产品部分技术数据见表 4-3，更多数据见相关厂商各自产品资料。

表 4-3　阀门定位器市场全球排名前 11 名厂商部分智能阀门定位器产品样本部分技术数据

型号	Fisher DVC 6000	Metso-Neles ND 9000	Masoneilan SVI Ⅱ AP	SAMSON 373x	SIEMENS SIPART PS2	Foxboro SRD 991/960	ABB-H&B TZIDC	Azibil 山武 SVP 3000	Flowserve PMV-D3
气动部件	I/P转换器 气动放大器	压电阀 气动滑阀	I/P转换器 气动放大器	I/P转换器 气动放大器	压电阀 气功放	I/P转换器 气动放大器	I/P转换器 气动 3/3 滑阀	I/P转换器 气动放大器	P9 压电阀 气功放
气源压力	最大 10bar	1.4~8bar	1.4~7bar	1.4~7bar	1.4~7bar	1.4~6bar	1.4~6bar	1.4~7bar	2~7bar
空气质量	ISA 7.0.01 过滤器 4μm 颗粒物 40μm 含油<$1×10^{-6}$	ISO 8573-1 颗粒物 5级 含油 3级 露点 1级	干燥 无油 过滤器 5μm	ISO 8573-1 颗粒物 4级 含油 3级 露点 3级	ISO 8573-1 颗粒物 2级 含油 2级 露点 2级	ISO 8573-1 颗粒物 2级 含油 3级	ISO 8573-1 颗粒物 3级 含油<1mg/m^3 露点:低于 最低 10K	ISO 8573-1 颗粒物<3μm 无油 露点:低于 最低 10K	干燥 无油 过滤器 30μm
稳态耗气量	0.38m³/h (1.4bar) 1.3m³/h (5.5bar)	0.6m³/h (滑阀 2/3) (4bar)	0.34m³/h (2.1bar) 0.44m³/h (3.1bar)	0.11m³/h 与气源压力 无关	0.036m³/h (1.4bar)	0.1m³/h (1.4bar) 0.11m³/h (3bar) 0.15m³/h (6bar)	0.085m³/h 与气源压力 无关	0.24m³/h (1.4bar) 0.3m³/h (5.0bar)	0.018m³/h
输出	10m³/h (1.4bar) 29.5m³/h (5.5bar)	5.5m³/h (滑阀 2) 12m³/h (滑阀 3) (4bar)	16.8m³/h (2.1bar) 28.2m³/h (4.2bar) 39.6m³/h (6.3bar)	3m³/h (1.4bar) 8.5m³/h (6bar)	4.1m³/h (2bar) 7.1m³/h (4bar)	2.7m³/h (1.4bar) 5.0m³/h (3bar) 7.5m³/h (6bar)	3.9m³/h (2bar) 10.0m³/h (4bar)	6.6m³/h (1.4bar)	24m³/h
厂商产品 样本手册	62 : 1 DVC 6000 2008.2	7ND9120EN 2008.12	EW2002-AP -0607 -Rev08	T8384-2/3ZH 2009.5	FI 01.2009	PSS EVE 109A-en 2008.6	10/18-0.32 -EN 2007.10	SS4-AVP302 -01004(4 版)	FCD PMENBR 0001-03

4.4.2　基于 HART 通信协议的智能阀门定位器

基于 HART 通信协议的智能阀门定位器以 AVR 单片机为核心。该定位器既可传输模拟信号，也可传输现场总线的数字信号，实现与控制中心的信息交互。该设计无需更改原有控制系统架构与工程布线，可直接连接智能阀门定位器，实现网络化控制和管理，为工业 4.0 提供有效手段。同时，它采用总线供电，较好地解决了阀门定位器的本安防爆问题。

(1) 工作原理

基于 HART 通信协议的智能阀门定位器原理框图如图 4-62 所示。

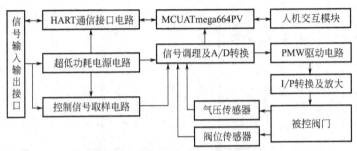

图 4-62　智能阀门定位器原理图

图 4-62 中，超低功耗电源电路将 4～20mA 电流信号转换成电压信号，为 HART 通信接口电路、控制信号取样电路、MCU 控制单元、I/P 转换单元、阀门位置检测电路提供稳定的工作电压。控制信号取样电路完成控制信号的采样。人机交互模块主要显示控制阀的工作状态和输入工作参数。MCU 控制单元将阀门位置反馈电路检测的阀位信号与控制信号取样电路提供的设定值信号进行比较，对偏差信号进行一定的控制算法运算，包括流量特性的修正补偿、运算输出驱动 I/P 电气转换及放大单元工作，从而实现被控阀的动作。HART 通信接口电路实现 MCU 控制单元与外界的数据转换。

(2) 硬件

① 电源电路　基于 HART 通信协议的智能阀门定位器为二线制设计，与外部的连接只有两条物理连线。4～20mA 电流信号既是给定的阀门位置目标控制信号，也是整个定位器硬件电路正常工作的电源。因此，电源电路的设计是整个系统设计的基础和关键。电源电路如图 4-63 所示。

电源电路设计的关键是从 4～20mA 模拟电流信号摄取合格的电源。4～20mA 电流信号经过抗干扰滤波电路、线性稳压电路后产生低纹波系数的直流 6.6V 电压。线性稳压电路决定了定位器从控制信号摄取的最小功率为 26.4mW（6.6V×4mA），最大功率为 132mW（6.6V×20mA）。因此，后续各单元电路的设计必须将低功耗作为首要考虑的因素。考虑到定位器正常工作的电流为 3.5mA，单片机、阀门位置反馈、取样电路和 HART 通信接口单元的供电均统一通过电荷泵（而非低压差 LDO 模块），将 6.6V 转换成 3.3V 电压，最大限度地提高电源转换效率。同时，6.6V 电压通过 DC-DC 升压电路升压至 24V，为 I/P 电气转换单元供电。

② 微控制器 MCU 单元及人机接口　根据电源电路部分的论述和设计，常用的 MCU 正常工作电流都在 10mA 以上，无法满足要求。因此，选择超低功耗微控制器是本单元设计

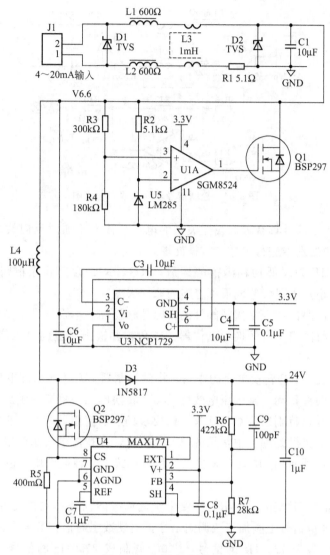

图 4-63 电源电路原理图

的关键。

　　需指出的是，本低功耗设计与电池供电系统中的低功耗设计有较大区别。电池供电系统中低功耗设计的目的是实现电池的最长时间供电，设计依据是长期的功耗指标（或用平均功耗），所以，关注点是微控制器在空闲和休眠模式时的最小工作电流。而智能阀门定位器是一个实时工作系统，低功耗设计的目的是保证微控制器正常工作电流不超过电源电路分配的最大值，设计依据是瞬时的正常功耗。本设计采用基于 AVR 内核的 8 位低功耗控制器 AT-MECA644PV。它具有多种低功耗模式；在 1MHz、1.8V 低电压工作条件下，正常工作电流为 0.4mA，能很好地满足系统设计要求。

　　LCD 液晶显示和 4 个按键是定位器人机信息和数据交互的窗口，可以完成参数的初始值设置、数据组态及实时显示等诸多功能。

　　③ 控制信号取样与阀门位置反馈电路　控制信号取样电路如图 4-64 所示。

　　本单元电路采用低端检测法，串联一个低温漂特性（温度系数 25×10^{-6}）的线性检流

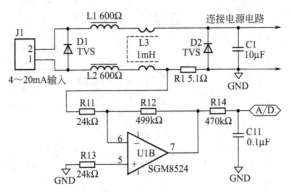

图 4-64　控制信号取样及放大电路图

电阻 R1，摄取与控制信号具有近似线性关系的电压。该电压通过反向放大电路调理后，送入 A/D 转换器和微处理器进行采样与数据处理。

图 4-64 中，U1B 为超低功耗满摆幅运放，R11、R12 为低温漂精密电阻。这里 R11、R12 的取值不能过小，否则会造成不可忽略的取样误差。

阀门位置反馈电路的任务是阀门阀杆的实时位移检测。本设计采用高精度线性电位器作为反馈主要部件，将阀门位置转换为电位器的转角，并输出对应的电压信号，经过 A/D 转换后送微处理器。

④ I/P 转换单元　I/P 转换单元的作用是将微控制器 MCU 输出的电信号转换成气动信号，以驱动控制阀阀杆移动。基于压电效应的 I/P 转换单元，只需提供足够电压便能正常工作，其电流几乎为零，特别适合对功耗有严格要求场合的应用。同时，它能接收较高频率的控制信号，可直接对接微处理器中常见的 PWM 模块，在智能电气阀门定位器中得到了广泛应用。智能阀门定位器使用 OEM 厂家提供的压电阀式 I/P 转换模块，极大地提高了产品的稳定性。

⑤ HART 通信接口电路　HART 协议用于现场智能仪表和主机设备之间的双向通信。它是在 4～20mA 模拟信号上叠加正弦调制信号，实现数字通信，数据率为 1200bit/s。数字信号 "1" 调制成频率为 1200Hz 的信号，"0" 调制成 2200Hz 的信号。数字信号幅度为 0.5mA，平均值为 0。只要在原有模拟信号电路上增加相应滤波器，就不会对原有模拟信号产生干扰。HART 通信接口电路如图 4-65 所示。

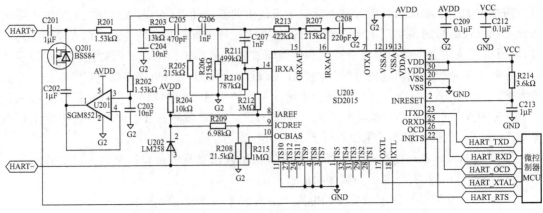

图 4-65　HART 通信接口电路

HART 通信接口电路主要由 HART Modem、发送驱动和发送/接收转换等构成。HART Modem 内部集成符合 Bell202 标准的调制器、解调器、接收滤波器、发送信号整形电路、载波检测等电路，简化了接口电路设计，使系统更具可靠性。该芯片载波信号输出功率有限，为此，特别增加由运放 U201 构成的载波发送驱动电路，较好地满足了通信网络低阻抗情况下的可靠通信。HART 通信是一种半双工通信模式，因此本设计还配置了发送/接收转换电路。HART Modem 芯片需要 460.8kHz 时钟源，但 460.8kHz 晶振是非标准的，不容易购买到。本设计中，设置微控制器的 PWM 模块工作于 CTC 模式，经软件编程分频即可得到 460.8kHz 时钟信号。该方法有很好的灵活性，降低了成本。

(3) 软件

智能阀门定位器程序采用模块化结构设计，主要由数据采集、控制、人机交互、通信和系统初始化等部分组成。数据采集程序完成控制电流与阀位的实时采样、转换和数字滤波等任务。控制程序主要是控制算法的具体实现。人机交互程序主要完成 LCD 显示、用户按键处理、故障分析与报警。通信程序完成 HART 通信协议的数据打包与解包、命令的解析等任务。系统初始化程序的任务是微处理器 I/O 与外围芯片初始化、重要数据存储与掉电保护设置等。软件设计的核心与关键环节是控制程序与 HART 通信程序。

① 控制程序 不同规格的气动控制阀，其特征参数差异较大，非线性和大滞后是其标志性的特点。经过多次试验，选择积分分离 PID 算法来取得较好的控制特性。算法的基本思想是：根据设定值与反馈值的误差 e 来确定执行器膜头进气还是排气。根据 e 的绝对值大小采用不同的控制策略。当误差 e 大于规定值时，微控制器切除积分项，PWM 输出脉宽较大，阀位快速向设定值靠近；当误差 e 小于规定值时，微控制器引入积分项，PWM 输出脉宽逐渐收窄，阀位缓慢接近设定值，直到误差 e 低于设定死区，PWM 不再输出信号，阀门位置保持不变。

为适应技术要求，还设置流量特性补偿环节，用多段折线实现非线性补偿。

② HART 协议通信程序 HART 协议通信是一种半双工通信模式，由主控设备（上位机）发通信请求，智能阀门定位器作为从机响应。根据 ISO 的 OSI 参考模型，HART 协议分物理层、数据链路层和应用层。物理层涉及硬件接口；数据链路层规定了波特率 1200bit/s、1 位起始位、8 位数据位、1 位奇校验位、1 位停比位以及数据帧的格式与校验等内容；应用层则对各种命令代码做统一的规范。

依据 HART 协议的通信格式，可以计算出传送一个字符的时间大约 9ms。如果采用延时等待连续发送的方式，一帧长数据就可能需要消耗 0.5～1s 的 CPU 时间，控制的实时性无法保证。因此，HART 协议通信程序设计的关键是每一个字节数据的收发都必须采用中断方式实现。中断程序流程如图 4-66 所示。

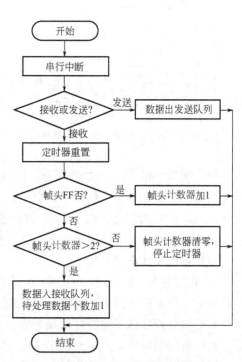

图 4-66 HART 收/发中断程序流程图

在接收中断程序中，定位器对上位机数据帧进行识别和判断，判断依据是接收到的前导符 0xFF 个数以及字符间隔是否超时（超时，则触发定时器溢出中断，一帧数据接收完成）。发送中断程序则是将已传入发送缓存的数据逐个发送。接收数据帧的解析及发送数据帧的打包在主程序中实现。

4.4.3　基于 PROFIBUS-DP 的智能阀门定位器

（1）智能阀门定位器的工作原理

智能阀门定位器可以有效地克服传统阀门定位器的缺点，其工作原理如图 4-67 所示，定位器在接收调节器给定信号的同时，通过反馈装置反馈接收定位器阀杆的位移信号并在其内部实现对 2 个信号的处理运算，处理的结果通过其内部的压电阀来控制气动调节阀气室内的气压，从而推动阀杆的运动，又产生新的位移。整个过程形成了一个闭环回路，从而提高了控制精度。

（2）智能阀门定位器概况

智能阀门定位器包括微控制器、电源电路、取样电路，I/P 转换单元、阀位反馈模块、人机接口单元以及通信模块。整个控制系统构成一个反馈回路，微处理器 S3C44B0 接收来自上位机的 4～20mA 电流信号，气动调节阀位置反馈信号通过阀位反馈模块作为被控变量与给定信号值在微处理器中进行比较处理，然后发出不同长度的脉冲控制信号给 I/P 转换单元，从而驱动调节阀动作。图 4-68 是智能阀门定位器设计采用的硬件结构框图。

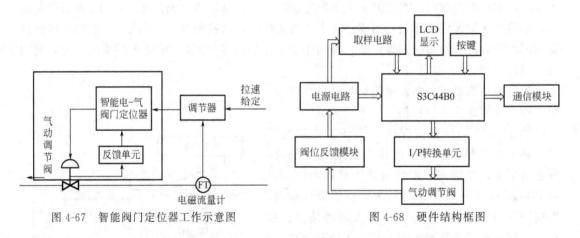

图 4-67　智能阀门定位器工作示意图　　　　图 4-68　硬件结构框图

微控制器采用 S3C44B0 处理器，该款处理器的最大特点是它的低功耗精简和全静态设计特别适用于对成本和功耗敏感的应用，例如用于对二线制供电的智能阀门定位器的设计。另外，S3C44B0 内部还集成了 LCD 控制器，因此可以方便地选用 LCD，并通过 DMA 通道以及配合相应的按键电路组成人机交互界面。

（3）系统硬件电路

① 电源电路　智能阀门定位器为二线制设计，给定信号为 4～20mA 电流信号，同时整个系统电路所需的电源电压都将从中获取，因此该系统对于功耗有着严格的要求，在设计时应尽量采取各种降低系统功耗的设计方法，如采用低功耗或微功耗元器件、合理的简化电路等。系统所需的电源电压主要有用于微处理器供电的 2.5V，用于压电阀的 24V 电源以及用于芯片扩展的 5V 直流电压。具体电路设计如图 4-69、图 4-70 所示。

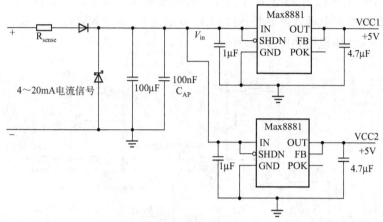

图 4-69 电源电路 A

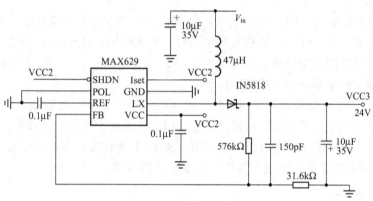

图 4-70 电源电路 B

如图 4-70 所示，首先电流经过稳压管产生 5V 电压（V_{in}），再利用产生的 5V 电压产生 2.5V 直流电压；同时由于 V_{in} 不太稳定，所以再把 V_{in} 经过线性稳压器进行稳压，得到稳定的 5V 直流电压电源。

24V 电压的获取也采用了 DC/DC 转换芯片，如图 4-70 所示，该方案采用了 MAX629，这是一款低压转换高压的 DC/DC 转换芯片，它的输入电压可低至 0.8V，最高不超过 $|V_{out}|$，输入电压可根据外围电路参数变化，在 $-28 \sim +28$V 之间转换。

② 取样电路　MCU 接收的必须是电压信号，因此，需要设计专门的电流/电压（I/V）转换电路，把 $4 \sim 20$mA 电流信号转换成电压信号送入微处理器进行采样处理。该方案采用高端电流检测方法，并结合 IC 芯片（Max4372）来设计，通过电源正端的取样电阻 R_{sense}（图 4-69）来检测电流，取样电阻电压的变化就相应地反映电流的变化，通过对取样电压的获取，就可以知道控制信号的大小，并反馈给微处理器。

③ I/P 转换单元　I/P 转换单元是阀门定位器的关键部件之一，其主要作用是把微控制器发出的 PWM 控制信号转换成气动信号，并通过相应的部件控制，使其有足够大的功率去驱动气动调节阀工作。因此，I/P 转换单元性能的好坏直接关系到整个智能阀门定位器的性能。

④ 压电阀驱动电路　系统采用压电陶瓷阀作为阀门定位器的 I/P 转换单元，控制信号

为控制器 S3C44B0 发出的 3.3V PWM 信号。由于压电陶瓷阀需要 24V 以上的电压驱动，所以需设一专门的压电阀驱动电路，把 S3C44B0 发出的 3.3V PWM 信号转换为大幅度（24V以上）脉冲信号。具体电路如图 4-71 所示。

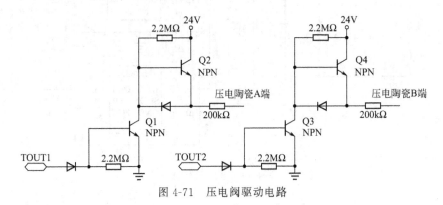

图 4-71　压电阀驱动电路

系统共有 2 个压电阀，阀 A 控制进气，由 S3C44B0 的 TOUT1 口控制；阀 B 控制出气，由 TOUT2 口控制。当 TOUT1 口输入低电平时，三极管 Q1 截至，Q2 导通，压电阀 A 端接＋24V 电源；当 TOUT1 口输入为高电平时，Q1 导通，Q2 截至，此时压电阀 A 端接地。压电阀 B 的控制与压电阀 A 的控制相同。

⑤ 反馈单元　反馈单元的任务是把阀杆的实时位移反馈给微处理器，以便微处理器能更好地控制阀位，文中采用电阻分压器式传感器即电位器作为反馈主要部件。

⑥ 通信单元　该通信接口单元由 PROFIBUS-DP 智能化接口芯片 SPC3、光耦隔离电路和 RS-485 总线驱动器 3 部分组成，具体框图如图 4-72 所示。

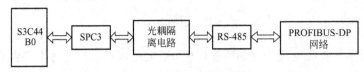

图 4-72　通信接口模块框图

SPC3 是专门用于开发 PROFIBUS-DP 从站的智能通信接口芯片，集成了完整的 PRO-FIBUS-DP 协议；采用光耦隔离电路的目的是消除来自零线的干扰，从而保证数据通信的可靠性；RS-485 总线驱动器采用 65ALA1176 型号的驱动芯片，能满足 12Mbps 的传输速率，其一侧通过光耦与 SPC3 相连，另一侧与 9 针 D 型连接器相连，并通过 9 针 D 型连接器与 PROFIBUS-DP 网络相连。SPC3 与 RS-485 的接口电路如图 4-73 所示，图中 M、2M 为不同的电源地，P5、2P5 为 2 组不共地的＋5V 电源。

(4) 系统软件

该智能阀门定位器采用 μC/OS-Ⅱ 操作系统，软件设计采用模块化程序设计方法，分为系统开机自测程序、信号采样处理程序、控制程序和通信程序 4 个部分。系统的主要程序流程如图 4-74 所示。

软件设计的核心是采样信号处理程序和控制程序。

① 采样信号处理程序　采样信号处理程序的主要任务是对系统的 2 路输入信号进行采集、滤波、标度变换和信号处理。文中采用防脉冲平均值滤波法来消除现场的干扰，防脉冲平均值滤波法的原理为：

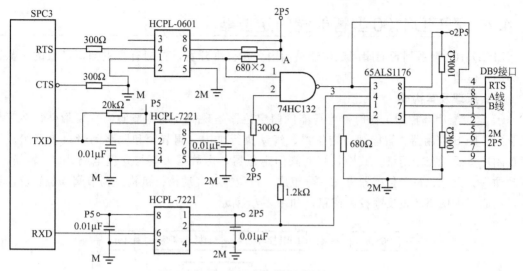

图 4-73　通信接口电路

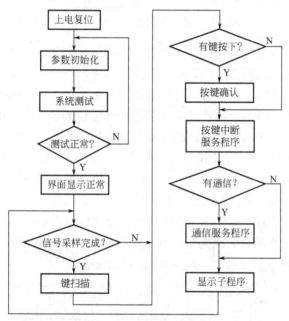

图 4-74　主程序流程图

先对采集到的 N 个数据进行比较，去掉其中的最大值和最小值，然后计算余下的 $N-2$ 个数据的算术平均值。该方法具有运算速度快、存储量小的优点，该系统 N 选用4。

② 控制程序　系统主要工作在3种模式：组态模式、手动模式和自动模式。当系统工作在组态模式时，可以方便地设置定位器的各种参数；手动模式时，系统的阀位由人工手动输入控制，此时没有闭环控制；自动模式是定位器的主要工作方式，经过参数初始化后的定位器采用闭环控制，能自动跟踪阀位，逐渐缩小偏差，达到精确定位的目的。

系统采用的是 PID 控制与模糊控制结合的五步开关算法。偏差较大时，进行阀位的粗调；偏差较小时，进行阀位的精确调制。该算法由于其控制原理简单、定位速度快以及输出平稳快的特点，非常适合阀门定位器的控制。

4.4.4　ZPZD3100型智能阀门定位器

ZPZD3100型系列智能阀门定位器是国内公司自主开发，并拥有自主知识产权的一款智能阀门定位器。

(1) 原理及其构成

① 定位器闭环控制工作原理　智能阀门定位器是现代气动调节阀的主要附件，在工控系统中，DCS控制器、智能阀门定位器、气动执行机构、调节阀和回路测量仪表等组成了双重闭环负反馈控制网络。其中，智能阀门定位器，由数据采集与处理电路、I/P转换器、气动功率放大器、位置传感器等几部分组成。定位器、气动执行机构、调节阀、位置反馈部件，组成了内层闭环负反馈控制回路，如图4-75所示。

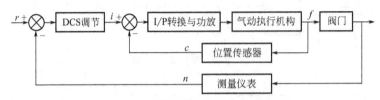

图4-75　阀门定位器与过程控制系统

图4-75中，i为来自DCS调节器的阀位控制信号；c为位置反馈信号；f为气动执行机构的输出行程。智能阀门定位器正是利用位置反馈信号，构成了一个闭环负反馈控制系统。i与c，在定位器的CPU中进行比较，根据其极性及偏差的大小，经过特定控制算法运算，控制单片机的输出信号。该信号再经过I/P部件和气体放大器，完成电气转换和功率放大，最终通过气动执行机构，实现对调节阀的精确定位控制。

② 整机组成及工作原理　智能阀门定位器结构如图4-76所示，其中虚线内为定位器部分，右侧为气动执行机构。控制和驱动电路，以及位置反馈传感器的数据采集电路，均位于定位器内的电路板中。控制电路主要完成控制信号和位置反馈信号的数据采集与处理工作，同时形成稳定输出电压。驱动电路用于PWM电流滤波后的功率放大。喷嘴挡板、喷嘴以及相应组件构成了I/P转换器，实现电气转换。调节喷嘴挡板和喷嘴的间距，通过气体放大

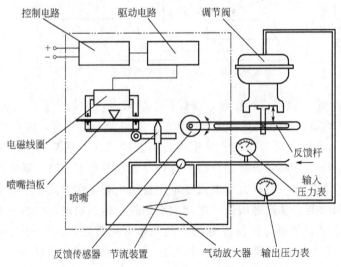

图4-76　智能阀门定位器结构图

器，完成对输出气体的调节。反馈杆和位置反馈传感器，完成气动执行机构位移的检测，并组成完整的闭环控制系统。

③ 硬件电路及其工作原理 来自控制系统的 4～20mA 电流信号经过瞬时脉冲保护、滤波、限压等电路，产生 812V 左右非稳定电压信号。该信号一部分进入电源稳压电路，经过稳压变换，实现稳定的 5V 输出电压；然后经过 AAT3221 电压稳压模块，最终获得 3.3V 的稳定工作电压，供 MSP430 单片机和相关外围电路使用。

同时，来自控制系统或调节仪表的 4～20mA 电流控制信号，经过滤波、限压、差动放大等电路处理后，送入微处理器的 P611I/O 口，作为 MSP430 的采样输入信号。经过一系列软件处理，获取系统输出的控制指令。定位器上的 CPU 处理器根据系统不同的控制指令，利用片上外设产生不同脉冲宽度的 PWM 电流信号，再经过功率放大电路，产生驱动电流，驱动电磁线圈工作。电磁线圈推动 I/P 部件中的喷嘴挡板，产生 0～0.15mm 左右的微小位移。根据背压工作原理，喷嘴挡板所产生的微小位移通过喷嘴驱动气体放大器工作，产生相应的气体输出，该气体通过管线输出到气体执行机构，推动阀杆产生与控制信号相对应的位移量。

另一方面，气动执行机构的直行程或角行程的变化通过阀杆带动高灵敏度的阀位传感器旋转。该传感器输出电压的变化量，经差动运放等电路处理后，送入微处理器进行 AD 采样，经数据处理得到对应的阀位变量。阀位设定值与阀位变量经软件计算、比较，得到一定的差值，根据此差值的大小，实时修正阀杆的位移，完成了气动阀的闭环控制过程。

由于在控制软件中采用了优化的 PID 控制算法，不仅提高了控制系统的响应速度，而且减少了超调量，抑制了波动，显著地提高了定位器的定位速度和定位精度。

所用微处理器为具有超低功耗特色的 MSP430F14X 系列单片机，其包含有 12 位 A/D 转换、Flash、硬件乘法器、定时器、看门狗、串行通信模块、I/O 端口等丰富的片上资源，该单片机不仅具有集成度高、低功耗等特点，而且可实现在线编程。同时，该单片机内置温度传感器，可方便地实现温度补偿，大大减少了外围电路，提高了工作的可靠性。智能阀门定位器原理如图 4-77 所示。

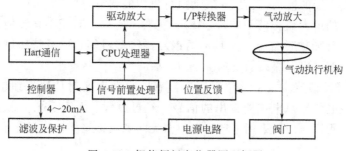

图 4-77 智能阀门定位器原理框图

④ 软件 充分利用 MSP430 单片机的超低功耗特性，在软件设计中，采用了低功耗工作模式。

主程序主要完成单片机及周围模块的初始化工作，同时开启中断，进入低功耗等待状态。在工程应用中，利用 SP706R 芯片设计了片外看门狗电路，通过软件实现启动与复位。主程序流程如图 4-78 所示。

在本安和隔爆型系列产品的设计中，采用按钮键作为人机交流的主要工具。两个按键（上键和下键），结合控制信号标志，完成了定位器的一系列初始化设置和在线参数的整定，键盘中断流程如图 4-79 所示。

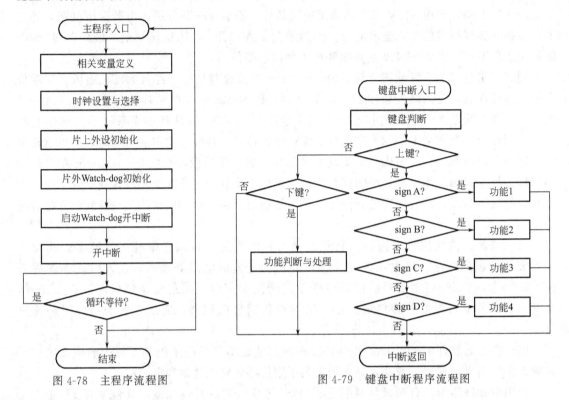

图 4-78　主程序流程图　　　　　　图 4-79　键盘中断程序流程图

(2) 核心部件与关键技术

① I/P 转换器　I/P 转换器是 ZPZD3100 型系列智能阀门定位器的核心部件之一，其加工制造工艺、装调测试技术比较复杂。与压电陶瓷式定位器不同，喷嘴挡板式定位器是在 4～20mA 控制信号电流的驱动下，靠 I/P 部件中喷嘴挡板的微位移，来实现对喷嘴气流的调节，控制气动放大器的输出，实现对气动执行机构的调节与控制。

由于喷嘴挡板的最大微位移只有 0.15mm 左右，所以，对于 I/P 转换器中金属、塑料组件材料的选择（譬如软磁合金、无磁不锈钢、特殊塑料等）以及特殊铆接设备和铆接工艺、精密装调手段都提出了很高的要求。

② 位置无间隙反馈感应技术　位置感应传感器是获取实时位置反馈信号的核心部件，采用了进口精密级电位器。电位器输出的信号，经过放大、A/D 采样，快速数据处理，最后送入比较和控制程序。由于采用了精密电位器无间隙反馈结构，也保证了阀杆正反方向运动的一致性。

③ 低功耗技术　为了保证定位器的可靠工作，在电路设计中，大量采用低功耗元器件，包括 MSP430F14X 系列具有超低功耗特性的 CPU 芯片，片外电路和软件设计等均尽量采用超低功耗工作模式。

④ PID 优化控制算法与自适应功能　为了实现气动调节阀的快速准确定位，减少超调量，控制软件中采用了 PID 综合控制算法，其中之一便是"积分分离"模糊控制算法。即在控制运算中，实时采集、比较位置反馈与系统控制信号差值的大小。

当该差值较大时，取消 PID 运算中的积分项，以免进入积分饱和区，同时适当增大比例项的系数，加快调节速度；当该差值进入较小范围之内时，积分项重新投入运算，以消除静差。采用综合 PID 控制算法以后，消除了输出超调量较大、振荡、系统不稳定等不良现象。经过多家企业挂网运行，效果良好。

同时，根据工业现场阀门种类繁多的特点，编制辅助程序，实现了行程与阀位在线自动检测、气动执行机构与阀特性辨识、PID 参数自动整定等"智能"功能，增强了定位器产品的自适应能力。

(3) 功能特点及主要参数指标

① 功能特点　ZPZD3100 型智能阀门定位器与传统的阀门定位器以及国内同类产品相比较，具有以下显著优点：自整定性能强、参数组态简单多样、智能化程度较高；自适应能力强，可以与多种不同规格的阀门配套使用；定位准确、安装维护简单、调校方便；能耗小，性价比高。

相比于国内外广泛应用压电陶瓷式智能定位器，ZPZD3100 型喷嘴挡板式智能阀门定位器不仅价格低廉，更便于现场维修。同时，对仪表气的要求相对较低，对环境的适应性强，而且使用寿命更长。

本产品综合了国内外同类产品的先进技术及特点，适用于化工、石油炼化、冶金、发电、轻纺、化纤等部门。

② 主要技术参数　主要技术参数如表 4-4 所示。

表 4-4　主要技术参数

参数名称	参数范围	参数名称	参数范围
输入信号	4～20mA DC	环境温度	−40～＋70℃
输入阻抗	300Ω/20mA DC	相对湿度	≤85% RH
行程范围	直行程 10～100mm 角行程 50°～90°	分程设置	4～12mA；12～20mA
		精度	≤1% FS
气源压力	140～400kPa	回差	≤1% FS
输出信号	20～100kPa	死区	≤0.4% FS

4.5　智能气动集成装置及应用

智能气动集成装置是气动装置与微机、现场总线、传感器等密切结合的产物，它们构成一体化的具有一定程度智能的系统。

4.5.1　CAN 总线技术在气动系统中的应用

CAN（controller area network）属于现场总线范畴。CAN 总线具有很高的实时性、可靠性和灵活性，特别适用工业过程监控设备的互连，在工业现场应用越来越广泛，并被公认为最有前途的现场总线之一。

将 CAN 总线技术引入气动系统，实现了对气动系统的统一管理调度。各种数据采集设备的数据信号传送到 CAN 智能节点上，智能节点将数据信号以 CAN 报文的形式发送到总线上，中央控制器将报文接收，恢复为原始数据，从而实时监控系统的状况；同时，中央处理器把控制信号以报文的形式发送到总线上，智能节点接收报文，向气动系统的控制元件发送指令，调整其状态，达到控制目的。

(1) 硬件系统

图 4-80 为广义的 CAN 总线应用于气动系统的硬件平台。硬件系统由中央控制器、智能节点和被控的气动系统组成。中央控制器和各智能节点在总线的连接下形成网络，各智能节点分别连接气动系统中的各元件，从而实现中央控制器对气动系统的监控管理。

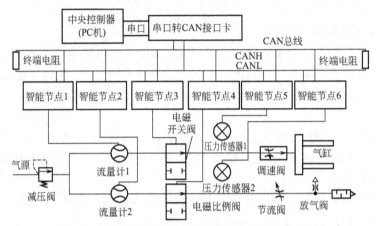

图 4-80 广义 CAN 总线应用于气动系统的硬件平台

选用 1 台 PC 机作为中央处理器，通过串口转 CAN 接口卡连接到总线上。

选取 2 条典型气动支路为例作为被控系统。第 1 条支路可以进行气缸的寿命试验，第 2 条支路可以进行元件的性能测试。系统中的开关阀、比例阀、流量计和压力传感器分别与智能节点相连，构成控制网络。

① 智能节点　节点中实现 CAN 通信的核心元件是独立 CAN 通信控制器 SJA1000。SJA1000 主要用于移动目标和一般工业环境中的区域网络控制。与 PCA82C200 相比，引脚完全兼容，而且增加了一种新的操作模式——PeliCAN，支持 CAN2.0B 协议。

智能节点的 CPU 选用 AT89C51，负责 SJA1000 的初始化和控制 SJA1000 实现数据的接收和发送等通信任务；同时，89C51 还负责对与该节点相连接的气动元件的控制管理，如接受传感器采集的数据或控制电磁阀的状态等。

图 4-81 为智能节点电路框图。节点的电路主要由 5 部分组成，微控制器 89C51、独立 CAN 通信控制器 SJA1000、CAN 总线收发器 82C250、复位信号芯片 DS1232 和高速光电耦合器 6N137。单片机主要用于系统的计算及信息处理等功能；CAN 控制器主要用于系统的通信；CAN 收发器主要用于增强系统的驱动能力；DS1232 提供系统所需的高低电平复位信号；高速光耦的作用是实现了总线上各 CAN 节点之间的电气隔离，增强了节点的抗干扰能力。

地址线连接：SJA1000 的 AD0～AD7 连接到 89C51 的 P0 口，CS 连接到 89C51 的 P2.1。P2.1 为 0 时，CPU 片外存储器地址可选中 SJA1000，CPU 通过这些地址可对 SJA1000 执行相应的读/写操作。

读写线连接：SJA1000 的 RD、WR、ALE 分别与 89C51 的对应引脚相连。

中断连接：INT 接 89C51 的 INT0，89C51 也可通过中断方式访问 SJA1000。SJA1000 的 16 脚是中断信号输出端，当中断允许的情况下，有中断发生时，16 脚出现由高电平到低

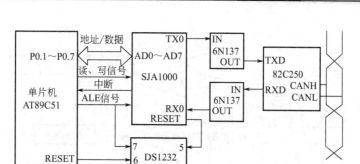

图 4-81 智能节点电路框图

电平的跳变，可以直接与 AT89C51 的外部中断输入脚相连。

复位脚连接：由于 AT89C51 是高电平复位，而 SJA1000 是低电平复位，因此复位信号要通过一个复位信号芯片 DS1232 与 SJA1000 的复位端相连。SJA1000 的复位引脚外接发光二极管，系统上电复位成功后，发光二极管就会稳定发光，可作为系统复位成功的标志。

其他脚：SJA1000 的 11 脚 MODE 接高电平，选择 Intel 二分频模式。SJA1000 的 TX1脚悬空，RX1 引脚的电位必须维持在 0.5VCC 上，否则，将不能形成 CAN 协议所要求的电平逻辑。

② 串口转 CAN 接口卡　串口转 CAN 的接口卡实质上也是一个智能节点，不同之处在于节点的微控制器要进行 RS-232 和 CAN 协议间的转换，在串口与单片机之间要加上电平转换芯片 MAX232。PC 机 COM 口的 RS-232 电平经 MAX232 转换为 TTL 电平后接到AT89C51 的串行口，其串行数据经 89C51 的串行口转为并行数据后，由地址/数据总线发给CAN 控制器 SJA1000，再通过 CAN 收发器 8X250 接到 CAN 总线上。

（2）软件系统

中央控制器软件用 VC，开发主监控程序和图形界面。智能节点用汇编进行控制、采集和通信。

CAN 总线节点的软件设计主要包括 3 大部分：CAN 节点初始化、报文发送和报文接收。

SJA1000 的初始化只有在复位模式下才可以进行。SJA1000 的寄存器作为89C51 的片外存储器，单片机利用 MOVX指令对这些寄存器设置（图 4-82）。

发送过程就是将待发送的数据按特定格式组合成一帧报文，送入 SJA1000 发送缓冲区中，然后启动 SJA1000 发送即可。

接收过程要对诸如总线关闭、错误报警、接收溢出等情况进行处理。利用查询方式进行接收，将 SJA1000 的接收缓冲区的报文传送到单片机的片内 RAM 区（图 4-83）。

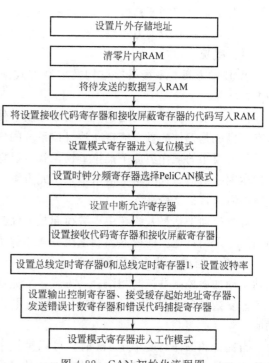

图 4-82　CAN 初始化流程图

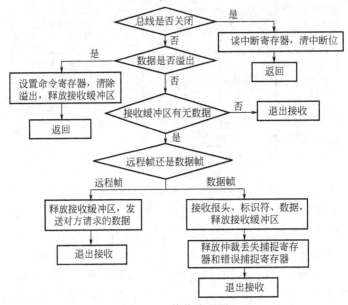

图 4-83　接收流程图

4.5.2　智能气动平衡吊

在机械装配、板料成形、机床加工等行业中，大质量工件的搬运和装配工作主要通过多人作业、电葫芦、机器人等方式完成。其中多人作业是比较原始的方式，在劳动力短缺、人工成本日益增加的今天，必将逐渐被其他方式所代替。因此，构建一种能搬运 100kg 规格物料、优于电葫芦的小型智能搬运系统显得尤为重要。而气动平衡吊就是一种全新的产品，它比葫芦更适合于需要精确搬运工件的场合，对于实现装配的快速准确定位、保证操作人员和设备安全、摆脱劳动力短缺、提高劳动生产力具有重要意义。

（1）概况

① 技术方案　平衡吊按结构及控制方式来分，主要有机械、液压、气动、智能气动 4种方式。

智能气动平衡吊系统通过微控制器控制，使被起重的工件在空中形成一种无重力的悬浮状态，也就是工件的重力能自动被气控系统的气压所平衡，使操作者无需熟练地点动按钮操作，只需很小的操作力徒手推拉重物，就可以把重物正确地放到作业空间中的任何位置。欧美发达国家的新一代气动平衡吊多采用此方案。但卷筒机械结构比较复杂，由于技术、工艺垄断等原因，价格较高。

智能气动平衡吊系统在中小载荷起重方面具有众多优势，只要在设计中简化甚至去除卷筒结构，采用自适应的智能控制系统，就能解决价格稍高和维护复杂的问题。

② 系统结构与功能　系统去除了复杂的卷筒结构，执行元件直接采用普通气缸，应用气动驱动加微控制器控制相结合的方式，能完成电葫芦和平衡吊的双重功能。这种设计避免了工艺复杂的卷筒结构和价格较高的伺服电机及控制系统，并增加了系统的柔性和缓冲功能。

当提升和操作高度小于 1m 时，可以直接采用气缸提升工件。如果大于 1m，则可采用滑轮放大的方式，得到较小的结构和较长的工作距离。系统结构如图 4-84 所示。

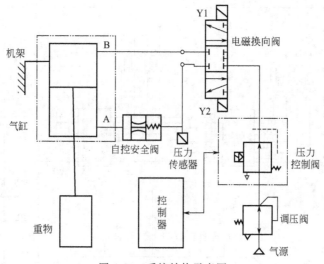

图 4-84 系统结构示意图

系统包括机架，控制器，压力传感器和由气源、调压阀、压力控制阀、电磁换向阀、自控安全阀、气缸组成的气控系统。

气源提供压力为 0.6～0.8MPa 的压缩空气。当控制器控制电磁换向阀的 Y1 得电时，气源的压缩空气经过调压阀、压力控制阀、电磁换向阀、自控安全阀到达气缸 A 端，推动气缸活塞上移，拉动重物上升。当 Y1 失电时，电磁换向阀处于中位，活塞及重物静止，由压力传感器进行压力检测，输入到控制器中，作为重物悬浮状态的控制参数。

当 Y2 得电时，气源的压缩空气经过调压阀、压力控制阀最终到达电磁换向阀并截止。这时气缸活塞在自身重力及重物重力的作用下下移，上部 B 口由电磁换向阀进气，下部 A 口压缩空气经气控安全阀由电磁换向阀排出。当 Y2 失电时，电磁换向阀处于中位，活塞及重物静止，由压力传感器进行压力检测，输入到控制器中，重新作为重物悬浮状态的控制参数。

（2）控制系统硬件

系统的硬件采用分置电路板设计，便于控制系统的模块化和模块的微型化。其一是主控电路，其二是辅助电路。

① 主控系统电路　主控电路板主要负责控制智能平衡吊系统的运行，既可以单独工作，也可以与辅助电路板连接协同工作。原理如图 4-85 所示。

电路原理图中没被框起来的为 A 区，包括 STC12C5A6052-44 单片机、左边的复位电路及下边的晶振电路等。A 区是主控电路的核心，进行按键检测、数据运算、电磁阀控制与通信处理。

B 区为电源电路区，通过电源转换芯片把 24V 电源转换为 5V 电源，供单片机及其他元器件使用。并通过电容对 24V、5V 电源进行去耦处理。

C 区为与辅助电路板连接的接口区，与辅助电路板中的 C 区对应。

D 区为按键电路接口，左端插座接按键，右端通过限流电阻分别接单片机的 P2.0～P2.5 管脚。

E 区为平衡吊气动系统电磁阀的驱动电路。最左端为 TLP521-4 光耦芯片，连接到单片机的 P1.1～P1.5 管脚，用于单片机与外围驱动电路的光电隔离，光耦的右端连接

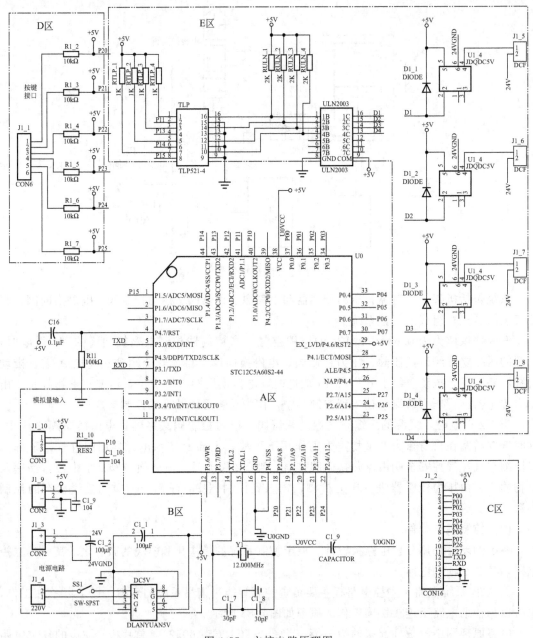

图 4-85　主控电路原理图

ULN2003 芯片，进行功率放大，最终驱动最右端的 4 片继电器，继电器输出端为接线插座，当与气动系统的电磁换向阀连接时，就可以进行电磁阀的换向控制，进而控制起吊重物上升、下降及悬浮。

② 辅助电路　辅助电路板可以与主控电路板相连，其功能为进行数据显示与串行通信。当需要对主控电路板进行程序下载或智能平衡吊系统进行状态显示时，需要把此电路板和主控电路板相连，否则可以不用此电路板。原理如图 4-86 所示。

电路原理图中没被框起来的为 A 区，包括 MAX232 串行通信电平转换芯片和相应的电容。左端的插座输出为标准的 232 输出，可以和电脑的 232 口相连，进行程序的下载。左端

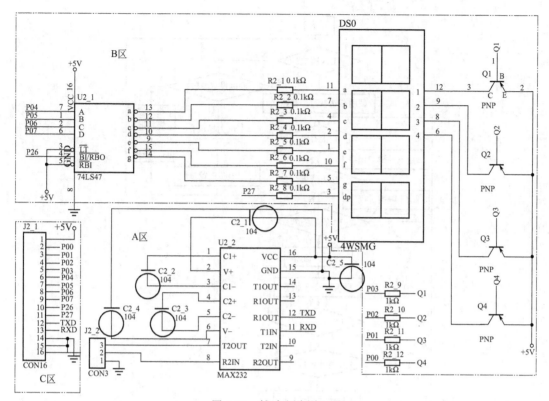

图 4-86 辅助电路原理图

插座还可以用来和其他模块相连通信。

B 区为智能平衡吊系统的状态显示电路：左端为 74LS47 芯片；中间为 LED 数码管，可以显示气压值、系统工作模式和时间等；右端为三极管，进行功率放大驱动 LED 的亮与灭。

C 区为与主控电路板连接的接口区，其插座管脚定义与主控电路板中的 C 区对应。通过此插座，辅助电路板连接到单片机的 P0.0～P0.7、P2.6、P2.7、TXD 和 RXD 等管脚。

（3）软件

① 主程序　程序首先检测平衡吊系统是处于工作模式还是参数设置模式。如果是参数设置模式则可以设置参数，和电脑相连，采用中断模式，在电脑软件上设置参数并传输，也可以通过压力显示与设定电路设置参数。如果是工作模式，则调用初始化参数，然后等待按键并检测压力进行显示。主程序流程如图 4-87 所示。

图中 $|p_d-p_p|>K_d$，其中 p_d 为动态压力值，p_p 为上升停比后建立平衡后的压力值；K_d 为自适应压力动作阀值，比如设定为 30N。当人向下压重物时，压缩空气的压力 p_d 增大，当 p_d 产生的压力比平衡 p_p 产生的压力大 30N 时，Y2 动作排气，重物向下运动。所以，K_d 越小，自适应越灵敏，但更容易产生振荡。

T_d 是要保持阀值一定时间再动作，防止力的振荡引起系统的误振荡，提高系统的稳定性。

② 上升子程序与下降子程序设计　按上升键时，重物从平台提升至一定高度，松开键后重物静止。

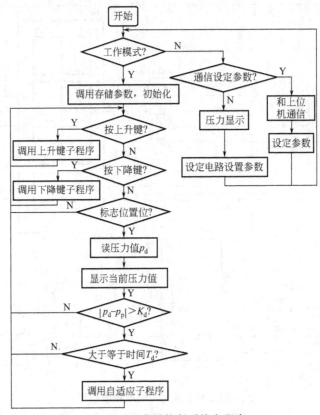

图 4-87　平衡吊控制系统主程序

p_s 为上升时读的压力值。p_0 为初始设定的平衡吊最大起吊压力值。上升时，p_s 是一个由零变大的过程，当 p_s 的值等于或接近于重物重力 W 时，可知系统已经处于匀速上升的过程。所以重物停比后，测得压力 p_p 等于或接近于 p_s，即 $|p_p-p_s|\leqslant K_p$，则重物一定离开了地面，并处于悬浮的状态，这时 p_p 压力值产生的升力一定等于 W，置位标志位寄存器，使程序进入自适应平衡状态。

按下降键时，重物下降至一定高度，松开键后重物静止。动作过程分析同上升过程。

③ 自适应子程序　程序应满足操作人员在重物上施以微小的操作力，重物能产生相应的升、降动作。程序流程设计如图 4-88 所示。p_d 为平衡后人为施加压力后变化的压力值。p_d 大于平衡压力值 p_p，说明向下压物体，导致气缸内气体压力增大。这时 Y2 得电，电磁阀排气，时间 n_{dj} 后检查压力值。这时压力值减小，如果 p_{dj} 减小到 p_p 即又可以达到新的平衡。实现了操作员用很小的力下压重物，重物就向下运动，并达到新的平衡。

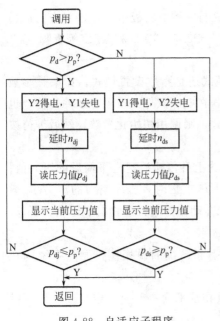

图 4-88　自适应子程序

如果持续下压则重物持续下降，直到下压力撤销再达到新的平衡,即新的悬浮状态。

上升重物的过程见图 4-88 右半部分,过程同下降过程。

新型智能气动平衡吊装调简单,操作方便,适用于大多数机械装配、板料成形、机床加工等行业。

4.5.3 数字式、智能型定量包装秤

定量包装秤是用来对包装商品进行包装、称量的关键计量器具,其计量性能的优劣,直接影响着定量包装商品的内在质量和包装质量。长期以来,电子定量包装秤使用模拟式称重传感器,存在着称量速度慢、精度低、抗干扰能力差和易被作弊等缺点。随着当代科学技术的迅猛发展和物料包装技术水平的日益提高,对散装物料的包装提出了更高的要求。不仅要求称量速度快、精度高,而且还要求自动化,甚至对包装的形式也提出了各种不同的要求。采用数字式称重传感器的智能型定量包装秤,不仅能够克服模拟式定量包装秤的缺点,而且能够满足定量包装商品的新要求。

(1) 数字式、智能型定量包装秤的组成与特点

① 组成 数字式、智能型定量包装秤主要由给料装置、秤斗、秤体、气动控制系统、传感器、智能控制仪表等组成,如图 4-89 所示。其工作过程是秤斗通过吊挂装置直接挂在两只悬臂梁式数字传感器上,传感器将重量信号传输给智能型控制仪表进行自动控制定量称重。

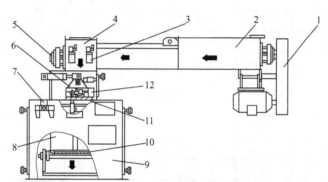

图 4-89 数字式、智能型定量包装秤机械结构示意图

1—传动部分;2—给料装置;3—电磁阀;4—给料口;5—双螺旋;6—截料门;7—三联件;
8—秤斗;9—秤体;10—钢丝绳;11—限位螺栓;12—传感器

② 特点 智能型定量包装秤主要有以下特点:

a. 最大称量:25kg、50kg 等。

b. 称量速度:最大称量 25kg 时为 200~400 包/h,最大称量 50kg 时为 180~240 包/h。

c. 最大允许误差:±0.2%。

d. 适用范围:面粉、淀粉、饲料以及食品、化工、轻工、建材、冶金等行业粉状物料的自动定量包装。

e. 该系统具有精度高、整体性好、速度可调、环保操作和结构合理等特点。

(2) 数字式、智能型定量包装秤的设计

① 称重传感器的选择 数字式称重传感器是在传统的模拟式称重传感器的基础上发展起来的一种新型的称重传感器,与模拟式传感器相比,它具有称量速度快、精度高、

抗干扰能力强、可靠性高、数字内核具有保护电路、有故障报警指示、一致性好、免标定、角差容易调整、传输距离远、通信速度快、防作弊效果显著、降低了使用成本等特点，因此，目前在衡器行业倍受青睐。本系统采用数字式称重传感器并从以下几个方面进行选择。

　　a. 要满足使用场所的环境温度要求　如果电子衡器设备所处的现场环境温度超出 50℃ 及以上，首先应选用耐高温称重传感器，其他环境和使用场合可选用普通称重传感器。

　　b. 传感器形式的选择　传感器形式的选择主要取决于称量系统的类型和安装空间，当然也要兼顾考虑其他方面，诸如周围环境、加载类型等，对于智能型定量包装秤可选用悬臂梁式的称重传感器。

　　c. 传感器量限的选择　称量系统的称量值越接近传感器的额定容量，其称量准确度就越高。但在实际使用时，由于加于传感器的载荷除被称物以外，还存在秤体自重、皮重（如料斗）以及振动冲击等载荷的存在。因而不同的称量系统选用传感器的量限原则差异极大。根据经验，一般选用时应使传感器工作在该传感器的 30%～70% 额定容量范围内。这样既提高了系统的可靠性，又延长了传感器的使用寿命。

　　d. 传感器准确度的选择　传感器准确度等级的选择，既要满足电子秤对准确度级别的要求，又要考虑到价格的低廉。传感器准确度等级划分如表 4-5 所示。

表 4-5　传感器准确度等级划分

技术指标		传感器等级						
		0.02	0.03	0.05	0.1	0.3	0.5	1.0
允差	L、L^1	±0.02	±0.03	±0.05	±0.1	±0.3	±0.5	±1.0
	H、H^1	±0.02	±0.03	±0.05	±0.1	±0.3	±0.5	±1.0
	R、R^1	0.02	0.02	0.03	0.05	0.1	0.3	0.5
	S_t	±0.02	±0.03	±0.05	±0.1	±0.3	—	—
	Z_t	±0.02	±0.03	±0.05	±0.1	±0.3	—	—
	C_p、C_p^1	±0.02	±0.03	±0.05	±0.1	±0.3	—	—
	Z	±1.0	±1.0	±1.0	±2.0	±2.0	±5.0	±5.0

　　当用几只相同形式和相同额定量限传感器时，根据误差分析知道其综合误差为：

$$\Delta' = \frac{\Delta}{\sqrt{n}}$$

式中　Δ'——由 n 个传感器组成的称量系统综合误差；

　　　　Δ——单个传感器的综合误差；

　　　　n——传感器个数。

　　由此可见，当用两只准确度和容量相同的传感器组成一个定量称量系统时的误差为使用一个传感器的 $1/\sqrt{2}$，当然，这是仅考虑传感器这一项误差得到的结果，实际使用中还要考虑有关秤的各项误差分配等。

　　② 智能型称重控制仪　智能型定量称重控制仪是自动定量包装秤的控制中心，它以微处理器（CPU）为中心，配备高性能放大器、滤波器以及 A/D 转换器，组成一个具有体积小、精度优越、可靠性高、功能齐全和调试方便的测控系统。

　　a. 称重控制仪的硬件结构设计　智能型称重控制仪的工作原理是当传感器承受到物料

的重量时，将重量信息转变为毫伏级的电压信号，并输出给仪表，经放大器放大后再通过 A/D 交换器转换成供计算机用的数字量，计算机读到数据后进行一系列的数据处理及分析，然后发出各种控制信号，这些信号经过多级驱动，最后控制电磁阀，由此实现了控制过程。称重控制仪的硬件结构设计如图 4-90 所示。

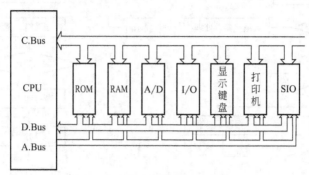

图 4-90　智能控制仪表硬件结构示意图

　　b. 称重控制仪的软件设计与功能　　从功能上考虑，智能型定量秤的软件设计应包括监控程序、初始化及功能判断程序、自校程序和计量程序四个部分。其中监控为调试用程序，它不参与仪表的控制。其他三部分程序应考虑如下几个方面：

　　初始化及功能判断程序，该程序的目的是完成输入、输出口的设置、中断向量的设置以及特定内存的设置，并通过此程序决定下一步工作是执行自校还是计量。

　　自校程序，其功能是不断对标准值进行采样并显示，以便调整仪表和称重传感器的零点及灵敏度。

　　计量程序，计量程序可根据图 4-91 所示时序和功能进行设计。

　　图 4-91 中 $t_0 t_1'$ 为粗喂料阶段，t_1 为关粗喂料时刻；

　　$t_1 t_2'$ 为细喂料阶段，t_2 为关细喂料时刻；

　　$t_2 t_3$ 为等待空间落料和称重显示阶段；

　　$t_3 t_4$ 为排放物料阶段；

　　W_1 为关粗喂料的重量设定值；

　　W_2 为关细喂料的重量设定值；

　　W 为实际物料重量。

　　系统软件主控程序设计框图如图 4-92、图 4-93 所示。为解决定量包装秤的包装速度与包装准确度相互限制的技术问题，采用了多级进料机构配合流量预测重量值的控制方法。采用预测流量的

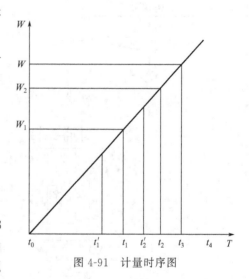

图 4-91　计量时序图

软件控制算法，可以弥补硬件上的 A/D 转换速率不足的缺陷，进一步提高定量包装秤的控制准确度。

　　③ 气动控制系统　　气动控制系统由分水滤气器、调压阀、油雾器、电磁换向阀、单向节流阀、气缸和气流振动器组成，在定量包装秤中起着控制执行机构的作用，其组成结构如图 4-94 所示。

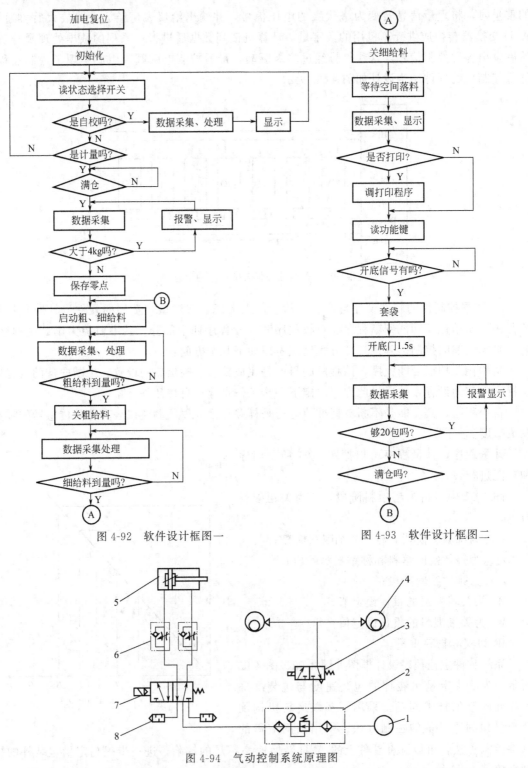

图 4-92　软件设计框图一

图 4-93　软件设计框图二

图 4-94　气动控制系统原理图

1—气源；2—三联件；3—二位三通电磁阀；4—气流振动器；5—气缸；6—单向节流阀；7—二位五通电磁阀；8—消声器

气动控制原理是当开底放料、料斗内物料放空时，高压气流通入气流振动器，产生高频振动，清除振落黏附在料斗内壁上的积粉，有利于提高称量准确度。

数字式系列智能型定量包装秤配备的气源为 0.4～0.9MPa，0.1L/min。

（3）智能型定量包装秤的误差分析

数字式、智能型定量包装秤在轻工、化工、冶金、建材、港口、矿山、食品、粮食等行业得到了广泛的应用，弄清该系统在自动称量中的计量精度及误差分布很有必要。

① 试验定量秤的性能规格　最大称量：25kg/次；计量准确度：静态±0.1%，动态±0.2%；包装准确度：十次称量平均值的允差±1.6‰；单次称量的允差±4‰；称量速度：240～320 次/时。

② 试验条件

a. 试验用物料　标准粉，含水分 14%；生产流程中的粉料，流量波动较大。

b. 试验设备　三倍于自动称量准确度的检验衡器一台；分度为 1/10s 的秒表一只；四等砝码按需要数量准备。

c. 气源　气源为面粉厂集中供气，秤上调压到 0.35MPa。

③ 试验内容　试验中对样机称量准确度做了实测记录。记录仪表显示值，并在校验秤上测出对应面粉包的实际重量。

a. 仪表显示值共记录 1600 次。

b. 校验秤共校验称重对应的 1600 个面粉包的重量。

④ 误差分布

a. 以每次称重显示的重量值为纵坐标，称重次数按比例在横坐标上作图，得到称重显示值的误差分布，如图 4-95 所示。

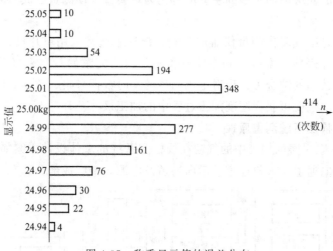

图 4-95　称重显示值的误差分布

b. 以面粉包在校验秤上称重的偏差值为纵坐标，校验称重次数按比例在横坐标上作图，得到 1600 个面粉包校验值的误差分布，如图 4-96 所示。

⑤ 误差分析

a. 秤的动态称量精度，即仪表显示值的准确度，在±0.2% 以内的为 1586 次，占全部次数的 99.13%。

b. 包装精度，即校验秤校验称重值的准确度，在±0.1% 以内的包数为 1156 次，占全部次数的 72.25%，在±0.2% 以内的包数为 1548 次，占全部次数的 96.75%；其余占总数

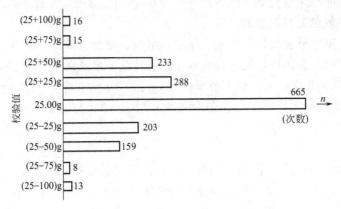

图 4-96 1600 个面粉包校验值的误差分布

3.25％的 52 次超过±50g，但均不超过±100g，即单次称量误差在±4‰以内。

 c. 每 10 次称量为一组，每组平均值的误差在±1.6‰以内。

 d. 包装物称量平均值的误差接近于 0。

 e. 仪表显示值和校验秤校验称量值的离散情况均按正态分布。

4.5.4 智能气动测量系统

 气动在线检测技术主要应用于磨削等精密加工中。工件尺寸精度主要由精加工，一般是磨削加工决定的，因此磨削加工中的主动测量尤为重要。气动测量已成为测量技术中不可缺少的一个分支。

 数据采集系统是组成现代测量仪器的基础，设计中通常采用单片机、A/D 转换器、D/A 转换器以及一些译码器、寄存器和多路开关芯片组成完整的数据采集系统。数据采集系统与气动在线检测技术的结合可实现对电压信号的实时数据采集、数据处理、声光报警及显示等功能，利用查表法便可获得磨削加工过程中的加工尺寸。

 （1）智能气动检测系统测量原理

 ① 系统总体方案 磨削加工中的气动在线检测系统的总体设计方案如图 4-97 所示。它包括气动测量、前向通道、人机通道、后向通道及电源 5 个组成部分。

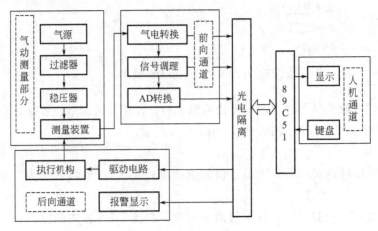

图 4-97 系统结构框图

② 差压式气动测量的基本原理　气动在线检测系统中普遍采用背压式和差压式两种测量方法。单纯压力式测量有它的缺点，即对气源要求过高，否则在喷嘴与工件之间的距离有改变时，气源压力一旦发生波动，工作压力就会发生变化，从而造成测量误差，破坏量仪的稳定性。而采用差压式测量就可解决这一问题，改善量仪的性能。所以本实验中用差压式测量技术。

差压式气动测量气路原理如图 4-98 所示。经稳压后工作压力为 p_c 的压缩空气分为两路流动：一路经主喷嘴 5 和调零喷嘴 8 流入大气，另一路经主喷嘴 6 通过测量喷嘴 9 流入大气。显然气路是两个背压气路（调零腔和测量腔）的复合，它们共有同一工作压力，两腔压力之差为：$\Delta p = p_1 - p_x$；式中，p_1 为调零腔压力；p_x 为测量腔压力。

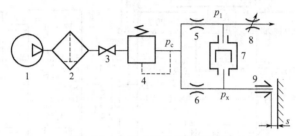

图 4-98　差压式气动测量原理图

1—泵；2—过滤器；3—手动截门；4—稳压器；5,6—主喷嘴；7—气电式差压传感器；8—调零喷嘴；9—测量喷嘴

（2）数据采集系统的组成与结构

① 单片机微控制器采用 AT89C51 芯片　单片机 89C51 是一种 CMOS8 位低功耗内含 4K 字节 Flash 可编程/擦除只读存储器（PEROM）的微控制器；89C51 与 MCS-51 的指令和引脚完全兼容 89C51 的性能如下。

片内有 4KB 可改编 Flash 存储器，可循环写入/擦除 1000 次，存储器数据保存时间长达 10 年；

全静态工作：0～24MHz；

三级程序存储器有保密；

128×8 位内部 RAM；

32 条可编程 I/O 线；

两个 16 位定时器/计数器；

中断结构有 5 个中断源；

两个优先级；

可编程串行通道；

片内时钟振荡器。

② 模拟/数字转换器采用 AD574 芯片　AD574 是美国 Analog Devise 公司生产的 12 位逐次逼近式模数转换器，其主要特点是：

有参考电压基准和时钟电路，不需外部时钟就可以工作；

8 位或 16 位微处理器接口，自带三态输出缓冲电路，可直接挂在单片机的数据总线上而无需接口电路；

温度适应范围大，在 -55～+125℃满足线性要求。

③ I/O 扩展采用 8155I/O 扩展芯片　在对 51 单片机进行 I/O 口扩展时，Intel8155 是

使用最多的一种芯片。8155 芯片含有 256 个字节的 RAM，2 个 8 位、一个 6 位可编程并行 I/O 口和一个 14 位定时计数器，是一种多功能接口芯片，与 51 单片机接口简单。

④ 系统内的其他芯片　系统内的其他芯片包括：数字/模拟转换器 DAC0832、采样保持器 LF398、扩展程序存储器 27C512（EPROM）、地址锁存器 74LS373 以及同相集成驱动器 BIC878。

数据采集系统的结构见图 4-99。

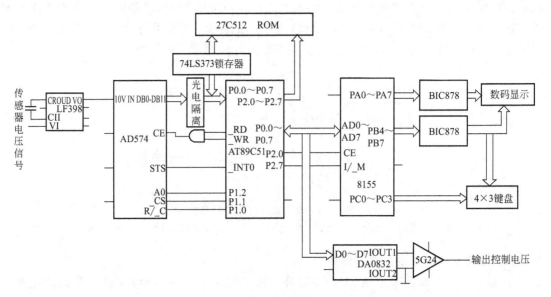

图 4-99　数据采集系统结构

（3）数据采集系统的工作原理

测量头与工件之间位移的改变引起测量头内调零腔与测量腔压力差的变化，差压式压力传感器将差压信号转换成电压信号，数据采集系统则采集此电压信号。

由于采用的 MOTOROLA 公司生产的 MPX5500 压力传感器，内置放大器，在电压信号进入数据采集系统前已被放大，所以系统硬件得到简化。电压信号首先被采样保持器采样，并得到保持，以便 AD 转换器对模拟信号进行数据转换。模数转换器 AD574 与单片机一起构成数据采集系统的核心。AD574 的 STS 引脚与单片机的 INT0 引脚相连，采用中断的方式将模拟信号转换成为 12 位数字信号，分两次送入单片机 89C51，经过处理还原成为模拟量，使用查表法查出对应的位移量，通过 I/O 扩展芯片 8155 送 LED 显示键盘可以设定所需加工尺寸，从粗加工到精加工到终尺寸，单片机通过数模转换器 DA0832 输出一定数值的模拟电压值对机床电机进行控制，并进行声光报警。

（4）数据采集系统的软件

系统软件上采用 KEIL C51 进行编程、调试。并在软件上进行必要的数据处理将前期标定的电压和位移数据以数组的形式写入系统 ROM，采用查表法实现对加工尺寸的测量。系统软件的流程如图 4-100 所示。

（5）气动测量系统的抗干扰措施

① 传感器抗干扰措施　MPX5500 是高度集成的压阻式传感器，内置温度补偿和放大电路。为降低杂散电波的干扰，对传感器的电源和输出采取如图 4-101 所示的措施。

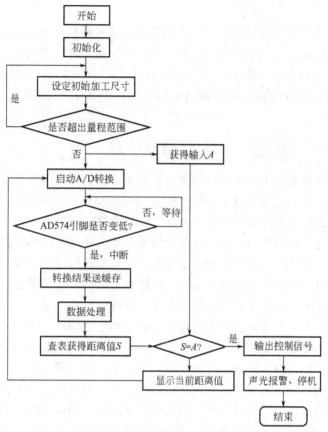

图 4-100　系统软件流程图

② 模数转换器 ADS74 抗干扰措施　ADS74 由三组电源供电,由于它对从电源线引入的噪声十分敏感,几毫伏的电源噪声就会引起 A/D 转换几位的误差,所以在应用过程中特别注意了电源的滤波和稳压,采用的抗干扰措施有:

在芯片的 7 脚和 9 脚、9 脚和 11 脚以及 1 脚和 15 脚之间接入由一个 470pF 电容和一个 0.01μF 电容并联而成的去耦网络。

芯片的数字地（15 脚）和模拟地（9 脚）就近接在一起。

③ 软件滤波抗干扰措施　软件滤波抗干扰措施是采用算术平均值滤波法和滑动平均值滤波法。

④ 系统电压-位移函数关系　经过一系列抗干扰措施,得到的电压-位移关系如图 4-102 所示。

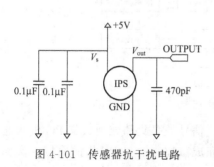

图 4-101　传感器抗干扰电路

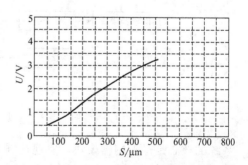

图 4-102　电压-位移关系

（6）小结

通过前期电压-位移的数据标定以及对系统采用的各种抗干扰措施，智能气动测量系统在实验中很好地完成了在线检测以及实时显示和控制功能，且保证了气动测量系统的可靠性。在数据采集及处理过程中，12 位 A/D 转换器 AD574 的实时数据采集和转换具有很高的精度，但同时也极其容易受到噪声的干扰，因此 AD574 是保证整个系统测量精度的关键。

4.5.5　基于气动柔性技术的智能脉诊仪

脉搏信号是人体重要的生理信号，包含了人体重要的生理病理信息。传统中医通过上千年的脉象诊断临床实践，总结形成了一门具有独特诊断技巧的"脉学"。但是切脉由中医依据个人分析诊断，必然带有一定主观性，而且"脉理精微，其体难辨"，往往需要多年的临床经验才能够掌握这种诊断技巧。同时切脉受到外界影响且有时段的局限性。脉诊仪应用现代科学理论和技术，设计专门的测量和记录仪器，记录桡动脉搏动信号，再根据特征参数的提取和融合，得出具有诊断意义的脉象，在一定程度上促进了脉诊的客观化和规范化。现有的脉诊仪因大多采用单点测量方法，仅仅是对寸口脉搏信息的测量，能够检测的脉象信息较少，输出的脉象图为单一动脉血管压力波形，无法全面综合地反映患者的脉图特征。虽然传感器设计已从最初的单点采集，发展到阵列式多点采集，但是仍然与实际切脉有一定差距。中医切脉要根据患者的具体情况进行布指定位，举、按、寻三者结合，不断调节手指用力轻重的变化。而现有的采集装置主要采用纯机械结构，利用电机或者液压驱动机械部件上下左右移动，缺点是结构复杂、柔顺性能差、只能作直线运动、和传统中医手指不符、不能主动适应患者手腕的外形，影响了实施效果。也有一些改进的脉诊机械手采用三段连接的结构，增加了手指的灵活度，可以完成较复杂的运动，例如手指的弯曲，但由于其本质上还是机械结构，与人体手指的柔性还不一样，难以保证采集的脉象信号的真实性。为了使脉诊仪的工作符合中医传统习惯，设计了具有柔性的气动脉诊仪用于对桡动脉寸关尺三部脉搏信号的测量，利用气体的可压缩性使驱动器具有柔性，通过对驱动器的气压进行自适应调节，来模拟中医手指的运动，带动压力传感器获取脉象信息。

（1）脉诊仪系统工作原理

气动柔性脉诊仪的工作原理如图 4-103 所示。

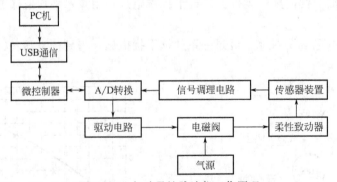

图 4-103　气动柔性脉诊仪工作原理

系统的核心是微控制器模块，实现控制驱动电路、信号的采集和处理、与 PC 机的通信以及外围端口的设计和操作等功能；通信模块主要是完成微控制器与 PC 机的通信，实现数据的实时快速传输；A/D 转换模块负责将测量的脉象信息转换传给微控制器和将 PC 机经微控制器发出的指令传给驱动电路；信号调理电路完成低频微弱脉搏信号的放大、滤波和去除干扰等工作；传感器装置通过接触患者手臂上的桡动脉，采集脉搏信号；驱动电路按照微控制器的指令设定电磁阀的动作，控制柔性致动器腔内的气压，实现模仿医生手指的动作；气源提供柔性致动器需要的高压气体。

（2）压力传感器阵列

压力传感器阵列用于检测脉搏并将检测到的信号转化成电信号输出。压力传感器阵列由压敏导电橡胶、电极、导线和聚酯基座压合构成。压力传感器阵列尺寸为 10mm×10mm×50mm。在保证精度和足够信息量的基础上，压力传感器阵列采用整体三层的结构，上层电极通过导线连接横向排列，下层电极通过导线连接纵向排列，上层的电极定为感应力点，上层阵列为 3×4 矩阵，下层阵列为 4×5 矩阵，这样设计保证传感器不但可以检测法向力，而且可以检测切向力和斜向力。上下层是通过导线相连的电极阵列，采用 PB 塑料薄板通过化学方法镀上银浆制作，中间是压敏导电橡胶，上下层电极可以通过导电胶与压敏导电橡胶黏合。压力传感器阵列用强力胶粘贴固定在柔性致动器的前端盖上，压力传感器阵列受力而用橡胶指套包裹，增加其柔顺性。

（3）柔性致动器

① 柔性致动器结构 柔性致动器的结构如图 4-104 所示，其外形呈管状，内腔分隔成 3 个互成 120°的扇形气室。柔性致动器包括橡胶管和螺旋状镶嵌在橡胶管圆周内的起加强作用的纤维线。橡胶管的材料是硅橡胶，纤维线为尼龙制成的细纤维。纤维线用来在通气时限制橡胶管径向增大，使柔性致动器沿轴线方向伸长。橡胶管两端分别由前端盖和后端盖通过强力胶密封。其中，前端盖模拟人指形状设计，由聚酯材料制成，表面附着压力传感器阵列，获得脉搏波的原始压力数据，通过前端盖上的导线传到控制系统用于脉象特征提取分析。由于压力传感器阵列内各个压力传感器之间存在关联性，某个压力传感器下的脉搏波在贡献给它本身压力信息的同时，也影响着其他各个压力传感器，利用这些相互影响的信息，则可以较为准确地实现类似中医大夫手指的压力信息采集过程。后端盖通过平键和螺钉固定在脉诊仪支架上，后端盖上装有进气管，可向各扇形气室内输入不同压力的气体改变柔性致动器的运动。

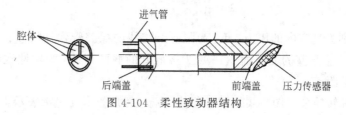

图 4-104 柔性致动器结构

② 直线运动分析 当向 3 个气室同时加相等的压力时，柔性致动器沿轴线方向伸长，改变取脉压力。假设无能量损失和能量储存，柔性致动器执行端面受力如下：

$$F = p(\pi r_0^2 - A_r) - F_a - p_{atm}\pi r_0^2$$

$$A_r = \pi\left(r_0 - T_k - \frac{T_r}{\sqrt{3}}\right)^2$$

式中，A_r 为橡胶管截面面积；r_0 为柔性致动器初始平均半径；T_k 为橡胶管的厚度；T_r 为管内分室橡胶内壁厚；p 和 p_{atm} 分别为内腔气体压力和大气压；F 为柔性致动器输出力。

橡胶壳体弹性力为：

$$F_a = \sigma A_r$$

橡胶管应力为：

$$\sigma = E\varepsilon$$

式中，E 为橡胶管弹性模量。

橡胶管应变为：

$$\varepsilon = \frac{L - L_0}{L_0}$$

式中，L_0 和 L 分别为柔性致动器的原长和变化后的长度。

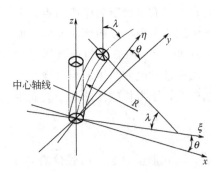

图 4-105 柔性致动器弯曲特性分析

③ 弯曲运动分析 当只有某一气室加压时，或压力与另两气室压力不同时，柔性致动器将发生弯曲，如图 4-105 所示，实现转向驱动，达到脉诊接触位置的调整。通过调整 3 个气室空气的压力，使该柔性致动器实现空间方向的驱动。假设弯曲运动发生的形变很小且有一定的弧度，则形变可用 3 个参数 θ、R、λ 来描述。θ 表示弯曲的方向，是 x 轴和 ξ 轴的夹角，坐标系 O-xyz 固定于柔性致动器底端，ξ 轴是柔性致动器中心轴线在 x-y 平面的投影；R 为中心轴线的曲率半径；λ 是 z 轴和柔性致动器末端弯曲方向的夹角。通过应用无限小形变原理，及根据柔性致动器在平面弯曲的运动矢量对等性可以得出参数 θ、R、λ 与各气室压力的关系：

$$\tan\theta = \frac{2p_1 - p_2 - p_3}{\sqrt{3}(p_2 - p_3)}$$

$$R = \frac{3E_T I}{A_p \delta} \sum_{i=1}^{3} p_i \sin\theta_i$$

$$L = \frac{A_p L_0}{3A_r E_T} \sum_{i=1}^{3} p_i + L_0$$

$$\lambda = \frac{L}{R}$$

式中，p_i 分别为气室内的压力；E_T 为附有纤维线的橡胶管弹性模量；I 为柔性致动器转动惯量；A_p 为 3 个气室的受压面积；A_r 为橡胶管的截面积；δ 为柔性致动器中心到每个气室扇形区中心的距离。

通过柱面坐标转换公式图将柔性致动器执行端位置用笛卡儿坐标表示：

$$\begin{cases} x = \dfrac{L}{\lambda}(1 - \cos\lambda)\cos\theta \\[2mm] y = \dfrac{L}{\lambda}(1 - \cos\lambda)\sin\theta \\[2mm] z = \dfrac{L}{\lambda}\sin\lambda \end{cases}$$

(4) 气动系统

脉诊仪中用来控制和维持柔性致动器运动所需要的压力是气动系统。气动系统包括气源以及连通气源和每个柔性致动器内气室的各个气路，其结构如图 4-106 所示。

气源包括空压机、气罐、压力表和流量指示器，向柔性致动器提供所需的高压气体。3 条气路分别连通柔性致动器的 3 个气室，气路上设有电磁阀组。每个电磁阀组中，二位三通电磁阀一路接气源部分，一路接流量控制阀，一路接二位二通电磁阀，二位二通电磁阀的另一端通过排气管连通大气。每个电磁阀组控制气动系统实现 3 种状态：加压，保持和减压。当二位三通电磁阀接通气源、二位二通电磁阀断开时，实现对柔性致动器内腔的加

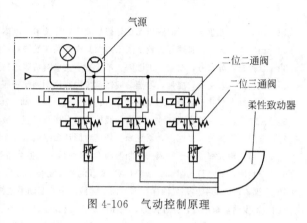

图 4-106　气动控制原理

压，使压力传感器不断寻找最佳取脉位置；当二位三通电磁阀和二位二通电磁阀都断开时就可以实现柔性致动器的压力保持，进行脉象数据的采集；当二位三通电磁阀断开、二位二通电磁阀接通时可释放高压气体到外界，可降低柔性致动器内腔压力，结束脉象采集工作。

参 考 文 献

[1] 许仰曾.工业4.0下的液压4.0与智能液压元件技术.流体传动与控制,2016,(1).

[2] 杨华勇,王双,张斌等.数字液压阀及其阀控系统发展和展望.吉林大学学报(工学版),2016,(5).

[3] 李振振,黄家海,权龙,王胜国.基于数字流量阀负载口独立控制系统.液压与气动,2016,(2).

[4] 须民健,李文锋,廖强,习燕.液压系统伺服比例阀数字控制技术研究.液压气动与密封,2015,(3).

[5] 徐梓斌,李胜,阮健.2D高频数字换向阀.液压与气动,2008,(2).

[6] 王军政,赵江波,汪首坤.电液伺服技术的发展与展望.液压与气动,2014,(5).

[7] 李鹏,朱建公,张德虎,赵登峰.新型内循环数字液压缸系统设计及仿真研究.机械科学与技术,2014,(1).

[8] 谷静,瞿红梅.基于嵌入式控制器与CAN总线的机械装备智能监控系统设计.机床与液压,2016,(4).

[9] 李世刚,刘丹丹,谢斌.基于CAN总线的液压混合动力车智能管理系统设计.液压与气动,2013,(9).

[10] 邵善锋,吴卫国,吴国祥,李玉军.静液压全轮驱动平地机行走智能控制系统.工程机械,2008,(4).

[11] 邵俊鹏,李中奇,孙桂涛等.液压驱动四足机器人控制系统开发.计算机测量与控制,2015,23(9).

[12] 杨世华,宋建成,田慕琴等.基于双RS485总线的液压支架运行状态监测系统开发.工矿自动化,2014,(8).

[13] 余俊,张李超,史玉升等.数控液压板料折弯机控制系统的研究与实现.锻压技术,2013,(5).

[14] 黄建中,岑豫皖,叶小华.现场总线型液压阀岛的开发与应用.液压气动与密封,2012,(9).

[15] 李运华,王占林.机载智能泵源系统的开发研制.北京航空航天大学学报,2004,(6).

[16] 刘书东,王平军,车冰博,夏超.机载智能泵源系统负载敏感控制方式研究.计算机仿真,2015,(9).

[17] 杨华勇,丁斐,欧阳小平,陆清.大型客机液压能源系统.中国机械工程,2009,(18).

[18] 赵宏亮.DSV数字智能阀.汽车工艺师,2004,(zl).

[19] 彭京启,陈捷.分布智能的数字电子液压.液压气动与密封,2006,(5).

[20] 刘忠良,米建国,王仲江,熊文,张伟朋,丛燕.数字阀PCC可编程智能调速器在漾头水电站的应用.水电厂自动化,2005,(4).

[21] 胡火焰,杨翔,朱建新,梅勇兵.基于液压挖掘机的双阀芯电子液压控制系统研究.建筑机械,2007,(11).

[22] 郑昆山,盛锋,宣惠平等.双阀芯控制技术在军用工程机械上的应用前景浅析.液压与气动,2012,(5).

[23] 陈玉霞,周志鸿,梁上愚.专用汽车液压支腿集成式智能调平系统设计研究.液压与气动,2010,(10).

[24] 胡摇,合烨,刘克福.液压阀门的智能控制.机床与液压,2009,(12).

[25] 杜宁,芮伟,龙秀虹.HNC100电液智能控制器在2.4米跨声速风洞中的应用.兵工自动化,2013,(3).

[26] 欧阳小平,杨华勇,徐兵,徐秀华.压电晶体及其在液压阀中的应用.浙江大学学报(工学版),2008,(6).

[27] 卢颖,王勇亮,梁建民,孙方义.电流变液技术在液压控制系统中的应用.液压与气动,2011,(12).

[28] 尤政.智能传感器技术的研究进展及应用展望.科技导报,2016,(17).

[29] 张子栋,吴雪冰,吴慎山,智能传感器原理及应用.河南科技学院学报(自然科学版),2008,(2).

[30] 赵丹.智能传感器技术综述.传感器与微系统,2014,(9).

[31] 鲁冬林,李永新,谭业发.基于集成技术的智能液压传感器.矿山机械,2004,(5).

[32] 王其磊,杨逢瑜,杨倩,关红艳.智能传感器在电液伺服同步控制中的应用.制造技术与机床,2009,(2).

[33] 温玉娟,蔡恒,刘哲.基于IEEE1451_2标准的智能液压传感器模块的设计.电子制作,2013,(22).

[34] 刘庆利.基于智能传感器的火炮姿态调整平台研究.成都:西南交通大学,2011.

[35] 赵胜民.基于智能传感器的单体液压支柱压力检测系统设计.青岛:山东科技大学,2007.

[36] 王永胜.智能仪表技术及工业自动化应用发展探讨.自动化博览,2009,(6).

[37] 李健,徐莉萍,任德志.基于现场总线的液压智能仪表的设计.机床与液压,2003,(2).

[38] 罗随新.精密油液温度控制在高温液压源中的应用.中国钼业,2013,(2).

[39] 赵多兴.基于PLC的步进梁液压监控系统设计.农机使用与维修,2014,(10).

[40] 马晟杰.液压道岔智能数字压力表设计.中小企业管理与科技,2016,(8).

[41] 刘东.船舶液压系统功率智能仪表的理论与实验研究.大连:大连海事大学,2011.

[42] 王雄耀.对我国气动行业发展的思考.流体传动与控制,2012,(4).

[43] 刘淑珍,张玉宝.气动位置控制系统及其阀的应用形式.机床与液压,2007,(4).

[44] 程雅楠,徐志鹏.高压气动压力流量复合控制数字阀压力特性研究.液压与气动,2016,(1).

［45］　许有熊，李小宁，朱松青，刘娣．压电开关调压型气动数字阀控制方法的研究．中国机械工程，2013，(11)．

［46］　章文俊．智能阀岛在 PROFINET 分散式控制系统中的应用．中国仪器仪表，2013，(增)．

［47］　陈志彬．自动抄片三自由度气动机械手设计．机床与液压，2007，(6)．

［48］　董庭琼，高钦和，于传强，刘丽红．CPX 终端阀岛在自动化生产实训台中的应用．四川兵工学报，2012，(12)．

［49］　宋欣，万金领．用单片机控制阀岛的设计方法．山东轻工业学院学报，2009，(3)．

［50］　李宝华．智能阀门定位器的气动部件．自动化博览，2010，(9)．

［51］　吴宁胜．基于 HART 通信协议的智能阀门定位器设计．自动化仪表，2015，(6)．

［52］　李鸣，周天龙，黄晓刚．基于 PROFIBUS_DP 的智能阀门定位器设计．仪表技术与传感器，2011，(2)．

［53］　蔡明．ZPZD3100 型智能阀门定位器的原理与设计．自动化仪表，2008，(11)．

［54］　刘珩，祁晓野，陈娟，马俊功．CAN 总线技术在气动系统中的应用．液压与气动，2006，(12)．

［55］　甄久军．一种新型智能气动平衡吊的设计．机床与液压，2016，(22)．

［56］　陈正亮．数字式、智能型定量包装秤的设计与误差分析．衡器，2014，(1)．

［57］　修庆国，王军，孙军．智能气动测量系统．机械工程师，2005，(3)．

［58］　张涛．基于气动柔性技术的智能脉诊仪研究．机床与液压，2013，(22)．